危险化学品从业人员安全培训丛书

危险化学品生产单位负责人和管理人员安全培训教程

主编　张　荣　练学宁

主审　鲁　宁

中国劳动社会保障出版社

图书在版编目(CIP)数据

危险化学品生产单位负责人和管理人员安全培训教程/张荣，练学宁主编. —北京：中国劳动社会保障出版社，2010

危险化学品从业人员安全培训丛书

ISBN 978-7-5045-8574-5

Ⅰ.①危… Ⅱ.①张…②练… Ⅲ.①化学品-危险物品管理：安全管理-技术培训-教材 Ⅳ.①TQ086.5

中国版本图书馆CIP数据核字(2010)第187587号

中国劳动社会保障出版社出版发行

(北京市惠新东街1号 邮政编码：100029)

出版人：张梦欣

*

世界知识印刷厂印刷装订 新华书店经销

850毫米×1168毫米 32开本 14.375印张 352千字

2010年10月第1版 2010年10月第1次印刷

定价：36.00元

读者服务部电话：010-64929211/64921644/84643933

发行部电话：010-64961894

出版社网址：http://www.class.com.cn

前　言

中华人民共和国《危险化学品安全管理条例》（国务院令第344号）第四条明确规定：危险化学品单位从事生产、经营、储存、运输、使用危险化学品或者处置废弃危险化学品活动的人员，必须接受有关法律、法规、规章和安全知识、专业技术、职业卫生防护和应急救援知识的培训，并经考核合格，方可上岗作业。国家安全生产监督管理总局3号令《生产经营单位安全培训规定》（2006年3月1日实施）中第六条规定：危险化学品生产、经营单位主要负责人和安全生产管理人员，必须接受专门的安全培训，经安全生产监管监察部门对其安全生产知识和管理能力考核合格，取得安全资格证书后，方可任职。为了贯彻落实文件精神，我们编写了《危险化学品生产单位负责人和管理人员安全培训教程》一书。

《危险化学品生产单位负责人和管理人员安全培训教程》一书由张荣和练学宁主编，鲁宁主审，全书共分八章，张荣编写第一、二、三、四、七、八章，练学宁编写第五、六章。刘胜参与了第一章的编写，贺小兰参与了第二、五章的编写，印香俊参与了第四、八章的编写。全书由张荣统稿整理。

本教材在编写过程中得到了重庆安全工程学院、重庆化工职业学院、重庆长寿化工有限责任公司和重庆紫光化工有限责任公司有关领导和专家的大力支持与帮助，编写过程中参阅和引用了大量文献资料和相关著作，在此一并表示感谢。由于编者学术水平及实际工作经验等方面的限制，书中难免有疏漏之处，敬请读者和同行们批评指正。

编　者

2010年10月

内容提要

本书主要介绍安全生产法律法规、危险化学品安全管理基础知识、危险化学品防火防爆及电气安全技术、化工机械设备的安全技术与管理、化工生产工艺过程安全技术与管理、危害辨识、安全评价及事故应急救援、生产企业安全管理和职业危害及其预防等相关知识内容。为了体现危险化学品生产单位负责人和管理人员上岗前安全知识培训教育的特点，本书内容力求深入浅出、通俗易懂、涉及面宽，突出生产单位负责人和管理人员实际需要的知识内容，具有较强的实用性。本书可作为危险化学品生产单位负责人和管理人员安全技术知识培训教育教材，也可作为危险化学品其他从业人员和相关行业从事安全管理的人员学习参考。

目　录

第一章　安全生产法律法规

学习目标：

1. 了解我国安全生产法律体系；

2. 熟悉我国安全生产经营主要法律法规；

3. 掌握《中华人民共和国安全生产法》和《危险化学品安全管理条例》的主要内容。

第一节　我国安全生产情况概述

要点掌握：

我国安全生产主要存在什么问题？

事故易发期是工业化进程中必然要经历的阶段，用马克思的话来说是“自然的惩罚”。工伤事故状况与国家工业发展的基础水平、速度和规模等因素密切相关。认清我国安全生产历史、现状和奋斗目标，有利于提高安全管理水平。

一、安全生产发展史

1. 安全生产方针和管理体制初创时期（1949—1965 年）

1952 年，第二次全国劳动保护工作会议明确：要坚持“安全第一”的方针和“管生产必须管安全”的原则。1954 年，新中国制定的第一部《宪法》，把加强劳动保护、改善劳动条件作为国家的基本政策确定下来。同时出台了“三大规程”等行政法规，即《建筑安装工程安全技术规程》《工人职员伤亡事故报告规程》和《工厂安全卫生规程》，建立了由劳动部门综合监管、行政部门具体管理的安全生产工作体制，劳动者的安全状况从根本上得到了改善。但从 1958 年下半年开始的一段时间，受“大跃进”的影响，一些人忽视科学规律，冒险蛮干，只讲生产、不讲安全，大量削减安全设施，片面追求高经济指标，导致事故上升。随着 1961 年开始的经济调整，安全生产工作也做了调整，全国相继开展了安全生产大检查、安全生产教育、严肃处理伤亡事故、加强安全生产责任制等广泛的群众运动。1963 年，国务院颁布了《关于加强企业生产中安全工作的几项规定》，恢复重建安全生产秩序，事故明显下降。

2. 受“文革”冲击时期（1966—1977 年）

“文革”期间，安全生产和劳动保护被抨击为“资产阶级活命哲学”，规章制度被视为“管、卡、压”，企业管理受到严重冲击，导致事故频发。政府和企业安全管理一度失控，1971—1973 年，工矿企业年平均事故死亡 16 119 人，较 1962—1967 年增长 2.7 倍。

3. 恢复和创新发展时期（1978 年至今）

该时期又可以分为以下三个阶段：

(1) 恢复和整顿提高阶段（1978—1991 年）。粉碎“四人帮”后，治理经济环境和整顿经济秩序，为加强安全生产创造了较好的宏观环境。1978 年 12 月召开的中国共产党第十一届三中全会，确立了改革开放的方针。《中华人民共和国刑法》（新刑法），对安全生产方面的犯罪作了更为明确具体的规定；国务院颁布了《矿山安全条例》《矿山安全监察条例》和《锅炉压力容器安全监察条例》《中共中央关于认真做好劳动保护工作的通知》（中央〔1978〕76 号文件）和《国务院批准国家劳动总局、卫生部关于加强厂矿企业防尘防毒工作的报告》（国务院〔1979〕100 号文件）两个文件的发布，特别是对“渤海二号平台”等事故的严肃处理，强化了领导干部的安全意识，确定了“安全第一、预防为主”的方针。

(2) 适应建立社会主义市场经济体制阶段（1992—2002年）。为发挥企业的市场经济主体作用，1993年国务院决定实行“企业负责，行业管理，国家监察，群众监督”的安全生产管理体制。相继颁布了《中华人民共和国劳动法》《中华人民共和国工会法》《中华人民共和国矿山安全法》《中华人民共和国消防法》，以及工伤保险、重大、特大伤亡事故报告调查，重大、特大事故隐患管理等多项法规。2001年初，组建了国家安全生产监督管理局，与国家煤矿安全监察局“一个机构、两块牌子”。2002年11月，出台了《中华人民共和国安全生产法》，安全生产开始纳入比较健全的法制轨道。但这一阶段由于经济体制转轨，工业化进程加快，特别是民营小企业的迅速发展等，使安全生产面临着一系列新情况、新问题，安全状况出现较大的反复。

(3) 创新发展阶段（2003年至今）。党的十六大以来，以胡锦涛同志为总书记的党中央以科学发展观统领经济社会发展全局，坚持“以人为本”，在法制、体制、机制和投入等方面采取系列措施，加强安全生产工作。先后颁布实施了《中华人民共和国道路交通安全法》《特种设备安全监察条例》《安全生产违法行为行政处罚办法》《国务院关于加强安全生产工作的决定》《安全生产许可证条例》《易制毒化学品管理条例》《事故调查与处理条例》等法律法规；2005年初，国家安全生产监督管理局升格为总局；2006年初，成立了国家安全生产应急救援指挥中心；“政府统一领导、部门依法监管、企业全面负责、群众广泛参与、社会普遍支持”的安全生产新格局逐步形成，安全生产事业进入新的发展时期。

二、安全生产现状

我国是发展中国家，目前经济正处在快速发展时期，由于生产力水平低下，安全生产投入严重不足，因此处于生产安全事故的“易发期”。通过各方面的共同努力，安全生产状况总体稳定、趋于好转的发展态势与依然严峻的现状并存。从近十几年统计分析表明，安全生产形势依然严峻。

我国安全生产主要存在以下突出问题：

一是事故总量大。近10年平均每年发生各类事故70多万起，死亡12万多人，伤残70多万人。在各类事故中，道路交通事故平均每年发生50多万起，死亡9万多人，约占各类事故总起数和死亡人数的71%、76%；工矿商贸企业事故平均每年发生1.6万多起，死亡1.6万多人，约占各类事故死亡人数的13%。

二是特大事故多。2001年至2005年，全国共发生一次死亡30人以上特别重大事故73起，平均每年发生15起；一次死亡10～29人特大事故587起，平均每年发生117起。特别重大事故中，煤矿事故起数最多，平均每年发生8起，占58%；特大事故中，道路交通、煤矿事故平均每年发生42起，各占36%。

三是职业危害严重。据有关部门统计，每年新发尘肺病超过1万例。目前，全国有50多万个厂矿存在不同程度的职业危害，实际接触粉尘、毒物和噪声等职业危害的职工高达2 500万人以上，农民工成为职业危害的主要受害群体。

四是与发达国家相比差距大。20世纪90年代中期以来，发达国家工业生产中一次死亡3人以上的重特大事故已大幅度减少。而我国近年来重特大事故起数和死亡人数，以及职业病发病人数和死亡人数，仍是比较突出的国家之一。特别是煤矿、道路交通领域安全生产状况与发达国家相比差距较大。

五是生产安全事故引发的生态环境问题突出。近年来，生产安全事故导致的环境污染和生态破坏事故日益增多。2001年至2005年发生的突发环境事故中，由生产安全事故引发的占总数50%以上。

造成安全生产事故多发、安全生产形势严峻的原因，有深层次的、浅层次的以及历史的和发展中的原因，概括起来有以下几个方面：

（1）一些地方的政府和企业不能正确处理安全生产与经济发展的关系。对安全生产缺乏足够认识，存在重经济、轻安全的倾向，忽视安全发展，安全生产未能纳入地方经济社会发展规划和企业总体发展战略。“安全第一、预防为主、综合治理”的方针没有落到实处，一些企业安全生产还没有成为自觉行动。

（2）安全生产基础总体比较薄弱。经济快速增长的同时，传统的粗放型经济增长方式尚未根本转变。企业安全投入不足，安全生产欠账严重，尤其是一些老工业企业和中小企业，生产工艺技术落后，设备老化陈旧，安全生产管理水平低。重大危险源数量大、分布广，没有建立起完善的监控管理体系。有些对人民群众生命财产安全构成严重威胁的重大事故隐患尚未得到有效治理。

（3）安全生产责任落实不到位。一些企业安全生产主体责任不落实，企业安全制度、安全培训、安全投入等方面与法律法规的要求差距较大，安全生产管理混乱，甚至有些企业不顾职工生命安全，违法违规生产。有的地方领导干部特别是县乡两级领导干部安全生产意识不强，在安全生产上投入的精力不够，有的甚至存在失职渎职、徇私舞弊、纵容和庇护非法生产行为。

（4）安全生产监管还存在许多薄弱环节。部分地方和部门安全监管监察措施不到位，执法不严格，安全生产监管监察缺乏权威性和有效性，对安全生产违法行为查处不力。部分行业安全生产管理弱化，一些专业监管部门存在组织不健全、监管手段落后等问题。部分地区安全生产监管机构、执法队伍建设缓慢，尤其是基层安全监管力量薄弱，少数市县尚未设立安全生产监管机构。一些部门联合执法机制不完善，未能形成合力。

（5）安全生产支撑体系不健全。安全生产法律法规有待进一步完善，技术标准的制定修订工作滞后；信息化水平低，尚未建立全国统一的安全生产信息网络系统；科技支撑力量薄弱，基础设施落后，科研投入不足，成果转化率低；宣传教育培训工作相对滞后，培训方式和手段落后；应急救援体系不健全，救援装备落后，应急管理意识淡薄，应对重特大事故的能力较差。

三、安全生产目标

2004 年初国务院做出的《关于进一步加强安全生产工作的决定》，明确了我国安全生产的中长期奋斗目标。

第一阶段：到 2007 年建立起较为完善的安全监管体系，全国安全生产状况稳定好转，重点行业和领域事故多发状况得到扭转，工矿企业事故死亡人数、煤矿百万吨死亡率、道路交通万车死亡率等指标均有一定幅度的下降。

第二阶段：到 2010 年即“十一五”规划完成之际，初步形成规范完善的安全生产法治秩序，全国安全生产状况明显好转，重特大事故得到有效遏制，各类生产安全事故和死亡人数有较大幅度的下降。

第三阶段：到 2020 年即全面建成小康社会之时，实现全国安全生产状况的根本性好转，亿元国内生产总值事故死亡率、十万人事故死亡率等指标，达到或接近世界中等发达国家水平。

依据十六届五中全会《建议》提出的“十一五”期间要使安全生产状况进一步好转的奋斗目标，十届全国人大四次会议通过的规划纲要把安全生产列为专节，规划“十一五”期间亿元国内生产总值生产安全事故死亡率降低 35%，工矿商贸企业十万从业人员生产安全事故死亡率降低 25%。

第二节　加强危险化学品安全管理的重要性

要点掌握：

危险化学品安全管理的重要性是什么？

随着人类生产的不断发展，人类使用化学品的品种、数量在迅速增加，化学品已成为人类生活不可缺少的一部分。目前已知的化学品已达1 000余万种，日常使用的约有700余万种，年产量超过4亿吨，年总产值已达1万亿美元左右。随着科学技术的进步，每年还有1 000余种化学品问世。

我国是化学品生产和使用大国，主要化学品产量和使用量都居世界前列。目前全球能够生产十几万种化学品，我国能生产化学品4万多种（包括各种品种、规格）。据统计，2004年化肥总产量4 519.8万吨、硫酸3 824.9万吨、纯碱1 266.8万吨、染料84.3万吨，居世界第一；原油加工量2.73亿吨、烧碱1 060.3万吨，居世界第二；乙烯625万吨，居世界第三。据不完全统计，全国共有危险化学品从业单位33.7万家，其中生产单位2.4万家，储存单位3 500多家，经营单位25.9万家，运输单位6 800多家，使用单位5.8万家，废弃处置单位263家，涉及剧毒化学品的从业单位16 186家。2008年全国化学品生产销售收入65 843亿元，职工人数614万。

化学工业是基础工业之一，以其技术和产品服务于国民经济其他部门。化学工业和化学品的安全，是国民经济健康持续发展的重要保障条件之一。但是，由于不少化学品因其固有的易燃、易爆、有毒、有害的危险特性，容易发生群死群伤和重大财产损失的火灾、爆炸或中毒事故，因此，加强危险化学品安全管理，保障危险化学品在生产、经营、储存、运输、使用以及废弃物处置过程的安全，降低其危害、污染的风险，已引起世界各国的高度重视。

一、危险化学品安全管理专项整治

近几年，危险化学品泄漏、丢失和危险化学品运输车辆事故等时有发生，并呈逐年上升趋势，对人民群众生命财产构成严重威胁，造成了极坏的社会影响。党中央、国务院对此高度重视，要求从各个环节上加强对危险化学品的管理，确保广大人民群众的生命财产安全。为此，结合贯彻落实新修订公布的《危险化学品安全管理条例》（国务院令第 344 号，以下简称《条例》），2002 年 5 月，原国家经贸委、国家安全生产监督管理局、公安部等 10 个部门决定在全国范围内开展危险化学品安全管理专项整治工作。2003 年继续在全国深入开展危险化学品安全专项整治工作；2004 年，国家安全生产监督管理局、公安部、监察部等 11 个部门制订了《深化危险化学品安全专项整治方案》（安监管危化字〔2004〕69 号），其具体任务有 10 项，其中第 7 项要求重视培训考核，提高人员素质：各地区、各部门和危险化学品从业单位，要结合各自实际，依照《中华人民共和国安全生产法》《条例》及有关规定，制订危险化学品安全监管人员培训及从业单位负责人、从业人员的培训考核计划，并认真组织实施。概括起来，安全专项整治工作的主要任务是：

1. 整顿危险化学品生产、储存和使用企业

凡采用国家明令淘汰的落后工艺、装备及不具备安全生产基本条件的生产企业，一律取消其生产资格，予以关闭，吊销其营业执照；凡非法从事危险化学品生产的企业和单位，依法予以查处；凡不符合有关安全、环保、职业病防治等法律法规和规章要求使用氰化物的各类小金矿和小电镀厂（包括小电子器件生产企业），予以关闭，吊销其营业执照；其他生产、储存和使用企业（单位），都要按照《条例》和有关法律法规的规定，严格进行整顿。

真实案例

2003 年 5 月 18 日，河北省保定市涞水县走马驿镇一加油点，由于加油机电源线漏电，引起柴油爆燃，造成 3 人死亡。

2. 整顿危险化学品经营企业和销售网点

要按照《条例》和国家标准的规定，重新审查、核发危险化

学品经营许可证。对经营场所、经营设施、从业人员素质及安全管理措施等不符合规定的，要限期整改，整改后仍达不到要求的，取消其经营危险化学品的资格，吊销其营业执照；要对剧毒化学品的经营实行严格的管理，从严审查有关资质条件，督促企业健全各项安全管理制度，落实安全防范措施。坚决依法查处各类非法经营场所（点）和销售网点，依法规范危险化学品的销售行为。

真实案例

1991年9月3日，江西贵溪农药厂一台装有2.4 t（98%）一甲胺的汽车罐车，路经江西上饶沙溪镇时发生泄漏，造成595人中毒，其中37人死亡。

3. 深入进行危险化学品运输整治

要全面贯彻落实危险化学品运输资质认定制度和危险化学品运输从业人员的从业资格管理制度，对不符合资质条件的企业和单位，要强制其停止危险化学品运输活动；要组织对所有从事危险化学品运输的车辆、船舶等运输工具及其负载的槽罐、设备、设施的安全技术状况进行一次全面检查，从严核发危险化学品运输车辆及其负载的槽罐和其他容器的检验合格证明，从严管理危险化学品运输车辆的证照审验。要对剧毒化学品运输的各个环节实行严格的管理，严格执行剧毒化学品公路运输许可管理制度，落实安全管理的措施和责任，并加强监管；要坚决禁止在内河、内湖进行剧毒化学品运输。

4. 整顿危险化学品的包装管理

要依照《条例》规定对用于危险化学品的包装物和容器（包括用作运输工具的槽罐）实行定点生产。危险化学品生产、分装企业和单位必须使用定点企业生产并经国家法定检测、检验机构检验合格的包装物和容器，不得采购和使用非定点企业生产的产品或未经检验合格的产品。使用中的压力容器应按照有关规定实施严格的定期检验制度。

真实案例

2003年2月2日，哈尔滨市天潭酒店发生特大火灾事故，造成33人死亡。天潭酒店起火前，服务人员向取暖用煤油炉内注入的是溶剂汽油，而不是煤油。服务员明火加油已属违规操作，而溶剂汽油加速了这场火灾的形成。

5. 整顿危险化学品从业单位的安全管理

所有危险化学品从业单位都要依照《条例》和有关法律、法规的规定，按照专项整治工作的要求，进行对照检查和整改，切实建立健全安全管理制度，落实安全生产责任制，要认真执行危险化学品安全技术说明书和安全标签制度。剧毒化学品从业单位要对剧毒化学品实行全程动态跟踪管理，建立健全生产、储存、使用和销售、购买等各环节的登记制度，落实储存、保管安全管理措施，如实登记销售、购买和发放、领用等环节的流向记录，严防丢失、被盗。对危险化学品生产操作人员、仓库保管员、运输驾驶员、押运人员、运输船船员、销售、采购人员等各类从业人员开展安全教育和培训，实行持证上岗制度。

6. 落实危险化学品安全管理职责，强化监督管理

各地区、各部门要按照《条例》的有关规定，切实落实本地区、本部门危险化学品安全管理的职责，建立监督管理的工作制度，将各项管理措施落到实处。同时，要切实加强基础工作，全面实施危险化学品登记制度，建立全国危险化学品安全管理数据库，为危险化学品安全管理、事故预防和应急救援提供技术、信息支持。地方各级政府和危险化学品从业单位要尽快制订和完善化学事故应急预案，逐步建立起化学事故应急救援体系。

二、加强危险化学品安全管理的重要意义

1. 加强危险化学品安全管理是企业自身发展的需要

随着我国经济的快速发展，石油化工企业遍布全国大中城市，一些主要化工产品的产量位居世界前列。多数企业使用的原料、辅料及生产的产品、副产品及中间产品等大多属于危险化学品，在生产、储存、使用、运输、废弃物处置过程中容易发生火灾和爆炸。前面的事例已经说明，如果危险化学品管理不善，就有可能发生重大恶性事故，企业可能毁于一旦。因此，加强危险化学品安全管理是企业自身发展的需要。

真实案例

2004 年 4 月 15 日至 16 日，处于主城区的重庆天原化工总厂发生氯气泄漏，而后在抢险处置过程中突然发生爆炸，致使附近 15 万居民疏散撤离，造成严重的社会影响。

2. 加强危险化学品安全管理是社会安定的需要

危险化学品生产、储存、运输、使用中管理不善引发的事故很多。这些事故不仅给企业本身带来了严重危害，而且还会造成严重的社会影响，给人民的生命财产带来严重损失，有的还给生态环境带来严重的影响。因此，加强危险化学品安全管理是社会安定的需要。

3. 加强危险化学品安全管理是适应国际市场的需要

世界发达国家对危险化学品管理制定了较完善的管理法律法规，对危险化学品实行了全生命周期管理。国际化学品分类体系协调工作组按照有关章程和议程，在有关国际组织和国家的积极支持下，已形成了新的国际化学品分类和标签体系框架，指导世界各国按照新的国际标准制定本国标准。我国应尽早了解新的化学品分类和标签体系，建立我国化学品安全管理体系，与国际接轨。

另外，我国已经加入世界贸易组织（WTO），理应受到国际法律、法规、规则的约束。因此，一定要掌握化学品国际贸易中的有关知识，了解化学品的发展动态，做好化学品的国际一体化安全管理，以适应国际市场的需要。

第三节　安全生产法律体系

要点掌握：

我国安全生产法律体系包括哪些组成部分？

安全生产法规是保护劳动者在生产过程中的生命安全和身体健康的有关法令、规程、条例规定等法律文件的总称，又称劳动保护法规。安全法规的主要作用是调整社会主义生产过程及商品流通过程中人与人之间、人与自然之间的关系，维护社会主义劳动法律关系中的权利与义务、生产与安全的辩证关系，以保障劳动者在生产过程中的安全和健康。

我国安全生产法律体系是包含多种法律形式和法律层次的综合性系统，主要有安全生产法律法规基础的宪法规范、行政法律规范、技术性法律规范、程序性法律规范。

1. 宪法

《中华人民共和国宪法》是我国的根本大法，是安全生产法律体系框架的最高层级。“加强劳动保护，改善劳动条件”是安全生产方面有最高法律效力的规定。

2. 安全生产方面的法律

基础法有《中华人民共和国安全生产法》（以下简称《安全生产法》）和与它平行的专门法律和相关法律。专门法律有《中华人民共和国消防法》《中华人民共和国道路交通安全法》等。相关法律有《中华人民共和国劳动法》《中华人民共和国职业病防治法》等。

还有一些与安全生产监督执法工作有关的法律，如《中华人民共和国刑法》《中华人民共和国标准化法》《中华人民共和国国家赔偿法》等。

3. 安全生产行政法规

行政法规是指由国务院制定颁布执行法律和实施行政管理职权的具体规定。这类行政法规比较多，有《危险化学品安全管理条例》《安全生产许可证条例》《建设工程安全生产管理条例》和《国务院关于特大安全事故行政责任追究的规定》等。

4. 地方性安全生产法规

地方性安全生产法规是由有立法权的地方权力机构制定的安全规范性文件，但其内容不得和法律、行政法规相抵触，其效力低于行政法规。如《北京市安全生产条例》等。

5. 部门安全生产规章和地方政府安全生产规章

根据《中华人民共和国立法法》的规定，部门规章之间、部门规章与地方政府规章之间具有同等效力，在各自的权限范围内施行。如公安部颁布的《火灾事故调查规定》、卫生部颁布的《放射工作人员健康管理规定》。

6. 安全生产标准

虽然在我国法的渊源中没有安全生产标准这一层级，但它在安全生产工作中起着十分重要的作用，同样也是组成我国安全生产法律体系的重要内容。根据《标准化法》的规定，标准有国家标准、行业标准、地方标准和企业标准。国家标准、行业标准又分为强制性标准和推荐性标准。安全生产标准主要是指国家标准和行业标准，大部分是强制性标准，是安全生产管理的基础和监督执法工作的重要技术依据。

7. 已批准的国际劳工安全公约

国际劳工组织自 1919 年创立以来，一共通过了 185 个国际公约和为数较多的建议书，这些公约和建议书统称国际劳工标准，其中70%的公约和建议书涉及职业安全卫生问题。

第四节　安全生产标准体系

要点掌握：

1. 安全生产标准的作用是什么？
2. 我国的安全生产标准可以分为哪四个级别？

一、安全生产标准概述

1. 安全标准的作用

标准即衡量事物的准则。《标准化法》对“标准”的定义是：“对重复事物和概念所做的统一规定。它以科学、技术和实践经验的综合成果为基础，经有关方面协商一致，主管机构批准，以特定形式发布，作为共同遵守的准则和依据。”由此，可以把安全生产标准的含义理解为：为规范生产作业行为，改善生产工作场所或领域的劳动条件，保护劳动者免受各种伤害，保障劳动者人身安全和健康，实现安全生产等所制定的技术要求。

安全生产标准的作用：

（1）安全生产标准是安全生产法律体系的重要组成部分；

（2）安全生产标准是保障企业安全生产的重要技术规范，安全生产标准是社会化大生产的要求，是社会生产力发展水平的反映，是保护生命安全的规则；

（3）安全生产标准是安全监管部门依法行政的重要依据。安全监管部门在行政执法过程中，对违法违规行为的认定，除了要依据法律、法规，还要依据安全生产标准；

（4）安全生产标准是市场准入的必要条件，是严格市场准入的尺度和手段；

（5）安全生产标准为评价系统的安全程度提供了重要的科学

依据。

2. 安全生产标准颁布状况

我国的安全生产技术标准化工作，是在改革开放的20世纪80年代初期起步的。到2000年，国家标准局已公布了400多个标准。这些标准大致分为如下几类：

（1）设计，管理类标准。这类标准主要是指一些为满足安全生产设计、监督或综合管理需要制定的标准。如作业环境管理方面的《工业企业设计卫生标准》《高温作业分级》；事故管理方面的《企业职工伤亡事故分类》《职工工伤与职业病伤致残鉴定》等；安全教育方面的《特种作业人员安全技术考核管理规则》《起重机司机安全技术考核标准》《爆破作业人员安全技术考核标准》。标准要求：特种作业人员经安全技术培训后，必须进行考核，经考核合格取得操作证者，方可独立作业。取得操作证的特种作业人员，必须定期进行复审，复审的时间每三年一次；复审不合格者可在两个月内进行一次复审，仍不合格者，收缴操作证；凡未经复审者，不得继续独立作业。

（2）安全生产设备、工具类标准。这类标准主要是为保证生产设备、工具的设计、制造、使用符合安全卫生要求。

（3）生产工艺安全卫生标准。这类标准主要是对一些经常发生工伤事故和容易产生职业病的生产工艺，规定最基本的安全卫生要求。

（4）防护用品类标准。这类标准是为了控制防护用品质量，使其达到职业安全卫生要求。防护用品标准分为通用标准、门类标准、产品标准三个层次。

二、安全生产标准分类及体系

1. 安全生产标准的分类

安全生产标准的种类繁多，为了不同的目的，可以从不同的角度和以不同的方法对其进行分类。安全生产标准可按适用范围、约束性和性质等进行分类。

（1）按标准来源可分为四类。一是由国家主管标准化工作的部门颁布的国家标准；二是国务院各部委发布的行业标准；三是地方政府发布的地方标准；四是国家鼓励积极采用的国际标准。

（2）按法律效力，可将标准分为强制性标准和推荐性标准。强制性标准是指在一定范围内通过法律、行政法规等强制性手段加以实施的标准。推荐性标准是指在生产、使用等领域，由当事人（主要是企业）自愿采用的一类标准。

从以上定义可以看出在安全生产标准中，保障人体健康，人身、财产安全的标准和法律、行政法规规定强制执行的标准是强制性标准，其他标准是推荐性标准。《标准化法》第十四条："强制性标准，必须执行。不符合强制性标准的产品，禁止生产、销售和进口。推荐性标准，国家鼓励企业自愿采用。"也就是说，强制性标准是具有法规性质的技术性规范，推荐性标准不属于法规性质的技术性规范。

（3）按标准对象特征可分为管理标准和技术标准。管理标准就是指对需协调统一的管理事项所制定的标准。技术标准是指对需要协调统一的技术事项所制定的标准。如《压力容器安全技术监察规程》等。

2. 安全生产标准的分级

根据标准协调统一和适用的范围不同，结合《标准化法》的标准分级，我国的安全生产标准可以分为国家标准、行业标准、地方标准、企业标准四个级别。

（1）国家标准。国家标准一般为基础性、通用性较强的标准，是我国标准体系的主体。国家标准一经批准发布实施，与国家标准相重复的行业标准、地方标准应立即废止。强制性国家标准代号为 GB；推荐性国家标准代号为 GB/T。

（2）行业标准。行业标准是指在国家的一个行业范围内，由该行业标准化组织制定发布的标准，并在该行业范围内适用。中华人民共和国安全生产行业标准代号为 AQ。

（3）地方标准。地方标准是指国家的地方一级行政机构的标准化组织制定发布的标准，在该地方范围内适用。地方标准的代号为字母“DB”。

（4）企业标准。企业标准是指由企业制定的产品标准和为企业内需要协调统一的技术要求和管理、工作要求所制定的标准。企业标准代号由“Q+企业代号”组成。

3. 安全生产标准的体系

（1）安全标准体系的概念。标准体系是由一定系统范围内的具有内在联系的标准组成的有机整体。它是从标准化的角度出发，对整个国民经济体系内在联系的综合反映，即对国民经济的体制和政策、经济结构、科技水平、资源条件、生产社会化组织程度、经济效益，以及这些方面的标准化程度的综合反映。

安全生产标准体系是由若干具有内在联系的标准组成，是完成安全生产标准化系统功能的有机整体，是安全生产领域内所有标准的集合。

目前，我国安全标准体系与国外具有明显差距，且标准水平落后，尤其在安全生产方面尚不健全，处于建设、发展和完善之中。

（2）安全生产标准体系。我国安全生产标准是安全生产法规的延伸与具体化，从目前我国安全生产标准的制定情况来看，我国安全生产标准体系主要包括四个层次，并涉及安全生产的各个行业领域。

第一层是全国通用综合性基础标准体系；第二层是各行业技术标准体系和安全管理标准体系；第三层是地方标准体系；第四层是企业标准体系。

（3）安全生产标准体系的建设情况。

1）安全生产标准体系尚不健全，亟待补充和完善。总体上看，我国安全生产标准存在的主要问题是，各行业标准不够健全，或有行业标准的也没有专人负责监督实施，从业人员不能自觉地执行标准。现存的标准中，有的已不适用，还有的行业标准正在制定中。标准规定的技术与指标相对落后，无法参与市场的竞争，有相当部分的标准只考虑了局部甚至只是起草者本单位的一系列标准，不能与国际标准接轨的标准所占比例很大。

2）安全生产标准体系开始步入正常发展轨道。从 2005 年开始，国家安全生产监督总局组织开展安全生产标准体系的完善和研究工作。2007 年 6 月 27 日全国安全生产标准化技术委员会在北京成立，标志着我国安全生产标准化专家队伍初步建立，安全标准工作开始步入正常发展的轨道。同时还成立了煤矿安全、非煤矿山安全、化学品安全、烟花爆竹安全、粉尘防爆安全、涂装作业安全、防尘防毒安全等 7 个分技术委员会。按照安全生产标准体系的规划，力争通过 5～10 年的努力，建立起比较完善的安全生产标准体系。

第五节 《中华人民共和国安全生产法》

要点掌握：

1. 生产经营单位主要负责人有哪些职责？
2. 从业人员应享受什么权利？
3. 从业人员有什么义务？

《中华人民共和国安全生产法》于 2002 年 6 月 29 日第九届全国人民代表大会第二十八次常务委员会通过，同年 11 月 1 日起施行。共有 7 章 97 条的《中华人民共和国安全生产法》（以下简称《安全生产法》），从生产经营单位的安全生产保障到从业人员的权利和义务，从安全生产监督管理到生产安全事故的应急救援与调查处理，以及法律责任等方面规范了生产经营单位的安全生产管理行为。值得注意的是，《安全生产法》特别强调了对危险物品的安全管理，充分体现了国家对危险物品安全管理的高度重视。

一、《安全生产法》的立法目的和适用范围

立法目的亦称立法宗旨，是每部法律都不可缺少的。《安全生产法》立法的目的是为了加强安全生产监督管理，防止和减少生产安全事故，保障人民群众生命和财产安全，促进经济发展。

《安全生产法》适用的主体范围，包括一切从事生产经营活动的国有企业事业单位、集体所有制的企业事业单位、股份制企业、中外合资经营企业、中外合作经营企业、外资企业、合伙企业、个人独资企业等，不论其经济性质、规模大小，只要从事生产经营活动的，都应遵守《安全生产法》的各项规定，违反《安全生产法》规定的行为将受到法律的追究。

各级人民政府及政府有关部门对安全生产的监督管理，也必须遵守《安全生产法》的规定。对安全生产工作负有监督管理职责的机关及其工作人员不依法履行职责、玩忽职守或者滥用职权的，将受到法律的追究，包括一切从事生产经营活动的企业事业单位和个体经济组织。

该法是专门调整涉及安全生产的相关关系的法律，因此，其适用的范围只限定在生产经营领域。不属于生产经营活动中的安全问题，如公共场所集会活动中的安全问题、正在使用中的民用建筑物发生垮塌造成的安全问题等，都不属于该法的调整范围。这里讲的生产经营活动，既包括资源的开采活动、各种产品的加工和制作活动，也包括各类工程建设和商业、娱乐业以及其他服务业的经营活动。

二、生产经营单位的安全生产保障

1. 生产经营单位从事生产经营活动应具备的安全生产条件

生产经营单位必须遵守该法和其他有关安全生产的法律、法规，加强安全生产管理，建立、健全安全生产责任制度，完善安全生产条件，确保安全生产。生产经营单位应当具备安全生产法

和有关法律、行政法规和国家标准或者行业标准规定的安全生产条件；不具备安全生产条件的，不得从事生产经营活动。

2. 生产经营单位主要负责人的职责

《安全生产法》第十七条规定了生产经营单位主要负责人的职责，包括：

（1）建立、健全本单位安全生产责任制。这里讲的安全生产责任制，是指全员安全生产责任制。安全生产责任制是“安全第一，预防为主”方针的具体体现，是生产经营单位最基本的安全管理制度。安全生产责任制是指将不同的安全生产责任分解落实到生产经营单位的主要负责人或者正职负责人或者副职、职能管理机构负责人、班组长以及每个岗位人身上。只有明确安全责任，分工负责，才能形成比较完整有效的安全管理体系，激发职工的安全责任感，严格遵守安全生产、法规和标准，防患于未然，防止和减少事故，为安全生产营造良好的安全环境。安全生产责任制的主要内容有：

1）生产经营单位主要负责人的安全生产责任制。生产经营单位的主要负责人或者正职是安全生产的第一责任者，对本单位的安全生产工作全面负责。

2）生产经营单位负责人或者副职的安全生产责任制。生产经营单位负责人或者副职在各自职责范围内，协助主要负责人搞好安全生产工作。

3）生产经营单位职能管理机构负责人及其工作人员的安全生产责任制。职能管理机构负责人按照本机构的职责，组织有关工作人员做好安全生产工作，对本机构职责范围的安全生产工作负责。职能机构工作人员在本职责范围内做好有关安全生产工作。

4）班组长安全生产责任制。班组长是搞好安全生产工作的关键，是法律、法规的直接执行者。安全生产工作搞得好不好，关键在班组长。班组长督促本班组的工人遵守有关安全生产规章制度和安全操作规程，不违章指挥，不违章作业，不强令工人冒险作业，遵守劳动纪律，对本班组的安全生产负责。

5）岗位工人的安全生产责任制。接受安全生产教育和培训，遵守有关安全生产规章和安全操作规程，不违章作业，遵守劳动纪律，对本岗位的安全生产负责。特种作业人员必须接受专门培训，经考试合格取得操作资格证书的，方可上岗作业。

（2）组织制定本单位安全生产规章制度和操作规程。安全生产规章制度是生产经营单位搞好安全生产，保证其正常运转的重要手段。一个生产经营单位发展的如何，经济实力如何，在市场上有没有竞争，最重要的一点是取决于其各项规章制度制定的严格程度。生产经营单位的安全生产规章制度不健全，事故频繁发生，不仅会造成巨大的经济损失，而且社会影响也不好；经济效益不好，在市场上也就不能生存。因此，从某种意义上讲，安全生产规章制度关系到生产经营单位的生存和发展。安全生产规章制度也是党和国家安全生产方针、政策、法律、法规在生产经营单位的具体化。党和国家关于安全生产的方针、政策、法律、法规及政府部门有关安全生产的规定，只有通过各项安全生产规章制度才能真正落实到实处，落实到基层，落实到每个职工。操作规程是生产经营单位针对某一具体工艺、工种、岗位所制定的具体规章制度。制定安全生产规章制度和操作规程本身是一项安全生产的基础工作，是搞好生产经营单位安全生产的重要保证。

（3）保证本单位安全生产投入的有效实施。要保证生产经营的连续进行，就要不断地进行资金投入。同样道理，要保证生产经营单位达到规定的安全生产条件，就要有安全生产投入。安全生产投入是保障生产经营单位安全生产的重要基础。作为生产经营单位的主要负责人，有责任保证安全生产投入的有效实施，发挥安全生产投入资金的作用。要根据本单位的安全生产状况，组织制订本单位安全生产投入的长远规划和年度计划。要设立专门的账户或者科目，专款专用。要定期召开会议，听取安全生产投入资金的使用情况。安全技改工程、安全设备更新等安全投入项目完成后，主要负责人要组织进行验收，检查安全生产投入资金的使用情况，保证安全生产投入资金的有效使用。安全生产投入主要包括以下五个方面：一是建设安全技改工程，如防灭火工程、通风工程等；二是更新安全设备、器材、装备、仪器、仪表等以及这些安全设备的日常维护；三是重大安全生产课题的研究；四是职工的安全生产教育和培训；五是其他有关预防事故发生的安全技术措施费用。

（4）督促、检查本单位的安全生产工作，及时消除生产安全事故隐患。要定期召开安全生产工作会议，听取有关职能部门安全生产工作的汇报，对反映的安全问题或者存在的事故隐患，要认真进行研究，制定切实可行的安全措施，并督促有关部门限期解决。要经常组织安全检查，对检查中发现的安全问题或者事故隐患，指定专人负责，立即处理解决；一时难以处理的，要采取有效措施，限期整改，并在人、财、物上予以保证，及时消除事故隐患。要加强事故隐患整改和安全措施落实情况的监督检查，发现问题，及时解决，把事故消灭在萌芽状态。

（5）组织制订并实施本单位的生产安全事故应急救援预案。事故应急救援预案是一种事故发生之前就已经预先制订好的事故救援方案。做到一旦事故发生，生产经营单位就能够立即按照事故应急救援预案中确定的救援方案开展工作，避免事故救援的盲目性。事故有突发性，一旦发生，正常的工作秩序被打乱，人们的思想出现慌乱，往往会出现领导或者临时成立的抢救组制定不出有效的抢救措施、事先物质准备不充分、抢救人员迟迟不到位等问题。这样就会延误抢救的最佳时机，导致事故扩大。很多事故已经证明了这一点。如果事先制订并演练了事故应急救援预案，就可以避免上述情况的发生，及时、有效、正确地实施现场抢救和其他各种救援措施，最大限度地减少人员伤亡和财产损失。因此对一个单位来说，制订和演练事故应急救援预案，是非常重要的、必不可少的工作。主要负责人要根据本单位安全生产状况，组织有关部门、专家和专业技术人员认真研究可能出现的生产安全事故，采取切实可行的安全措施，明确从业人员各自的责任，制订出符合实际，操作性强的生产安全事故应急救援预案。事故应急救援预案要发到每个职能部门、每个班组，并组织大家认真学习，使广大从业人员都知道和了解。生产经营单位的安全生产条件发生变化，要重新制订事故应急救援预案。一旦发生事故，主要负责人要按照事故应急救援预案中确定的救援方案，立即开展各项工作。

(6) 及时、如实报告生产安全事故。生产经营单位发生事故，现场人员应当立即报告有关负责人，有关负责人应当立即向生产经营单位主要负责人报告。主要负责人接到事故报告后，应当迅速采取有效措施，组织抢救，防止事故扩大，减少人员伤亡和财产损失，同时按照国家有关法律法规的规定，及时、如实地报告当地政府及其安全生产监督管理部门和有关部门。不得隐瞒不报、谎报或者拖延不报，不得故意破坏事故现场、毁灭有关证据。

3. 生产经营单位的安全生产保障

(1) 安全生产管理机构。安全管理机构是生产经营单位的重要组织保证，其职责主要是落实国家有关安全生产的法律法规，组织生产经营单位内部各种安全检查活动，负责日常安全检查，及时整改各种事故隐患，监督安全生产责任制的落实等。

(2) 安全生产培训制度。生产经营单位应当对从业人员进行安全生产教育和培训，保证从业人员具备必要的安全生产知识，熟悉有关的安全生产规章制度和安全操作规程，掌握本岗位的安全操作技能。生产经营单位采用新工艺、新技术、新材料或者使用新设备，必须了解、掌握其安全技术特性，采取有效的安全防护措施，并对从业人员进行专门的安全生产教育和培训。

生产经营单位的特种作业人员必须按照国家有关规定经专门

的安全作业培训，取得特种作业操作资格证书，方可上岗作业。

（3）安全生产基础保障。生产经营单位必须安排适当资金，用于改善安全设施，更新安全技术装备、器材、仪器、仪表以及其他安全生产投入，以保证生产经营单位达到法律、法规、标准规定的安全生产条件。因此，《安全生产法》第十八条规定，生产经营单位应当具备安全生产条件所必需的资金投入，由生产经营单位的决策机构、主要负责人或者个人经营的投资人予以保证，并对由于安全生产所必需的资金投入不足导致的后果承担责任。

生产经营单位应当教育和督促从业人员严格执行本单位的安全生产规章制度和安全操作规程；并向从业人员如实告知作业场所和工作岗位存在的危险因素、防范措施以及事故应急措施。同时，生产经营单位必须为从业人员提供符合国家标准或者行业标准的劳动防护用品，并监督、教育从业人员按照使用规则佩戴、使用。

三、从业人员的权利和义务

1. 从业人员的权利

《安全生产法》主要规定了各类从业人员必须享有的、有关安全生产和人身安全的最重要、最基本的权利。这些基本安全生产权利，可以概括为以下五项：

（1）享受工伤保险和伤亡赔偿权。《安全生产法》明确赋予了从业人员享有工伤保险和获得伤亡赔偿的权利，同时规定了生产经营单位的相关义务。《安全生产法》第四十四条规定："生产经营单位与从业人员订立的劳动合同，应当载明有关保障从业人员劳动安全、防止职业危害的事项，以及依法为从业人员办理工伤社会保险的事项。生产经营单位不得以任何形式与从业人员订立协议，免除或者减轻其对从业人员因生产安全事故伤亡依法应当承担的责任。"第四十八条规定："因生产安全事故受到损害的人员，除依法享有获得工伤社会保险外，依照有关民事法律尚有获得赔偿的权利的，有权向本单位提出赔偿要求。”第四十三条规定：“生产经营单位必须依法参加工伤社会保险，为从业人员缴纳保险费。”此外，该法律还规定：“生产……经营单位不得以任何形式与从业人员订立协议，免除或者减轻其对从业人员因生产安全事故伤亡依法应承担的责任”。

（2）危险因素和应急措施的知情权。《安全生产法》规定，生产经营单位从业人员有权了解其作业场所和工作岗位存在的危险因素、防范措施及事故应急措施。为保证从业人员行使这项权利，生产经营单位有义务事前告知有关危险因素和事故应急措施。否则，生产经营单位就侵犯了从业人员的权利，并应对由此产生的后果承担相应的法律责任。

（3）安全管理的批评检控权。从业人员是生产经营活动的直接承担者，也是生产经营活动中各种危险的直接面对者，他们对安全生产情况和安全管理中的问题最了解、最熟悉，具有他人不能替代的作用。只有依靠他们并且赋予必要的安全监督权和自我保护权，才能做到预防为主，防患于未然，保证企业安全生产。所以，《安全生产法》规定，从业人员有权对本单位安全生产工作中存在的问题提出批评、检举、控告。

（4）拒绝违章指挥和强令冒险作业权。在生产经营活动中，有时会出现企业负责人或者管理人员违章指挥和强令从业人员冒险作业的现象，并由此导致事故，造成大量人员伤亡。《安全生产法》第四十六条规定：“生产经营单位不得因从业人员对本单位安全生产工作提出批评、检举、控告或者拒绝违章指挥、强令冒险作业而降低其工资、福利等待遇或者解除与其订立的劳动合同。”

（5）紧急情况下的停止作业和紧急撤离权。由于生产经营场所的自然和人为的危险因素的存在，经常会在生产经营作业过程中发生一些意外的或者人为的直接危及从业人员人身安全的危险情况，将会或者可能会对从业人员造成人身伤害。比如从事危险物品生产作业的从业人员，一旦发现将要发生危险物品泄漏、燃烧、爆炸等紧急情况并且无法避免时，最大限度地保护现场作业人员的生命安全是第一位的，法律赋予他们享有停止作业和紧急撤离的权利。《安全生产法》第四十七条规定："从业人员发现直接危及人身安全的紧急情况时，有权停止作业或者在采取可能的应急措施后撤离作业场所。生产经营单位不得因从业人员在前款紧急情况下停止作业或者采取紧急撤离措施而降低其工资、福利等待遇或者解除与其订立的劳动合同。"从业人员在行使这项权利的时候，必须明确四点：一是危及从业人员人身安全的紧急情况必须有确实可靠的直接根据，凭借个人猜测或者误判而实际并不属于危及人身安全的紧急情况除外。二是紧急情况必须直接危及人身安全，间接或者可能危及人身安全的情况不应撤离，而应采取有效处理措施。三是出现危及人身安全的紧急情况时，首先是停止作业，然后要采取可能的应急措施；采取应急措施无效时，再撤离作业场所。四是该项权利不适用于某些从事特殊职业的从业人员，比如飞行人员、船舶驾驶人员、车辆驾驶人员等，根据有关法律、国际公约和职业惯例，在发生危及人身安全的紧急情况下，他们不能或者不能先行撤离从业场所或者岗位。

2. 从业人员的义务

（1）遵章守规、服从管理的义务。《安全生产法》第四十九条规定："从业人员在从业过程中，应当严格遵守本单位的安全生产规章制度和操作规程。"根据《安全生产法》和其他有关法律、法规和规章的规定，生产经营单位必须制定本单位安全生产的规章制度和操作规程。从业人员必须严格依照这些规章制度和操作规程进行生产经营作业。生产经营单位的从业人员不服从管理，违反安全生产规章制度和操作规程的，由生产经营单位给予批评教育，依照有关规章制度给予处分；造成重大事故，构成犯罪的，依照刑法有关规定追究刑事责任。

（2）佩戴和使用劳保用品的义务。按照法律、法规的规定，为保障人身安全，生产经营单位必须为从业人员提供必要的、安全的劳动防护用品，以避免或者减轻作业和事故中的人身伤害。但实践中由于一些从业人员缺乏安全知识，认为佩戴和使用劳动防护用品没有必要，往往不按规定佩戴或者不能正确佩戴和使用劳动防护用品，由此引发的人身伤害时有发生，造成不必要的伤亡。另外有的从业人员虽然佩戴和使用劳动防护用品，但由于不会或者没有正确使用而发生人身伤害的案例也很多。因此，正确佩戴和使用劳动防护用品是从业人员必须履行的法定义务，这是保障从业人员人身安全和生产经营单位安全生产的需要。从业人员不履行该项义务而造成人身伤害的，生产经营单位不承担法律责任。

（3）接受培训，掌握安全生产技能的义务。从业人员的安全生产意识和安全技能的高低，直接关系到生产经营活动的安全可靠性。特别是从事危险物品生产作业的从业人员，更需要具有系统的安全知识，熟练的安全生产技能，以及对不安全因素和事故隐患、突发事件的预防、处理能力和经验。许多国有和大型企业比较重视安全培训工作，从业人员的安全素质比较高。但是许多非国有和中小企业不重视或者不搞安全培训，有的没有经过专门的安全生产培训，或者简单应付了事，其中部分从业人员不具备应有的安全素质，因此违章违规操作，酿成事故的比比皆是。所以，为了明确从业人员接受培训、提高安全素质的法定义务，《安全生产法》第五十条规定：“从业人员应当接受安全生产教育和培训，掌握本职工作所需的安全生产知识，提高安全生产技能，增强事故预防和应急处理能力。”

（4）发现事故隐患及时报告的义务。从业人员直接进行生产经营作业，他们是事故隐患和不安全因素的第一当事人。许多生产安全事故是由于从业人员在作业现场发现事故隐患和不安全因素后，没有及时报告，以致延误了采取措施进行紧急处理的时机，并由此发生重大、特大事故。如果从业人员尽职尽责，及时发现并报告事故隐患和不安全因素，许多事故能够得到及时报告并得到有效处理，完全可以避免事故发生或降低事故损失。所以，《安全生产法》第五十一条规定："从业人员发现事故隐患或者其他不安全因素，应当立即向现场安全生产管理人员或者本单位负责人报告；接到报告的人员应当及时予以处理。"这就要求从业人员必须具有高度的责任心，及时发现事故隐患和不安全因素，防患于未然，预防事故发生。

四、安全生产的监督管理

1. 安全生产监督管理体制

《安全生产法》第九条对安全生产的监督管理体制做了具体规定："国务院负责安全生产监督管理的部门依照本法，对全国安全生产工作实施综合监督管理；县级以上地方各级人民政府负责安全生产监督管理的部门依照本法，对本行政区域内安全生产工作实施综合监督管理。"

"国务院有关部门依照本法和其他有关法律、行政法规的规定，在各自的职责范围内对有关的安全生产工作实施监督管理；县级以上地方各级人民政府有关部门依照本法和其他有关法律、法规的规定，在各自的职责范围内对有关的安全生产工作实施监督管理。"

2. 安全生产监督管理的举报制度

负有安全生产监督管理的部门实施监督管理，除了主动进入生产经营单位进行检查外，建立举报制度也是一种有效的监督方式。建立举报制度，对负有安全生产监督管理职责的部门来说，可以充分利用群众监督、舆论监督的作用，及时、广泛地掌握各生产经营单位安全生产的情况、线索，发现安全生产工作中存在的问题，从而增加监督管理的力度。因此，《安全生产法》规定负有安全生产监督管理职责的部门应当建立举报制度，以使举报监督制度化、法定化。《安全生产法》第六十三条规定："负有安全生产监督管理职责的部门应当建立举报制度，公开举报电话、信箱或者电子邮件地址，受理有关安全生产的举报；受理的举报事项经调查核实后，应当形成书面材料；需要落实整改措施的，报经有关负责人签字并督促落实。”

对于社会监督，《安全生产法》明确规定了单位和个人对有关安全生产事项的报告权和举报权：任何单位或者个人对事故隐患或者安全生产违法行为，均有权向负有安全生产监督管理职责的部门报告或者举报。《安全生产法》第六十五条对社会群体应行使的举报权利规定：“居民委员会、村民委员会发现其所在区域内的生产经营单位存在事故隐患或者安全生产违法行为时，应当向当地人民政府或者有关部门报告。”

3. 监察部门的职权

《中华人民共和国行政监察法》第二条规定：“监察机关是人民政府行使监察职能的机关，依法对国家行政机关、国家公务员和国家行政机关任命的其他人员实施监察。”负有安全生产监督管理职责的部门属于行政机关，其工作人员是国家公务员，因此，他们应当属于监察机关的监察对象。为了加强对负有安全生产监督管理职责的部门及其工作人员履行安全生产监督管理职责的监督，《安全生产法》第六十一条规定：“监察机关依照行政监察法的规定，对负有安全生产监督管理职责的部门及其工作人员履行安全生产监督管理职责实施监察。”

4. 负有安全生产监督管理职责部门的职权

负有安全生产监督管理职责的部门依法对生产经营单位执行有关安全生产的法律、法规和国家标准或者行业标准的情况进行监督检查所行使的职权。主要包括：进入生产经营单位检查以及了解有关情况的职权；对安全生产违法行为的处理权；对事故隐患的处理权；对有关设施、设备、器材的处理权。

安全生产监督检查的最终目的之一就是为了保证生产经营单位不出或少出事故，从而保证其生产经营活动的正常进行，因此《安全生产法》规定：监督检查不得影响被检查单位的正常生产经营活动。这是负有安全生产监督管理职责部门的一项义务。

五、生产事故的应急救援与调查处理

1. 应急求援体系

生产安全事故的应急救援体系是保证生产安全事故应急救援工作顺利实施的组织保障，主要包括应急救援指挥系统、应急救援日常值班系统、应急救援信息系统、应急救援技术支持系统、应急救援组织及经费保障。对于特大生产安全事故应急救援体系的建立，《安全生产法》第六十八条规定：“县级以上地方各级人民政府应当组织有关部门制定本行政区域内特大生产安全事故应急救援预案，建立应急救援体系。”

2. 应急救援组织建立的主体

危险物品的生产、经营、储存单位以及矿山、建筑施工单位应当建立应急救援组织；生产经营规模较小，可以不建立应急救援组织的，应当指定兼职的应急救援人员。危险物品的生产、经营、储存单位以及矿山、建筑施工单位应当配备必要的应急救援器材、设备，并进行经常性维护、保养，保证正常运转。

3. 地方政府和安全生产监督管理部门在应急救援中的职责

地方人民政府在应急救援中的职责是：有关地方人民政府和负有安全生产监督管理职责的部门的负责人接到重大生产安全事故报告后，应当立即赶到事故现场，组织事故抢救。

安全生产监督管理职责部门的职责是：负有安全生产监督管理职责的部门接到事故报告后，应当立即按照国家有关规定上报事故情况。负有安全生产监督管理职责的部门和有关地方人民政府对事故情况不得隐瞒不报、谎报或者拖延不报。

4. 生产经营单位负责人的职责

生产经营单位负责人在应急救援中的职责是：生产经营单位发生生产安全事故后，事故现场有关人员应当立即报告本单位负责人。单位负责人接到事故报告后，应当迅速采取有效措施，组织抢救，防止事故扩大，减少人员伤亡和财产损失，并按照国家有关规定立即如实向当地负有安全生产监督管理职责的部门报告，不得隐瞒不报、谎报或者拖延不报，不得故意破坏事故现场、毁灭有关证据。

5. 事故调查处理的依据和要求

事故调查处理应当实事求是、尊重科学，按照“四不放过”的原则，及时、准确地查清事故原因，确定事故性质，分清事故责任，总结事故教训，提出整改措施，并对事故责任者提出处理意见。

六、法律责任追究

1. 生产经营单位从业人员的行政责任

真实案例

2005 年 11 月 13 日 13 时 40 分左右，中国石油吉林石化公司双苯厂（又称 101 厂）一装置发生爆炸，爆炸事故导致松花江水污染，国务院对事件做出处理，同意对吉化分公司董事长等 12 名事故及事件责任人员给予相应的党纪、行政处分。

按照《安全生产法》第九十条的规定，从业人员违反有关规章制度和操作规程的，应当按照以下几个方面进行处理：

（1）由生产经营单位给予批评教育。即由生产经营单位对该从业人员由于违反规章制度和操作规程的行为进行批评，同时对其进行有关安全生产方面知识的教育。

（2）依照有关规章制度给予处分。这里讲的规章制度包括企业依法制定的内部奖惩制度。另外，根据国务院颁布的《企业职工奖惩条例》的规定，对于全民所有制企业和城镇集体所有制企业的职工的处分包括：警告、记过、记大过、降级、撤职、留用察看、开除七种。具体给予哪种处分，可根据从业人员违反规章制度行为的情节决定。

2. 生产经营单位从业人员的刑事责任

真实案例

2007 年 12 月 5 日，某煤矿 9＃煤层瓦斯积聚达到爆炸浓度界限，因放炮产生火焰引爆，煤尘参与爆炸，造成 105 人死亡，7 人重伤，1 人轻伤，直接经济损失 4 275 万元。事故发生后，相关责任人员延报五个多小时，又盲目组织人员施救，导致次生事故，伤亡扩大。洪洞县某煤业有限公司和相关责任人 78 人分别构成非法买卖爆炸物罪，非法采矿罪，重大责任事故罪，不报、谎报安全事故罪，强令违章冒险作业罪，偷税罪和隐瞒、故意销毁会计凭证罪予以责任追究，其中 39 名事故责任人追究刑事责任。

按照《安全生产法》第九十条的规定："生产经营单位的从业人员不服从管理，违反安全生产规章制度或者操作规程，造成重大事故，构成犯罪的，依照刑法有关规定追究刑事责任。"这里讲的"构成犯罪"，主要是指构成《刑法》第一百三十四条规定的重大责任事故的犯罪。构成该条规定的犯罪，须具备以下条件：一是从业人员在客观上实施了不服从管理，违反规章制度的行为；二是造成重大事故。按照刑法第一百三十四条的规定，工厂、矿山，林场、建筑企业或者其他企业、事业单位的职工，由于不服从管理，违反规章制度，或者强令工人违章冒险作业，因而发生重大伤亡事故或者造成其他严重后果的，处三年以下有期徒刑或者拘役；情节特别恶劣的，处三年以上七年以下有期徒刑。

3. 生产经营单位主要负责人的责任

按照《安全生产法》第九十一条的规定："生产经营单位主要负责人在本单位发生重大生产安全事故时，不立即组织抢救或者在事故调查处理期间擅离职守或者逃匿的，给予降职、撤职的处分，对逃匿的处十五日以下拘留；构成犯罪的，依照刑法有关规定追究刑事责任。”

生产经营单位主要负责人对生产安全事故隐瞒不报、谎报或者拖延不报的，依照前款规定处罚。

第六节 《危险化学品安全管理条例》

要点掌握：

1.《危险化学品安全管理条例》的应用范围。

2.《危险化学品安全管理条例》的具体制度。

1987年，国务院颁布实施《化学危险物品安全管理条例》。2002年，国务院对《化学危险品安全管理条例》进行修订，并更名为《危险化学品安全管理条例》（以下简称《条例》）。《危险化学品安全管理条例》于2002年1月26日颁布，2002年3月15日正式实施，共有7章74条。根据《条例》，生产、经营、储存、运输、使用危险化学品和处置废弃危险化学品的单位，其主要负责人必须保证本单位危险化学品的安全管理符合有关法律、法规、规章的规定和国家标准的要求，对本单位的安全负责。相关从业人员必须接受有关法律法规、安全知识、专业技术、职业卫生防护和应急救援知识的培训，经考核合格后方能上岗作业。

一、《条例》的特点

①名称改变。1987年国务院发布的为《化学危险物品安全管理条例》，2002年发布新条例为《危险化学品安全管理条例》；

②内容增加。旧《条例》42条，新《条例》74条。新《条例》增加内容和章节执行起来更具有可行性和可操作性；

③引用标准改为国标GB12268《危险货物品名表》；

④新《条例》管理范围是全部危险化学品（包括进口）；

⑤新《条例》管理是危险化学品从生产、使用、储存、经营、运输、废弃的全部六个环节；

⑥管理企业的设立、生产、储存、经营到停业、停产的全过程；

⑦新《条例》由经贸、安全、环保、质检、交通、公安、卫生、铁路、民航、工商、邮电共十一个政府部门分工负责，职责明确；

⑧强化政府职能，用政府审批、定点、许可、资质认定、登记、备案、监督检查及行政、经济、法律等措施加强管理；

⑨新《条例》纳入了国际上先进的安全理念和先进管理方法，提出了很多新要求；

⑩法律责任具体、明确。

二、《条例》的基本内容

1. 总则

（1）制定的目的。《条例》第一条说明了制定危险化学品安全管理条例的目的是为了加强对危险化学品的安全管理，保障人民生命、财产安全，保护环境。

（2）应用范围。在中华人民共和国境内生产、经营、储存、运输、使用危险化学品和处置废弃危险化学品，必须遵守该条例和国家有关安全生产的法律、其他行政法规的规定。

民用爆炸品、放射性物品、核能物质和城镇燃气的安全管理，不适用该条例。

（3）危险化学品的种类。该条例所称危险化学品，包括爆炸品、压缩气体和液化气体、易燃液体、易燃固体、自燃物品和遇湿易燃物品、氧化剂和有机过氧化物、有毒品和腐蚀品等。

2. 职责分工

（1）国务院经济贸易综合管理部门和省、自治区、直辖市人民政府经济贸易管理部门，负责危险化学品安全监督管理综合工作，负责危险化学品生产、储存企业设立及其改建、扩建的审查，负责危险化学品包装物、容器（包括用于运输工具的槽罐，下同）专业生产企业的审查和定点，负责危险化学品经营许可证的发放，负责国内危险化学品的登记，负责危险化学品事故应急救援的组织和协调，并负责前述事项的监督检查。

鉴于国家经贸委于2002年底已经撤销，其职责已全部移交国家安全生产监督管理局行使。

（2）公安部门负责危险化学品的公共安全管理，负责发放剧毒化学品购买凭证和准购证，负责审查核发剧毒化学品公路运输通行证，对危险化学品道路运输安全实施监督，并负责前述事项的监督检查。

（3）质检部门负责发放危险化学品及其包装物、容器的生产许可证，负责对危险化学品包装物、容器的产品质量实施监督，并负责前述事项的监督检查。

（4）环境保护部门负责废弃危险化学品处置的监督管理，负责调查重大危险化学品污染事故和生态破坏事件，负责有毒化学品事故现场的应急监测和进口危险化学品的登记，并负责前述事项的监督检查。

（5）铁路部门负责危险化学品铁路运输及运输单位和运输工具的安全管理及监督检查。

（6）交通部门负责危险化学品公路、水路运输单位及其运输工具的安全管理，对危险化学品水路运输安全实施监督，负责危险化学品公路、水路运输单位、驾驶人员、船员、装卸人员和押运人员的资质认定，并负责前述事项的监督检查。

（7）民航部门负责危险化学品航空运输及运输单位和运输工具的安全管理及监督检查。

（8）卫生行政部门负责危险化学品的毒性鉴定和危险化学品事故伤亡人员的医疗救护工作。

（9）工商行政管理部门依据有关部门的批准、许可文件，核发危险化学品生产、经营、储存、运输单位营业执照，并监督管理危险化学品市场经营活动。

（10）邮政部门负责邮寄危险化学品的监督检查。

3. 管理制度

（1）公告制度。为了使基层和执法部门方便具体操作，纳入《条例》管辖范围的危险化学品和剧毒化学品，国家将以公告的形式发布《危险化学品名录》和《剧毒化学品目录》。2003 年，国家安全生产监督管理局公布《危险化学品名录》（2002 年版）和《剧毒化学品目录》（2002 年版）。2003 年，卫生部公布《高毒物品目录》（2003 年版）。

（2）备案制度

1）在役装置安全评价报告备案制度。生产、储存、使用剧毒化学品的单位，应当对本单位的生产、储存装置每年进行一次安全评价；生产、储存、使用其他危险化学品的单位，应当对本单位的生产、储存装置每两年进行一次安全评价；安全评价报告应当报所在地设区的市级人民政府负责危险化学品安全监督管理综合工作的部门备案。

2）应急救援预案备案制度。危险化学品生产和储存等单位应当制订本单位事故应急救援预案，配备应急救援人员和必要的应急救援器材、设备，并定期组织演练。

（3）审查审批制度

1）危险化学品生产和储存企业设立审批制度。

2）危险化学品生产许可证制度。

3）危险化学品包装物、容器生产企业定点审批制度。

4）危险化学品经营许可证制度。

5）剧毒化学品准购、准运制度。

6）危险化学品运输企业资质认定制度。

7）危险化学品登记制度。

8）作业人员培训考核与持证上岗制度。危险化学品事故中，由人为失误造成的约占总事故起数的 70%，因此提高从业人员的素质是减少事故的基本途径之一。《条例》第四条规定："危险化学品单位从事生产、经营、储存、运输、使用危险化学品或者处置废弃危险化学品活动的人员，必须接受有关法律、法规、规章和安全知识、专业技术、职业卫生防护和应急救援知识的培训，并经考核合格，方可上岗作业。"第三十七条规定："危险化学品运输企业，应当对其驾驶员、船员、装卸管理人员、押运人员进行有关安全知识培训；驾驶员、船员、装卸管理人员、押运人员必须掌握危险化学品运输的安全知识，并经所在地设区的市级人民政府交通部门考核合格（船员经海事管理机构考核合格），取得上岗资格证，方可上岗作业。"

9）危险化学品事故应急救援制度。

10）违规责任追究制度。

第七节　《中华人民共和国职业病防治法》

2001 年 10 月 27 日第九届全国人民代表大会常务委员会第二十四次会议审议通过《中华人民共和国职业病防治法》（以下简称《职业病防治法》，自 2002 年 5 月 1 日起施行。《职业病防治法》的立法目的是为了预防、控制和消除职业病危害，防治职业病，保护劳动者的健康及其相关权益，促进经济发展。

一、职业病防治法的范围

《职业病防治法》规定，该法所称职业病，是指企业、事业单位和个体经济组织的劳动者在职业活动中，因接触粉尘、放射性物质和其他有毒、有害物质等因素而引起的疾病。职业病的分类和目录由国务院卫生行政主管部门会同国务院劳动保障行政部门规定、调整并公布。

职业病危害，是指对从事职业活动的劳动者可能导致职业病的各种危害。职业病危害因素包括：职业活动中存在的各种有害的化学、物理、生物因素以及在作业过程中产生的其他职业有害因素。

对于职业病，法律上所作的仅是一个基本规定，而更为具体的则是进一步规定职业病的分类和目录，这由国务院卫生行政主管部门会同国务院劳动保障行政部门制定、调整并公布。这是由政府部门依照法律授权具体规定职业病的分类和目录，列入目录的职业病是依法确定的职业病，又称法定职业病。因此，理解和运用职业病防治中所称的职业病并非泛指的职业病，是由法律界定的职业病。

二、用人单位在职业病防治方面的职责

实行用人单位职业病防治责任制是《职业病防治法》确立的一项基本制度，它的核心是用人单位对职业病防治负有法定的责任。因为职业病活动是以用人单位为基础组织的，用人单位对其职业活动有支配作用，在职业活动中创造出来的成果首先由用人单位来体现，而职业活动中职业病的危害因素又是用人单位能控制的。另外，为了加强职业病的防治，法律规定用人单位必须依法参加工伤社会保险，这也是《职业病防治法》所确立的一项基本制度。为什么未在法律上确定采用商业保险，这是工伤社会保险性质所确定的。工伤保险是政府为劳动者在特殊情况下提供的一种保障措施，它具有强制性、福利性，是非营利性的社会保障制度中的一项内容，体现了国家的社会保障政策和劳动政策。工伤保险是为了让劳动者在受到职业病伤害的情况下，能够获得医疗和生活保障，这是国家确立的社会保险制度中的重要项目，带有国家对社会再分配的含义，有利于社会公平和安定。世界很多国家都采用这种形式。因此，《职业病防治法》规定：

（1）用人单位应当为劳动者创造符合国家职业卫生标准和卫生要求的工作环境和条件，并采取措施保障劳动者获得职业卫生保护。

（2）职业病防治责任制。《职业病防治法》第五条规定：“用人单位应当建立健全职业病防治责任制，加强对职业病防治的管理，提高职业病防治水平，对本单位产生的职业病危害承担责任。”

（3）工伤社会保险。《职业病防治法》第六条规定：“用人单位必须依法参加工伤社会保险。”

真实案例

1996年11月，深圳市龙岗区某电子厂住院治疗人数达56人，其中女工53人，男工3人，重症者已瘫痪不起，有7人出现肌肉萎缩，走路拖步，轻微者让人搀扶可以勉强行走。

调查发现这次发病的员工，主要分布在灌液和清洗两个车间。经对该厂生产环境进行卫生监测和病人的临床检查，发现这两个车间正己烷的浓度超过卫生毒理学指标的4.6倍。诊断为正己烷引起的职业中毒。

该电子厂从1995年11月开始用正己烷取代氟利昂作为清洗液晶片和注液槽的溶剂，每周用量达800 kg。然而，该电子厂在生产中使用这样一种危险化学品，却只在车间一边的墙上安装了几台排气扇，车间是全封闭式，灌液车间面积为100 m^2，清洗车间约20 m^2，灌液车间每班要容纳二三十人上班，清洗车间要容纳十几人上班，而且每班工作时间达10～12 h，工厂又未给工人配备必要的防毒面罩和手套，因此，工人在没有得到必备的劳动防护的情况下，长期、反复地吸入并和皮肤接触有毒化学品，从而引起正己烷慢性中毒。

知识链接

正己烷是一种有毒的有机溶剂，在我国属于限制使用的化学溶剂，它会对人体神经造成损害，导致四肢麻木、无力、肌肉张力减退等症状。

三、职业病的前期预防

1. 设立符合职业卫生要求的工作场所

这是防治职业病的起点，也是保障劳动者健康的最有力的措施，这一环节做好了就可以最大限度地消除或者减少劳动者受到的职业病因素的危害。为此，《职业病防治法》第十三条规定：产生职业病危害的用人单位的设立，除应当符合法律、行政法规规定的设立条件外，其工作场所还应当符合以下六项职业卫生要求：

（1）职业病危害因素的强度或者浓度符合国家职业卫生标准；

（2）有与职业病危害防护相适应的设施；

（3）生产布局合理，符合有害与无害作业分开的原则；

（4）有配套的更衣间、洗浴间、孕妇休息间等卫生设施；

（5）设备、工具、用具等设施符合保护劳动者生理、心理健康的要求；

（6）法律、行政法规和国务院卫生行政部门关于保护劳动者健康的其他要求。

2. 职业病危害项目申报制度

这是职业病防治中确立的一项重要制度。《职业病防治法》第十四条规定："在卫生行政部门中建立职业病危害项目的申报制度。用人单位设有依法公布的职业病目录所列职业病的危害项目的，应当及时、如实地向卫生行政部门申报，接受监督。"

3. 职业病危害预评价制度

这是预防和控制职业病的一项基础工作和重要手段，它的主要作用在于从源头控制职业病危害，积极改善作业环境，有力地保障劳动力资源的可持续利用。法律规定：

新建、扩建、改建建设项目和技术改造、技术引进项目可能产生职业病危害的，建设单位在可行性论证阶段应当向卫生行政部门提交职业病危害预评价报告。卫生行政部门应当自收到职业病危害预评价报告之日起三十日内，做出审核决定并书面通知建设单位。未提交预评价报告或者预评价报告未经卫生行政部门审核同意的，有关部门不得批准该建设项目。职业病危害预评价报告应当对建设项目可能产生的职业危害因素及其对工作场所和劳动者健康的影响做出评价，确定危害类别和职业病防护措施。

4. 职业病危害防护设施的“三同时”和设计审查与竣工验收

建设项目的职业病防护设施所需经费应当纳入建设工程预算，并与主体工程同时设计、同时施工、同时投入生产和使用。职业病危害严重的建设项目的防护设施设计，应当经卫生行政部门进行卫生审查，符合国家职业卫生标准和卫生要求的，方可施工。建设项目在竣工验收前，建设单位应当进行职业病危害控制效果评价。建设项目竣工验收时，其职业病防护设施经卫生行政部门验收合格后，方可投入正式生产和使用。

5. 职业卫生技术服务机构

《职业病防治法》第十七条规定：“职业病危害预评价、职业病危害控制效果评价由依法设立的取得省级以上人民政府卫生行政部门资质认证的职业卫生技术服务机构进行。职业卫生技术服务机构所作的评价应当客观、真实。”

四、劳动过程中职业病的防护和管理的规定

1. 用人单位职业病防治措施

《职业病防治法》第十九条规定，用人单位应当采取下列职业病防治管理措施：

（1）设置或者指定职业卫生管理机构或者组织，配备专职或者兼职的职业卫生专业人员，负责本单位的职业病防治工作；

（2）制订职业病防治计划和实施方案；

（3）建立健全职业卫生管理制度和操作规程；

（4）建立健全职业卫生档案和劳动者健康监护档案；

（5）建立健全工作场所职业危害因素监测及评价制度；

（6）建立健全职业病危害事故应急救援预案。

2. 用人单位职业病管理

（1）职业危害公告和警示。《职业病防治法》第二十二条规定："产生职业病危害的用人单位，应当在醒目位置设置公告栏，公布有关职业病防治的规章制度、操作规程、职业病危害事故应急救援措施和工作场所职业病危害因素检测结果。对产生严重职业病危害的作业岗位，应当在其醒目位置，设置警示标识和中文警示说明。警示说明应当载明产生职业病危害的种类、后果、预防以及应急救治措施等内容。"

《职业病防治法》第二十三条规定："对可能发生急性职业损伤的有毒、有害工作场所，用人单位应当设置报警装置，配置现场急救用品、冲洗设备、应急撤离通道和必要的泄险区。对放射工作场所和放射性同位素的运输、贮存，用人单位必须配置防护装置和报警装置，保证接触放射线的工作人员佩戴个人剂量计。对职业病防护设备、应急救援设施和个人使用的职业病防护用品，用人单位应当进行经常性的维护、检修，定期检测其性能和效果，确保其处于正常状态，不得擅自拆除或者停止使用。"

（2）劳动合同的职业病危害内容。《职业病防治法》第三十条规定："用人单位与劳动者订立劳动合同时，应当将工作过程中可能产生的职业病危害及其后果、职业病防护措施和待遇等如实告诉劳动者，并在劳动合同中写明，不得隐瞒或者欺骗。劳动者在已订立劳动合同期间因工作岗位或者工作内容变更，从事与所订立劳动合同中未告知的存在职业病危害的作业时，用人单位应当依照前款规定，向劳动者履行如实告知的义务，并协商变更原劳动合同相关条款。用人单位违反前两款规定的，劳动者有权拒绝从事存在职业病危害的作业，用人单位不得因此解除或者终止与劳动者所订立的劳动合同。"

（3）急性职业病危害事故。发生或者可能发生急性职业病危害事故时，用人单位应当立即采取应急救援和控制措施，并及时报告所在地卫生行政部门和有关部门。卫生行政部门接到报告后，应当及时会同有关部门组织调查处理。必要时，可以采取临时控制措施。对遭受或者可能遭受急性职业病危害的劳动者，用人单位应当及时组织救治、进行健康检查和医学观察，所需费用由用人单位承担。

五、职业病诊断与职业病病人保障的规定

1. 职业病诊断

职业病诊断应当由省级以上人民政府卫生行政部门批准的医疗卫生机构承担。劳动者可以在用人单位所在地或者本人居住地依法承担职业病诊断的医疗卫生机构进行职业病诊断。职业病诊断，应当综合分析病人的职业史、职业病危害接触史和现场危害调查与评价、临床表现以及辅助检查结果等因素。

2. 职业病保障

职业病病人依法享受国家规定的职业病待遇。用人单位应当按照国家有关规定，安排职业病病人进行治疗、康复和定期检查。用人单位对不适宜继续从事原工作的职业病病人，应当调离原岗位，并妥善安置。用人单位对从事接触职业病危害的作业的劳动者，应当给予岗位津贴。职业病病人的诊疗、康复费用，伤残以及丧失劳动能力的职业病病人的社会保障，按照国家有关工伤社会保险的规定执行。职业病病人除依法享有工伤社会保险外，依照有关民事法律，尚有获得赔偿的权利的，有权向用人单位提出赔偿要求。职业病病人变动工作单位，其依法享有的待遇不变。用人单位发生分立、合并、解散、破产等情形的，应当对从事接触职业病危害的作业的劳动者进行健康检查，并按照国家有关规定妥善安置职业病病人。

六、职业病防治的监督检查的规定

《职业病防治法》实施后，国务院对国务院卫生行政部门和国务院负责安全生产监督管理的部门在职业病防治工作中的职责做出了调整，卫生行政部门和安全生产监督管理部门应当按照调整后的职责分工，履行《职业病防治法》规定的监督检查职责。

七、职业病防治违法行为应负的法律责任

1. 建设单位的法律责任

《职业病防治法》第六十二条规定："建设单位有违反本法规定的行为，给予警告，责令限期改正；逾期不改正的，处 10 万元以上 50 万元以下的罚款；情节严重的，责令停止产生职业病危害的作业，或者提请有关人民政府按照国务院规定的权限给予责令停建、关闭的行政处罚。"

2. 用人单位的法律责任

《职业病防治法》第六十五条、第六十六条、第六十七条、第七十条、第七十一条规定："用人单位有违反本法规定的行为，分别给予警告、责令限期改正、1 万元以上 30 万元以下的罚款、责令停止产生职业病危害的作业，或者提请有关人民政府按照国务院规定的权限给予责令停建、关闭的行政处罚。对有直接责任的主管人员和其他直接责任人员，依法给予降级或者撤职的行政处分。"

3. 职业卫生技术服务机构的法律责任

《职业病防治法》第七十二条、第七十三条规定："职业卫生技术服务机构和医疗卫生机构有违反本法规定的行为，分别给予责令立即停止违法行为、没收违法所得、违法所得 5 000 元以上的并处违法所得 2 倍以上 10 倍以下的罚款、5 000 元以上 2 万元以下的罚款、取消其相应资格的行政处罚。对直接负责的主管人员和其他直接责任人员，依法给予降级、撤职或者开除的行政处分；构成犯罪的，依法追究刑事责任。"

第八节　《安全生产许可证条例》

《安全生产许可证条例》于 2004 年 1 月 13 日由温家宝总理签发国务院第 397 号令公布并施行。《安全生产许可证条例》是我国第一部对煤矿企业、非煤矿矿山企业、建筑施工企业和危险化学品、烟花爆竹、民用爆破器材生产企业实施安全生产行政许可的行政法规。制定本部行政法规的目的是依法建立安全生产市场准入制度，严格规范安全生产条件，加强安全生产监督管理，防止和减少生产事故，促进安全生产。这部行政法规重在法律制度的建设和创新，依法确立了安全生产许可制度，填补了我国安全生产法律制度的一项空白。

一、安全生产许可制度的适用范围

1. 空间的范围

《安全生产许可证条例》的适用范围涵盖了在我国国家主权所及范围内从事矿产资源开发、建筑施工和危险化学品、烟花爆竹、民用爆破器材生产等活动。这里需要指出的是，除了在我国领土、领空范围内从事上述活动的企业以外，领水的范围既包括我国的内陆水域，又包括领海海域和其他海域；既包括领海毗连区，又包括 200 海里海洋专属经济区。在我国海域从事矿产资源尤其是石油、天然气等矿产资源开发的生产活动比较多，有关中国企业和中外合资、合作企业的安全生产活动，应当受《安全生产许可证条例》的调整，应当依法申请领取安全生产许可证。

2. 时间的范围

依照国务院令第 397 号的决定，《安全生产许可证条例》自公布之日起施行，它的生效时间为 2004 年 1 月 13 日。对于《安全生产许可证条例》公布生效之后新开办的矿山企业、建筑施工企业和危险化学品、烟花爆竹、民用爆破器材生产企业，必须依法申请取得安全生产许可证；未取得安全生产许可证的，不得从事生产经营活动。但是《安全生产许可证条例》具有法律溯及力，对于《安全生产许可证条例》生效之前的已经进行生产的矿山企业、建筑施工企业和危险化学品、烟花爆竹、民用爆破器材生产企业具有特殊意义。如果《安全生产许可证条例》的时间效力不溯及既往，那么就不能规范这类企业，就有悖立法宗旨，达不到改善现存生产企业的安全生产条件的目的。所以，《安全生产许可证条例》在对其公布施行前的矿山企业、建筑施工企业和危险化学品、烟花爆竹、民用爆破器材生产企业是否适用的问题上，做出了特殊的规定。《安全生产许可证条例》第二十二条规定："本条例施行前已经进行生产的企业，应当自本条例施行之日起1年内，依照本条例的规定向安全生产许可证颁发管理机关申请办理安全生产许可证；逾期不办理安全生产许可证，或者经审查不符合本条例规定的安全生产条件，未取得安全生产许可证，继续进行生产的，依照本条例第十九条的规定处罚。"该条规定说明《安全生产许可证条例》对其生效之前的企业，也是适用的。

3. 主体及其行为范围

《安全生产许可证条例》对人的效力范围包括从事矿产资源开发、建筑施工和危险化学品、烟花爆竹、民用爆破器材生产等活动的自然人，也包括法人和非企业法人单位。凡是在中华人民共和国领域内从事矿产资源开发、建筑施工和危险化学品、烟花爆竹、民用爆破器材生产等活动的所有企业法人、非企业法人单位和中国人、外籍人、无国籍人，不论其是否领取安全生产许可证，所有制性质和生产方式如何，都要遵守《安全生产许可证条例》的各项规定。

二、取得安全生产许可证的条件和程序

1. 取得安全生产许可证的条件

（1）高危企业。所谓高危企业，是指《安全生产法》重点规范的三类危险性较大的高危生产业，即矿山企业、建筑施工企业和危险物品生产企业。《安全生产许可证条例》将法律所指的三类企业分为六种。矿山企业分为煤矿企业和非煤矿矿山企业两种；危险物品生产企业分为危险化学品生产企业、烟花爆竹生产企业、民用爆破器材生产企业；以及建筑施工企业。《安全生产许可证条例》规定三类六种生产（施工）企业必须具备法定的安全生产条件，依法申请领取安全生产许可证后，方可从事生产建设活动。

（2）高危企业均应具备的基本安全生产条件。三类高危企业虽各有特点，但都具有危险性较大的共性。《安全生产许可证条例》第六条规定的企业应当具备的安全生产条件，不是高危生产企业应当具备的全部的安全生产条件，而是这些企业必须具备的共同的安全生产条件，即从有关安全生产法律、行政法规中概括出来的基本安全生产条件。这些安全生产条件是“通用件”，对三类高危生产企业普遍适用。

《安全生产许可证条例》的立法目的就是要为高危生产企业设定最基本、最低的安全生产条件，也就是安全生产准入的最低“门槛”。企业安全生产条件的全面改善固然需要较长的过程，规定基本安全生产条件就是为了提升高危生产企业的整体安全素质，不能因为有些企业不具备安全生产条件而降低要求。依法规定严格的安全生产条件将为企业安全生产设定具体标准和行为规则，迫使那些不具备基本安全生产条件的企业进行整顿改造，力争在较短的时间内具备法定条件；对于那些根本无法具备基本安全生产条件的企业，必须淘汰或者取缔，不准它们从事生产活动。

《安全生产许可证条例》第六条规定，企业取得安全生产许可证，应当具备下列安全生产条件：

1）建立、健全安全生产责任制，制定完备的安全生产规章制度和操作规程；

2）安全投入符合安全生产要求；

3）设置安全生产管理机构，配备专职安全生产管理人员；

4）主要负责人和安全生产管理人员经考核合格；

5）特种作业人员经有关业务主管部门考核合格，取得特种作业操作资格证书；

6）从业人员经安全生产教育和培训合格；

7）依法参加工伤保险，为从业人员缴纳保险费；

8）厂房、作业场所和安全设施、设备、工艺符合有关安全生产法律、法规、标准和规程的要求；

9）有职业危害防治措施，并为从业人员配备符合国家标准或者行业标准的劳动防护用品；

10）依法进行安全评价；

11）有重大危险源检测、评估、监控措施和应急预案；

12）有生产安全事故应急救援预案、应急救援组织或者应急救援人员，配备必要的应急救援器材、设备；

13）法律、法规规定的其他条件。

2. 取得安全生产许可证的程序

（1）公开申请事项和要求。设定和实施安全生产许可，是一项面向全社会的行政管理活动。安全生产许可证颁发管理机关应当将有关申请领取安全生产许可证的时间、地点、机关和应当提交的文件、资料向社会公布，使申请人能够知道、了解有关申办事项及其具体要求，以便能够及时申请领取安全生产许可证。安全生产许可证颁发管理机关制定的安全生产许可证颁发管理的规章制度等具体规定应当公布。否则，不得作为实施行政许可的具体依据。

（2）企业应当依法提出申请。颁发安全生产许可证的前提，是企业必须依法向安全生产许可证颁发管理机关提出申请，即不申请不发证。

1）新设立生产企业的申请。现行有关法律、行政法规对设立企业审批、领取工商营业执照和颁发许可证的时间、顺序等程序性规定不尽相同，暂时难以统一。依照《安全生产许可证条例》的规定，不论法律、行政法规关于高危生产企业领取有关证照的时间和程序如何规定以及是否相同，安全生产许可证必须在企业建成投产前提出申请；如不提出申请并未取得安全生产许可证，不得从事生产活动。

2）已经进行生产企业的申请。《安全生产许可证条例》对已经进行生产的企业，规定应当在该条例施行之日起1年内依法向安全生产许可证颁发管理机关申请办理安全生产许可证。1年是这些企业申请领取安全生产许可证的法定期限；逾期不办理或未取得安全生产许可证继续进行生产的，以无证非法生产论处。

3）申请人应当提交相关文件、资料。依照《安全生产许可证条例》及其配套实施规章的规定，六种高危生产企业申请办理安全生产许可证，都要向安全生产许可证颁发管理机关提交相关文件、资料。每种企业需要提交的相关文件、资料不尽相同，应由有关安全生产许可证颁发管理机关作出具体规定。申请人提交的相关文件、资料必须能够满足对安全生产条件审查的需要。

（3）受理申请及审查。接到申请人关于领取安全生产许可证的申请书、相关文件和资料后，安全生产许可证颁发管理机关应当决定是否受理和审查。审查工作分为两部分，一部分是形式审查，另一部分是实质性审查。

1）形式审查。所谓形式审查，是指安全生产许可证颁发管理机关依法对申请人提交的申请文件、资料是否齐全、真实、合法，进行检查核实的工作。这时申请人提交的证明其具备法定安全生产条件的都是书面的文件、资料。这些书面文件、资料可以在一定程度上反映申请人的安全生产条件。安全生产许可证颁发管理机关受理申请以后的第一道程序，就是进行形式审查。如果发现提交的文件、资料不齐全、不真实、不符合法定要求，安全生产许可证颁发管理机关有权向申请人说明并要求补正，申请人应当按照要求补正。否则，安全生产许可证颁发管理机关有权拒绝受理安全生产许可证的申请。

2）实质性审查。申请人提交的文件、资料通过形式审查以后，安全生产许可证颁发管理机关认为有必要的，应当对申请文件、资料和企业的实际安全生产条件进行实地审查或者核实。譬如，需要对一些生产厂房、作业场所进行检查、审验；对一些安全设施、设备需要进行检测、检验或者试运行。这些审查工作不是在办公室里能够完成的，必须前往实地或者企业才能进行直接的审查或者核实。

安全生产许可证颁发管理机关进行实质性审查的方式主要有三种：一是委派本机关的工作人员直接进行审查或者核实；二是委托其他行政机关代为进行审查或者核实；三是委托安全中介机构对一些专业技术性很强的设施、设备和工艺进行专门的检测、检验。

（4）决定。经审查或者核实后，安全生产许可证颁发管理机关可以依法做出两种决定：企业具备法定安全生产条件的，决定颁发安全生产许可证；不具备法定安全生产条件的，决定不予颁发安全生产许可证，书面通知企业并说明理由。

关于审查发证的法定时限，《安全生产许可证条例》第七条规定："安全生产许可证颁发管理机关完成审查和发证工作的时限是自收到申请之日起45日之内。"确定安全生产许可证颁发管理机关是否在法定时限内完成审查发证工作，关系到是否符合法定程序要求的问题。

如果安全生产许可证颁发管理机关未在法定时限内完成审查发证工作，将会构成行政违法并要承担相应的法律责任。在实践中，如何计算安全生产许可证审查发证工作的法定时限，需要视不同情形加以确定：

1）自安全生产许可证颁发管理机关收到申请人提交的相关文件、资料之日起，应当在45日内完成审查发证工作。45日是指法定工作日，如遇法定节日、假日自动顺延，不连续计算。

2）安全生产许可证颁发管理机关收到申请人提交的相关文件、资料后，经审查相关文件、资料，认为其不符合法定要求，安全生产许可证颁发管理机关要求申请人予以补正的，完成安全生产许可证审查发证工作的法定时限，自申请人重新提交补正的相关文件、资料之日起计算。

3）安全生产许可证颁发管理机关对申请人的实际安全生产条件进行审查或者核实后，认为不具备安全生产条件需要纠正的，申请人纠正后再次提请安全生产许可证颁发管理机关进行审查的，完成安全生产许可证审查发证工作的法定时限，自申请人再次提出申请之日起计算。

4）在审查过程中，安全生产许可证颁发管理机关认为需要聘请专家或者安全中介机构进行专门的检测、检验的，完成安全生产许可证审查发证工作的法定时限，自提交检测、检验报告之日起计算。

5）审查发证工作中遇有不可抗力的情况，完成安全生产许可证审查发证工作的法定时限，自不可抗力的情况消失之日起计算。

（5）期限与延续。安全生产许可证有效期为 3 年，不设年检。在安全生产许可证有效期满后的延续问题上，行政法规规定了两种情形：

1）有效期满的例行延续。《安全生产许可证条例》第九条第一款规定："安全生产许可证的有效期为 3 年。安全生产许可证有效期满需要延期的，企业应当于期满前 3 个月内向原安全生产许可证颁发管理机关办理延期手续。"企业办理安全生产许可证延期手续所需提供的文件、资料或者有关情况，由国务院安全生产监督管理部门、建设行政主管部门、国防科技工业主管部门和国家煤矿安全监察机构规定。

2）有效期满的免审延期。《安全生产许可证条例》第九条第二款关于对安全生产状况良好、没有发生死亡事故的企业予以免审延期的特殊规定，目的是鼓励企业自觉做好安全生产工作，不出生产安全事故。但有一点需要注意，符合该规定的企业虽然不需经过审查即可延期 3 年，但不是自动延期，应当在有效期满前向原安全生产许可证颁发管理机关提出延期的申请，经其同意后方可免审延期 3 年。

（6）补办与变更。《安全生产许可证条例》的配套规章中对安全生产许可证的补办与变更的情况做出了明确的规定。企业持有的安全生产许可证如遇损毁、丢失等情况，就需要向原安全生产许可证颁发管理机关申请补办。经过审核，应当重新颁发安全生产许可证。另外，已经取得安全生产许可证的企业的有关事项发生变化，也需要及时办理安全生产许可证变更手续。

（7）公告。将安全生产许可证颁发的情况向社会公告，是行政许可工作公开透明的需要，是进行社会监督的需要。《安全生产许可证条例》第十条要求安全生产许可证颁发管理机关定期向社会公布企业取得安全生产许可证的情况。公布的具体形式可以多样但须规范，公布的时间由安全生产许可证颁发管理机关决定。

三、安全生产许可证的颁发和管理

针对我国安全生产监督管理体制的特点，《安全生产许可证条例》规定了高危企业的安全生产许可证的颁发和管理的类型。

1. 危险化学品和烟花爆竹生产企业安全生产许可证的颁发和管理

（1）发证对象。原国家安全生产监督管理局依照《危险化学品安全管理条例》的授权制定公布的原《危险化学品目录》的规定，纳入监督管理的危险化学品主要包括最终产品和中间产品是危险化学品的化学品。中间化学品是指危险化学品生产企业为满足生产的需要，生产一种或者多种产品作为下一个生产过程参与化学反应的原料。危险化学品生产企业包括两类，一类是最终产品的生产企业；另一类是中间产品的生产企业。

后者虽然不直接生产危险化学品，但其中间产品可以作为其他产品的原料而具有易燃、易爆、腐蚀或者辐射等危险性。所以，也要将中间产品是危险化学品的生产企业纳入危险化学品生产企业安全生产许可证的发证对象范围内，加强监督管理。

（2）发证机关。依照《安全生产许可证条例》的规定，危险化学品和烟花爆竹生产企业安全生产许可证的发证机关分别是国务院和省、自治区、直辖市人民政府的安全生产监督管理部门。

2. 中央管理企业安全生产许可证的颁发和管理

国务院特设的国有资产管理委员会，对关系国计民生的大型国有企业实行国有资产管理。国家安全生产监督管理局对中央管理企业的安全生产进行监督管理。

（1）发证对象。中央管理企业的发证对象主要有三种：

1）总公司（总厂）、集团公司。中央管理企业中资产最多的是国家投资设立的全资总公司、集团公司，亦称母公司，如中国煤炭工业集团公司、中国石油天然气集团公司、中国海洋石油公司、中国石油化工集团公司、中国建筑工程总公司等。中央管理的总公司（总厂）、集团公司也要接受法律的规范和政府的监管，应当取得安全生产许可证。

2）一级上市公司。全部由中央管理的总公司（总厂）、集团公司投资和控股的一级上市公司，是具有独立法人资格的生产企业。这种企业也应当依法申请领取安全生产许可证。

3）中央管理的总公司（总厂）、集团公司全资或者控股的子公司和具有法人资格的企业。这种全部或者大部分由国家投资的子公司和具有法人资格的企业是中央管理企业不可分割的组成部分，它们的生产活动是否安全，不仅关系企业的经济、效益的提高，而且关系国有资产的保值、增值。所以，中央管理的总公司（总厂）、集团公司全资或者控股的子公司和具有法人资格的企业应当依照《安全生产许可证条例》的规定，申请领取安全生产许可证。

（2）发证机关。依照《安全生产许可证条例》的规定，除了民用爆破器材生产企业之外，其他中央管理企业安全生产许可证的发证机关都是两级。

1）中央管理的总公司（总厂）、集团公司及其投资或者控股的一级上市公司，由国务院有关部门颁发安全生产许可证。无论这些企业在中华人民共和国境内的任何地方注册，均应依照《安全生产许可证条例》的规定，由国务院安全生产监督管理部门、国家煤矿安全监察机构、建设行政主管部门和国防科技工业主管部门按照各自的职责颁发安全生产许可证并进行监督管理。

2）中央管理的总公司（总厂）、集团公司全资或者控股的子公司和具有法人资格的企业，由其所在地省级有关部门颁发安全生产许可证。根据《行政许可法》确定的效能与便民原则以及《安全生产许可证条例》的规定，中央管理的总公司（总厂）、集团公司全资或者控股的子公司和具有法人资格的企业应以省级行政区域为限，无论在何地注册，均由所在地省级人民政府安全生产监督管理部门、建设行政主管部门和省级煤矿安全监察机构按照各自的职责，颁发安全生产许可证并进行监督管理。

四、安全生产许可证的监督管理

1. 安全生产许可证监督管理的对象

《安全生产许可证条例》规定国务院和省级人民政府有关主管部门负责安全生产许可证的颁发和管理。《安全生产许可证条例》所称的管理，包含两个方面：一是对安全生产许可证的申请和颁发工作实施管理；二是对取得安全生产许可证企业的生产（建筑施工）活动的安全生产实施监督检查。

2. 安全生产许可证的申请和颁发工作实施管理的主要事项

（1）制定安全生产许可证颁发工作的规章制度和工作程序；

（2）受理安全生产许可的申请；

（3）对申请人的安全生产条件进行审查；

（4）决定安全生产许可证的颁发；

（5）规定安全生产许可证的式样或者制作安全生产许可证；

（6）建立安全生产许可证档案管理制度；

（7）公布企业取得安全生产许可证的情况；

（8）协调、解决安全生产许可证颁发工作的有关事项。

3. 对取得安全生产许可证企业的生产（建筑施工）活动的

安全生产实施监督检查的主要事项

（1）监督检查企业取得安全生产许可证的情况；

（2）监督检查取得安全生产许可证的企业执行有关安全生产的法律、法规、规章和国家标准或者行业标准的情况；

（3）检查企业的安全生产条件和日常安全生产管理的情况；

（4）受理有关安全生产许可违法行为的举报；

（5）监督安全生产许可颁发机关工作人员履行职责的情况。

五、安全生产许可违法行为应负的法律责任

《安全生产许可证条例》共有五条关于法律责任追究的规定，涵盖了对安全生产许可违法行为实施法律责任追究的原则、违法行为的界定、行政处罚和刑事处罚等方面的内容。

1. 安全生产许可违法行为的界定

（1）安全生产许可证颁发管理机关工作人员的安全生产许可违法行为。这里所说的机关工作人员，是指负责颁发管理安全生产许可证的行政机关的领导人、有关内设机构的负责人、具体承办人员和负责监督管理的行政人员。《安全生产许可证条例》第十八条列举了安全生产许可证颁发管理机关工作人员的违法行为：

1）向不符合该条例规定的安全生产条件的企业颁发安全生产许可证的；

2）发现企业未依法取得安全生产许可证擅自从事生产活动，不依法处理的；

3）发现取得安全生产许可证的企业不再具备该条例规定的安全生产条件，不依法处理的；

4）接到对违反该条例规定行为的举报后，不及时处理的；

5）在安全生产许可证颁发、管理和监督检查工作中，索取或者接受企业的财物，或者牟取其他利益的。

（2）企业的安全生产许可违法行为。制定《安全生产许可证条例》的目的之一，就是为了严格规范企业的安全生产条件和生产活动的安全。实施安全生产许可，不仅要规范，促使企业实现安全生产，也要查处安全生产许可违法行为的责任者。《安全生产许可证条例》规定实施处罚的违法行为是：

1）未取得安全生产许可证擅自进行生产的。这是一种无证非法生产的违法行为。依照《安全生产许可证条例》的规定，无证非法生产的违法行为有三种情况：一是从未申请领取安全生产许可证擅自生产的；二是申请领取安全生产许可证，但经审查不具备安全生产条件，不予颁发安全生产许可证擅自生产的；三是被暂扣或者吊销安全生产许可证擅自进行生产的。

2）取得安全生产许可证后不再具备安全生产条件的。这是一种持证违法的行为。《安全生产许可证条例》第十四条第一款规定："企业取得安全生产许可证后，不得降低安全生产条件，并应当加强日常安全生产管理，接受安全生产许可证颁发管理机关的监督检查。"因此，持证企业在生产过程中降低安全生产条件，是违法的。

3）安全生产有效期满未办理延期手续，继续进行生产的。《安全生产许可证条例》第九条第一款规定："安全生产许可证的有效期为 3 年。安全生产许可证有效期满需要延期的，企业应当于期满前 3 个月向原安全生产许可证颁发管理机关办理延期手续。"不设安全生产许可证年检是为了方便企业，简化手续。但是安全生产许可证有效期满，仍要依法办理延期手续。逾期仍不办理延期手续，继续生产的，以无证非法生产论处。

4）转让、冒用安全生产许可证或者使用伪造安全生产许可证的。这是行政法规明令禁止的违法行为。安全生产许可证是企业具备安全生产条件、取得从事相应生产活动的权利的法定凭证。《安全生产许可证条例》第十三条规定："企业不得转让、冒用安全生产许可证或者使用伪造的安全生产许可证。"

5）在《安全生产许可证条例》规定期限内逾期不办理安全生产许可证，或者经审查不具备本条例规定的安全生产条件，未取得安全生产许可证，继续进行生产的。安全生产许可制度不仅适用于新建企业，而且适用于已经生产的企业。《安全生产许可证条例》第二十二条规定：“该条例施行前已经进行生产的企业，应当自本条例施行之日起一年内，依照该条例的规定向安全生产许可证颁发管理机关申请办理安全生产许可证。据此，已经生产的企业未在法定期限内办理安全生产许可证或者经申请未能取得安全生产许可证继续生产的，构成违法。”

2. 行政处罚的种类和决定行政处罚的机关

（1）行政处罚的种类。《安全生产许可证条例》设定的行政处罚有责令停止生产、没收违法所得、罚款、暂扣和吊销安全生产许可证五种。关于没收违法所得和暂扣安全生产许可证两种行政处罚，在实施时需要特别注意。

1）没收违法所得。《安全生产许可证条例》第十九条、第二十条、第二十一条和第二十二条都设定了没收违法所得的行政处罚。违法所得不仅指货币收入，只要是非法取得的货币收入、财物或者资产，一律应当作为违法所得而予以没收。

2）暂扣安全生产许可证。《安全生产许可证条例》第十四条规定应予暂扣安全生产许可证的行政处罚。在给予暂扣安全生产许可证的行政处罚后，企业不得继续进行生产，必须停产整改；经整改具备安全生产条件的，应当申请安全生产许可证颁发管理机关进行复查。复查后具备安全生产条件的，可以发还安全生产许可证。企业不进行整改或者经整改仍不具备安全生产条件的，可以决定吊销安全生产许可证。

《安全生产许可证条例》第十九条规定：“违反本条例规定，未取得安全生产许可证擅自进行生产的，责令停止生产，没收违法所得，并处10万元以上50万元以下的罚款；造成重大事故或者其他严重后果，构成犯罪的，依法追究刑事责任。”第二十条规定：“安全生产许可证有效期满未办理延期手续，继续进行生产的，责令停止生产，限期补办延期手续，没收违法所得，并处

5 万元以上 10 万元以下的罚款；逾期仍不办理延期手续，继续进行生产的，依照本条例第十九条的规定处罚。”第二十一条规定：“转让安全生产许可证的，没收违法所得，处 10 万元以上 50 万元以下的罚款，并吊销其安全生产许可证；构成犯罪的，依法追究刑事责任；接受转让的，依照本条例第十九条的规定处罚。冒用安全生产许可证或者使用伪造的安全生产许可证的，依照本条例第十九条的规定处罚。”第二十二条规定：“本条例施行前已经进行生产的企业，应当自本条例施行之日起一年内，依照本条例的规定向安全生产许可证颁发管理机关申请办理安全生产许可证；逾期不办理安全生产许可证，或者经审查不符合本条例规定的安全生产条件，未取得安全生产许可证，继续进行生产的，依照本条例第十九条的规定处罚。”

（2）行政处罚的决定机关。安全生产许可证颁发管理的原则是“谁发证、谁管理、谁处罚”。发证权、管理权和处罚权三位一体，不可分离。《安全生产许可证条例》第二十三条规定：“本条例规定的行政处罚，由安全生产许可证颁发管理机关决定。”按照职责分工，有权对安全生产许可行为实施行政处罚的行政执法主体不是一个，而是四个：

1）国务院和省级人民政府的安全生产监督管理部门，是对非煤矿矿山企业和危险化学品、烟花爆竹生产企业安全生产许可违法行为实施行政处罚的决定机关；

2）国家煤矿安全监察机构和省级煤矿安全监察机构，是对煤矿企业安全生产许可违法行为实施行政处罚的决定机关；

3）国务院和省级人民政府的建设行政主管部门，是对建筑施工企业安全生产许可违法行为实施行政处罚的决定机关；

4）国务院国防科技工业主管部门，是对民用爆破器材生产企业安全生产许可违法行为实施行政处罚的决定机关。

（3）刑事处罚。刑事处罚是追究安全生产许可违法行为的法律责任的主要方式。《安全生产许可证条例》规定适用刑事处罚的违法行为，主要有：

1）安全生产许可证颁发管理机关工作人员构成职务犯罪的；

2）企业未取得安全生产许可证擅自进行生产、造成重大生产安全事故或者其他严重后果，有关人员构成犯罪的；

3）企业安全生产许可证有效期满逾期不办理延期手续，继续进行生产，有关人员构成犯罪的：

4）企业转让、冒用安全生产许可证或者使用伪造的安全生产许可证，有关人员构成犯罪的；

5）《安全生产许可证条例》施行前已经进行生产的企业逾期不办理安全生产许可证，或者经审查不具备安全生产条件，未取得安全生产许可证，继续进行生产，有关人员构成犯罪的。

第九节　《使用有毒物品作业场所劳动保护条例》

《使用有毒物品作业场所劳动保护条例》于 2002 年 5 月 12 日国务院令第 352 号公布，自公布之日起施行。《使用有毒物品作业场所劳动保护条例》的立法目的是保证作业场所安全使用有毒物品，预防、控制和消除职业中毒危害，保护劳动者的生命安全、身体健康及其相关权益。

一、适用范围

《使用有毒物品作业场所劳动保护条例》第二条规定："作业场所使用有毒物品可能产生职业中毒危害的劳动保护，适用本条例。"即只要作业场所使用有毒物品可能产生职业中毒危害的，其有关劳动保护都应当遵守该条例的规定。第三条进一步规定："按照有毒物品产生的职业中毒危害程度，有毒物品分为一般有毒物品和高毒物品。国家对作业场所使用高毒物品实行特殊管理。一般有毒物品目录、高毒物品目录由国务院卫生行政部门会同有关部门依据国家标准制定、调整并公布。"

二、对用人单位的基本要求

1. 从事使用有毒物品作业的用人单位（以下简称用人单位）应当使用符合国家标准的有毒物品，不得在作业场所使用国家明令禁止使用的有毒物品或者使用不符合国家标准的有毒物品。

2. 用人单位应当尽可能使用无毒物品；需要使用有毒物品的，应当优先选择使用低毒物品。

3. 用人单位应当依照本条例和其他有关法律、行政法规的规定，采取有效的防护措施，预防职业中毒事故的发生，依法参加工伤保险，保障劳动者的生命安全和身体健康。

4. 用人单位禁止使用童工，不得安排未成年人和孕期、哺乳期的女职工从事使用有毒物品的作业。

三、作业场所的预防措施

1. 职业卫生安全的许可

用人单位的设立，应当符合有关法律、行政法规规定的设立条件，并依法办理有关手续，取得营业执照。

用人单位的使用有毒物品的作业场所，除应当符合职业病防治法规定的职业卫生要求外，还必须符合下列要求：

（1）作业场所与生活场所分开，作业场所不得住人；

（2）有害作业与无害作业分开，高毒作业场所与其他作业场所隔离；

（3）设置有效的通风装置；可能突然泄漏大量有毒物品或者易造成急性中毒的作业场所，设置自动报警装置和事故通风设施；

（4）高毒作业场所设置应急撤离通道和必要的泄险区。

用人单位及其作业场所符合上述规定的，由卫生行政部门发给职业卫生安全许可证，方可从事使用有毒物品的作业。

2. 警示标志

使用有毒物品的作业场所应当设置黄色区域警示线、警示标识和中文警示说明。警示说明应当载明产生职业中毒危害的种类、后果、预防以及应急救治措施等内容。

高毒作业场所应当设置红色区域警示线、警示标识和中文警示说明，并设置通信报警设备。

3. 建设项目的评价和“三同时”

新建、扩建、改建的建设项目和技术改造、技术引进项目（以下统称建设项目），可能产生职业中毒危害的，应当依照职业病防治法的规定进行职业中毒危害预评价，并经卫生行政部门审核同意；可能产生职业中毒危害的建设项目的职业中毒危害防护设施应当与主体工程同时设计、同时施工、同时投入生产和使用；建设项目竣工，应当进行职业中毒危害控制效果评价，并经卫生行政部门验收合格。

存在高毒作业的建设项目的职业中毒危害防护设施设计，应当经卫生行政部门进行卫生审查；经审查，符合国家职业卫生标准和卫生要求的，方可施工。

4. 危害项目的申报

用人单位应当按照国务院卫生行政部门的规定，向卫生行政部门及时、如实申报存在的职业中毒危害项目。

从事使用高毒物品作业的用人单位，在申报使用高毒物品作业项目时，应当向卫生行政部门提交下列有关资料：

（1）职业中毒危害控制效果评价报告；

（2）职业卫生管理制度和操作规程等材料；

（3）职业中毒事故应急救援预案。

从事使用高毒物品作业的用人单位变更所使用的高毒物品品种的，应当依照上述规定向原受理申报的卫生行政部门重新申报。

5. 用人单位的备案

用人单位变更名称、法定代表人或者负责人的，应当向原受理申报的卫生行政部门备案。

6. 应急救援预案

从事使用高毒物品作业的用人单位，应当配备应急救援人员和必要的应急救援器材、设备，制定事故应急救援预案，并根据实际情况变化对应急救援预案适时进行修订，定期组织演练。事故应急救援预案和演练记录应当报当地卫生行政部门、安全生产监督管理部门和公安部门备案。

四、劳动过程的防护

1. 职业卫生医师和护士的配置

用人单位应当依照《职业病防治法》的有关规定，采取有效的职业卫生防护管理措施，加强劳动过程中的防护与管理。

从事使用高毒物品作业的用人单位，应当配备专职的或者兼职的职业卫生医师和护士；不具备配备专职的或者兼职的职业卫生医师和护士条件的，应当与依法取得资质认证的职业卫生技术服务机构签订合同，由其提供职业卫生服务。

2. 劳动合同的要求

用人单位应当与劳动者订立劳动合同，将工作过程中可能产生的职业中毒危害及其后果、职业中毒危害防护措施和待遇等如实告知劳动者，并在劳动合同中写明，不得隐瞒或者欺骗。

劳动者在已订立劳动合同期间因工作岗位或者工作内容变更，从事劳动合同中未告知的存在职业中毒危害的作业时，用人单位应当依照前款规定，如实告知劳动者，并协商变更原劳动合同有关条款。

用人单位违反上述规定的，劳动者有权拒绝从事存在职业中毒危害的作业，用人单位不得因此单方面解除或者终止与劳动者所订立的劳动合同。

3. 职业卫生培训

用人单位应当对劳动者进行上岗前的职业卫生培训和在岗期间的定期职业卫生培训，普及有关职业卫生知识，督促劳动者遵守有关法律、法规和操作规程，指导劳动者正确使用职业中毒危害防护设备和个人使用的职业中毒危害防护用品。

劳动者经培训考核合格，方可上岗作业。

4．防护设备、设施和通信报警装置的保养

用人单位应当确保职业中毒危害防护设备、应急救援设施、通信报警装置处于正常适用状态，不得擅自拆除或者停止运行。

用人单位应当对前款所列设施进行经常性的维护、检修，定期检测其性能和效果，确保其处于良好运行状态。

职业中毒危害防护设备、应急救援设施和通信报警装置处于不正常状态时，用人单位应当立即停止使用有毒物品作业；恢复正常状态后，方可重新作业。

5．劳动保护用品

用人单位应当为从事使用有毒物品作业的劳动者提供符合国家职业卫生标准的防护用品，并确保劳动者正确使用。

6．有毒物品的包装及说明书

有毒物品必须附具说明书，如实载明产品特性、主要成分、存在的职业中毒危害因素、可能产生的危害后果、安全使用注意事项、职业中毒危害防护以及应急救治措施等内容；没有说明书或者说明书不符合要求的，不得向用人单位销售。用人单位有权向生产、经营有毒物品的单位索取说明书。

有毒物品的包装应当符合国家标准，并以易于劳动者理解的方式加贴或者拴挂有毒物品安全标签。有毒物品的包装必须有醒目的警示标识和中文警示说明。

经营、使用有毒物品的单位，不得经营、使用没有安全标签、警示标识和中文警示说明的有毒物品。

7．生产装置的维护和检修

用人单位维护、检修存在高毒物品的生产装置，必须事先制订维护、检修方案，明确职业中毒危害防护措施，确保维护、检修人员的生命安全和身体健康。

维护、检修存在高毒物品的生产装置，必须严格按照维护、检修方案和操作规程进行。维护、检修现场应当有专人监护，并设置警示标志。

8. 进入高危区的安全规定

需要进入存在高毒物品的设备、容器或者狭窄封闭场所作业时，用人单位应当事先采取下列措施：

（1）保持作业场所良好的通风状态，确保作业场所职业中毒危害因素浓度符合国家职业卫生标准；

（2）为劳动者配备符合国家职业卫生标准的防护用品；

（3）设置现场监护人员和现场救援设备。

未采取上述规定措施或者采取的措施不符合要求的，用人单位不得安排劳动者进入存在高毒物品的设备、容器或者狭窄封闭场所作业。

9. 职业中毒危害因素的检测、评价

用人单位应当按照国务院卫生行政部门的规定，定期对使用有毒物品作业场所职业中毒危害因素进行检测、评价。检测、评价结果存入用人单位职业卫生档案，定期向所在地卫生行政部门报告并向劳动者公布。

从事使用高毒物品作业的用人单位应当至少每一个月对高毒作业场所进行一次职业中毒危害因素检测；至少每半年进行一次职业中毒危害控制效果评价。

高毒作业场所职业中毒危害因素不符合国家职业卫生标准和卫生要求时，用人单位必须立即停止高毒作业，并采取相应的治理措施；经治理，职业中毒危害因素符合国家职业卫生标准和卫生要求的，方可重新作业。

10. 淋浴间和更衣室的设置

从事使用高毒物品作业的用人单位应当设置淋浴间和更衣室，并设置清洗、存放或者处理从事使用高毒物品作业劳动者的工作服、工作鞋帽等物品的专用间。

劳动者结束作业时，其使用的工作服、工作鞋帽等物品必须存放在高毒作业区域内，不得穿戴到非高毒作业区域。

11. 岗位轮换

用人单位应当按照规定对从事使用高毒物品作业的劳动者进行岗位轮换。用人单位应当为从事使用高毒物品作业的劳动者提供岗位津贴。

12. 转产、破产的特别规定

用人单位转产、停产、停业或者解散、破产的，应当采取有效措施，妥善处理留存或者残留有毒物品的设备、包装物和容器。

五、职业健康监护

1. 用人单位应当组织从事使用有毒物品作业的劳动者进行上岗前职业健康检查。未经上岗前职业健康检查的劳动者从事使用有毒物品的作业，不得安排有职业禁忌的劳动者从事其所禁忌的作业。

2. 用人单位应当对从事使用有毒物品作业的劳动者进行定期职业健康检查。

用人单位发现有职业禁忌或者有与所从事职业相关的健康损害的劳动者，应当将其及时调离原工作岗位，并妥善安置。

用人单位对需要复查和医学观察的劳动者，应当按照体检机构的要求安排其复查和医学观察。

3. 用人单位应当对从事使用有毒物品作业的劳动者进行离岗时的职业健康检查；对离岗时未进行职业健康检查的劳动者，不得解除或者终止与其订立的劳动合同。

用人单位发生分立、合并、解散、破产等情形的，应当对从事使用有毒物品作业的劳动者进行健康检查，并按照国家有关规定妥善安置职业病病人。

4. 用人单位对受到或者可能受到急性职业中毒危害的劳动者，应当及时组织进行健康检查和医学观察。

5. 劳动者职业健康检查和医学观察的费用，由用人单位承担。

6. 用人单位应当建立职业健康监护档案。

职业健康监护档案应当包括下列内容：

（1）劳动者的职业史和职业中毒危害接触史；

（2）相应作业场所职业中毒危害因素监测结果；

（3）职业健康检查结果及处理情况；

（4）职业病诊疗等劳动者健康资料。

六、劳动者的权利和义务

1. 紧急撤离权

从事使用有毒物品作业的劳动者在存在威胁生命安全或者身体健康的情况下，有权通知用人单位并从使用有毒物品造成的危险现场撤离。用人单位不得因劳动者依据前款规定行使权利，而取消或者减少劳动者在正常工作时享有的工资、福利待遇。

2. 劳动者享有下列职业卫生保护权利

（1）获得职业卫生教育、培训；

（2）获得职业健康检查、职业病诊疗、康复等职业病防治服务；

（3）了解工作场所产生或者可能产生的职业中毒危害因素、危害后果和应当采取的职业中毒危害防护措施；

（4）要求用人单位提供符合防治职业病要求的职业中毒危害防护设施和个人使用的职业中毒危害防护用品，改善工作条件；

（5）对违反职业病防治法律、法规，危及生命、健康的行为提出批评、检举和控告；

（6）拒绝违章指挥和强令进行没有职业中毒危害防护措施的作业；

（7）参与用人单位职业卫生工作的民主管理，对职业病防治工作提出意见和建议。

用人单位应当保障劳动者行使上述所列权利。禁止因劳动者依法行使正当权利而降低其工资、福利等待遇或者解除、终止与其订立的劳动合同。

3. 获得有关资料权

劳动者有权在正式上岗前从用人单位获得下列资料：

（1）作业场所使用的有毒物品的特性、有害成分、预防措施、教育和培训资料；

（2）有毒物品的标签、标识及有关资料；

（3）有毒物品安全使用说明书；

（4）可能影响安全使用有毒物品的其他有关资料。

4. 查阅档案权

劳动者有权查阅、复印其本人职业健康监护档案。

5. 工伤保险权

用人单位按照国家规定参加工伤保险的，患职业病的劳动者有权按照国家有关工伤保险的规定，享受工伤保险待遇。

6. 赔偿、补偿的特别规定

用人单位无营业执照以及被依法吊销营业执照，其劳动者从事使用有毒物品作业患职业病的，应当按照国家有关工伤保险规定的项目和标准，给予劳动者一次性赔偿。

7. 劳动者的义务

劳动者应当学习和掌握相关职业卫生知识，遵守有关劳动保护的法律、法规和操作规程，正确使用和维护职业中毒危害防护设施及其用品；发现职业中毒事故隐患时，应当及时报告。

作业场所出现使用有毒物品产生的危险时，劳动者应当采取必要措施，按照规定正确使用防护设施，将危险加以消除或者减小到最低限度。

七、违法行为的处罚

1. 用人单位违反该条例的规定，有下列情形之一的，由卫生行政部门给予警告，责令限期改正，处10万元以上50万元以下的罚款；逾期不改正的，提请有关人民政府按照国务院规定的权限责令停建、予以关闭；造成严重职业中毒危害或者导致职业中毒事故发生的，对负有责任的主管人员和其他直接责任人员依照刑法关于重大劳动安全事故罪或者其他罪的规定，依法追究刑事责任：

（1）可能产生职业中毒危害的建设项目，未依照职业病防治法的规定进行职业中毒危害预评价，或者预评价未经卫生行政部门审核同意，擅自开工的；

（2）职业卫生防护设施未与主体工程同时设计、同时施工、同时投入生产和使用的；

（3）建设项目竣工，未进行职业中毒危害控制效果评价，或者未经卫生行政部门验收或者验收不合格，擅自投入使用的；

（4）存在高毒作业的建设项目的防护设施设计未经卫生行政部门审查同意，擅自施工的。

2. 用人单位违反该条例的规定，有下列情形之一的，由卫生行政部门给予警告，责令限期改正，处 5 万元以上 20 万元以下的罚款；逾期不改正的，提请有关人民政府按照国务院规定的权限予以关闭；造成严重职业中毒危害或者导致职业中毒事故发生的，对负有责任的主管人员和其他直接责任人员依照刑法关于重大劳动安全事故罪或者其他罪的规定，依法追究刑事责任：

（1）使用有毒物品作业场所未按照规定设置警示标识和中文警示说明的；

（2）未对职业卫生防护设备、应急救援设施、通信报警装置进行维护、检修和定期检测，导致上述设施处于不正常状态的；

（3）未依照该条例的规定进行职业中毒危害因素检测和职业中毒危害控制效果评价的；

（4）高毒作业场所未按照规定设置撤离通道和泄险区的；

（5）高毒作业场所未按照规定设置警示线的；

（6）未向从事使用有毒物品作业的劳动者提供符合国家职业卫生标准的防护用品，或者未保证劳动者正确使用的。

3. 用人单位违反该条例的规定，有下列情形之一的，由卫生行政部门给予警告，责令限期改正，处 5 万元以上 30 万元以下的罚款；逾期不改正的，提请有关人民政府按照国务院规定的权限予以关闭；造成严重职业中毒危害或者导致职业中毒事故发生的，对负有责任的主管人员和其他直接责任人员依照刑法关于重大责任事故罪、重大劳动安全事故罪或者其他罪的规定，依法追究刑事责任：

（1）使用有毒物品作业场所未设置有效通风装置的，或者可能突然泄漏大量有毒物品或者易造成急性中毒的作业场所未设置自动报警装置或者事故通风设施的；

（2）职业卫生防护设备、应急救援设施、通信报警装置处于不正常状态而不停止作业，或者擅自拆除或者停止运行职业卫生防护设备、应急救援设施、通信报警装置的。

4. 从事使用高毒物品作业的用人单位违反该条例的规定，有下列行为之一的，由卫生行政部门给予警告，责令限期改正，处 5 万元以上 20 万元以下的罚款；逾期不改正的，提请有关人民政府按照国务院规定的权限予以关闭；造成严重职业中毒危害或者导致职业中毒事故发生的，对负有责任的主管人员和其他直接责任人员依照刑法关于重大责任事故罪或者其他罪的规定，依法追究刑事责任：

（1）作业场所职业中毒危害因素不符合国家职业卫生标准和卫生要求而不立即停止高毒作业并采取相应的治理措施的，或者职业中毒危害因素治理不符合国家职业卫生标准和卫生要求重新作业的；

（2）未依照该条例的规定维护、检修存在高毒物品的生产装置的；

（3）未采取该条例规定的措施，安排劳动者进入存在高毒物品的设备、容器或者狭窄封闭场所作业的。

5. 在作业场所使用国家明令禁止使用的有毒物品或者使用不符合国家标准的有毒物品的，由卫生行政部门责令立即停止使用，处 5 万元以上 30 万元以下的罚款；情节严重的，责令停止使用有毒物品作业，或者提请有关人民政府按照国务院规定的权限予以关闭；造成严重职业中毒危害或者导致职业中毒事故发生的，对负有责任的主管人员和其他直接责任人员依照刑法关于危险物品肇事罪、重大责任事故罪或者其他罪的规定，依法追究刑事责任。

6. 用人单位违反该条例的规定，有下列行为之一的，由卫生行政部门给予警告，责令限期改正；逾期不改正的，处 5 万元以上 30 万元以下的罚款；造成严重职业中毒危害或者导致职业中毒事故发生的，对负有责任的主管人员和其他直接责任人员依照刑法关于重大责任事故罪或者其他罪的规定，依法追究刑事责任：

（1）使用未经培训考核合格的劳动者从事高毒作业的；

（2）安排有职业禁忌的劳动者从事所禁忌的作业的；

（3）发现有职业禁忌或者有与所从事职业相关的健康损害的劳动者，未及时调离原工作岗位，并妥善安置的；

（4）安排未成年人或者孕期、哺乳期的女职工从事使用有毒物品作业的；

（5）使用童工的。

7. 违反该条例的规定，未经许可，擅自从事使用有毒物品作业的，由工商行政管理部门、卫生行政部门依据各自职权予以取缔；造成职业中毒事故的，依照刑法关于危险物品肇事罪或者其他罪的规定，依法追究刑事责任；尚不够刑事处罚的，由卫生行政部门没收经营所得，并处经营所得 3 倍以上 5 倍以下的罚款；对劳动者造成人身伤害的，依法承担赔偿责任。

8. 从事使用有毒物品作业的用人单位违反该条例的规定，在转产、停产、停业或者解散、破产时未采取有效措施，妥善处理留存或者残留高毒物品的设备、包装物和容器的，由卫生行政部门责令改正，处 2 万元以上 10 万元以下的罚款；触犯刑律的，对负有责任的主管人员和其他直接责任人员依照刑法关于重大环境污染事故罪、危险物品肇事罪或者其他罪的规定，依法追究刑事责任。

9. 用人单位违反该条例的规定，有下列情形之一的，由卫生行政部门给予警告，责令限期改正，处 5 000 元以上 2 万元以下的罚款；逾期不改正的，责令停止使用有毒物品作业，或者提请有关人民政府按照国务院规定的权限予以关闭；造成严重职业中毒危害或者导致职业中毒事故发生的，对负有责任的主管人员和其他直接责任人员依照刑法关于重大劳动安全事故罪、危险物品肇事罪或者其他罪的规定，依法追究刑事责任：

（1）使用有毒物品作业场所未与生活场所分开或者在作业场所住人的；

（2）未将有害作业与无害作业分开的；

（3）高毒作业场所未与其他作业场所有效隔离的；

（4）从事高毒作业未按照规定配备应急救援设施或者制订事故应急救援预案的。

10. 用人单位违反该条例的规定，有下列情形之一的，由卫生行政部门给予警告，责令限期改正，处 2 万元以上 5 万元以下的罚款；逾期不改正的，提请有关人民政府按照国务院规定的权限予以关闭：

（1）未按照规定向卫生行政部门申报高毒作业项目的；

（2）变更使用高毒物品品种，未按照规定向原受理申报的卫生行政部门重新申报，或者申报不及时、有虚假的。

11. 用人单位违反该条例的规定，有下列行为之一的，由卫生行政部门给予警告，责令限期改正，处 2 万元以上 5 万元以下的罚款；逾期不改正的，责令停止使用有毒物品作业，或者提请有关人民政府按照国务院规定的权限予以关闭：

（1）未组织从事使用有毒物品作业的劳动者进行上岗前职业健康检查，安排未经上岗前职业健康检查的劳动者从事使用有毒物品作业的；

（2）未组织从事使用有毒物品作业的劳动者进行定期职业健康检查的；

（3）未组织从事使用有毒物品作业的劳动者进行离岗职业健康检查的；

（4）对未进行离岗职业健康检查的劳动者，解除或者终止与其订立的劳动合同的；

（5）发生分立、合并、解散、破产情形，未对从事使用有毒物品作业的劳动者进行健康检查，并按照国家有关规定妥善安置职业病病人的；

（6）对受到或者可能受到急性职业中毒危害的劳动者，未及时组织进行健康检查和医学观察的；

（7）未建立职业健康档案的；

（8）劳动者离开用人单位时，用人单位未如实、无偿提供职业健康监护档案的；

（9）未依照职业病防治法和该条例的规定将工作过程中可能产生的职业中毒危害及其后果、有关职业卫生防护措施和待遇等如实告知劳动者并在劳动合同中写明的；

（10）劳动者在存在威胁生命、健康危险的情况下，从危险现场中撤离，而被取消或者减少应当享有的待遇的；

（11）用人单位违反该条例的规定，有下列行为之一的，由卫生行政部门给予警告，责令限期改正，处 5 000 元以上 2 万元以下的罚款；逾期不改正的，责令停止使用有毒物品作业，或者提请有关人民政府按照国务院规定的权限予以关闭：

1）未按照规定配备或者聘请职业卫生医师和护士的；

2）未为从事使用高毒物品作业的劳动者设置淋浴间、更衣室或者未设置清洗、存放和处理工作服、工作鞋帽等物品的专用间，或者不能正常使用的；

3）未安排从事使用高毒物品作业一定年限的劳动者进行岗位轮换的。

第十节 《中华人民共和国劳动法》

要点掌握：

1.《劳动法》立法的目的是什么？

2. 劳动者有哪些权利？

1994 年 7 月 5 日第八届全国人民代表大会常务委员会第八次会议审议通过《中华人民共和国劳动法》（以下简称《劳动法》），自 1995 年 1 月 1 日起施行。《劳动法》的立法目的是为了保护劳动者的合法权益，调整劳动关系，建立和维护适应社会主义市场经济的劳动制度，促进经济发展和社会进步。劳动者的合法权益，是指劳动者在劳动过程中依法享有并得到法律保护的权利。在我国，劳动者享有广泛的权利，如就业权、签订劳动合同权、劳动报酬权、休息休假权、劳动安全卫生保护权、职业培训权、获得社会保险福利权、提请劳动争议处理权等。保护劳动者的合法权益，是制定劳动法的主要目的。围绕保护劳动者的合法权益，调整劳动关系，建立和维护适应社会主义市场经济的劳动制度，促进经济发展和社会进步，也是制定劳动法的目的。

一、《劳动法》的适用范围

《劳动法》的适用范围，是指劳动法的效力范围，即《劳动法》对于那些人适用，对于那些地域适用。《劳动法》第二条规定："在中华人民共和国境内的企业、个体经济组织（以下统称用人单位）和与之形成劳动关系的劳动者，适用本法。国家机关、事业组织、社会团体和与之建立劳动合同关系的劳动者，依照本法执行。"根据本条规定，《劳动法》只调整因劳动合同而产生的劳动关系，即凡是通过订立劳动合同而形成的劳动关系，由《劳动法》调整；不是通过订立劳动合同而形成的劳动关系，则不由《劳动法》调整。具体来讲，有两类劳动关系：

1. 企业、个体经济组织和劳动者形成的劳动关系

《劳动法》的调整对象主要是企业与劳动者形成的劳动关系，即所谓的企业劳动关系。根据《劳动法》的规定，建立劳动关系应当订立劳动合同。这种通过订立劳动合同而形成的劳动关系由《劳动法》调整。从1986年我国实行劳动合同制度以来，这一新的用工形式已经在企业全面实行。

企业是指从事产品生产、流通或服务性活动等实行独立经济核算的经济单位，包括各种所有制的企业，如国有企业、集体企业、中外合资经营企业、中外合作经营企业、私营企业、合伙企业、联营企业等，也包括公司制企业、股份制企业等。即只要是企业，不管是何种企业，企业与劳动者都应当订立劳动合同，且都在《劳动法》的调整范围之内。

因此，中国境内的企业、个体经济组织与劳动者之间，只要形成劳动关系，都适用《劳动法》。这里的劳动者除了城镇的劳动者之外，也包括进城务工人员，即农民工。

个体经济组织是对从事个体经营且又雇用其他劳动者的私营经济的一种统称。一般按照其雇用人员的多少进行分类，雇用8人及其以上的为小型企业，雇用7人及其以下为个体工商户。随着私有经济的发展，这一分类已经开始变得模糊。

2. 国家机关、事业组织、社会团体和劳动者之间通过订立合同而形成的劳动关系

根据该条第二款的规定，国家机关、事业组织、社会团体与实行劳动合同制度的工勤人员建立的劳动关系；实行企业化管理的事业组织与该事业组织通过签订劳动合同形成的劳动关系；其他劳动者通过劳动合同与国家机关、事业组织、社会团体建立的劳动关系，也都适用《劳动法》。公务员和按照实行公务员制度的事业组织和社会团体的工作人员，以及农村劳动者（乡镇企业职工和进城务工、经商的农民除外）、现役军人和家庭保姆等不

适用《劳动法》。

需要注意的是，现在国家机关、事业组织、社会团体和劳动者之间的劳动关系是否由《劳动法》调整，认定的依据为是否订立了劳动合同。订立了劳动合同的，适用《劳动法》；未订立劳动合同的，一般不适用《劳动法》；应订立劳动合同而未订立劳动合同的，应当适用《劳动法》。

还需注意的是另外一种用工形式，劳务工，即由用人单位通过劳务公司或劳务派遣单位订立劳务派遣协议，由劳务公司或劳务派遣单位派出人员为用人单位从事指定的工作，用人单位不是将工资直接支付给所使用的人员，而是把应当支付给该劳动者的工资以及其他费用一起支付给劳务公司或者劳务派遣单位，再由劳务公司或者派遣单位向派出人员支付工资和为之缴纳相应的社会保险费用等。劳务工适不适用《劳动法》，实践中不尽一致。在企业、个体经济组织工作的，一般适用《劳动法》；在国家机关、事业组织、社会团体工作的，有的适用《劳动法》，有的不适用《劳动法》。

二、用人单位劳动安全卫生的规定

1. 劳动者的权利义务及用人单位的义务

（1）劳动者的权利。《劳动法》第三条在劳动卫生方面赋予了劳动者享有九项权利：一是平等就业权；二是选择职业的权利；三是取得劳动报酬的权利；四是休息休假的权利；五是获得劳动安全卫生保护的权利；六是接受职业技能培训的权利；七是社会保险和福利的权利；八是提请劳动争议处理的权利；九是法律规定的其他劳动权利。《劳动法》第五十六条规定："劳动者对用人单位管理人员违章指挥、强令冒险作业，有权拒绝执行；对危害生命安全和身体健康的行为，有权提出批评、检举和控告。"

（2）劳动者的义务。《劳动法》第三条在劳动卫生方面设定了劳动者应当履行的四项义务：一是完成劳动任务的义务；二是提高职业技能的义务；三是执行劳动安全卫生规程纪律的义务；

四是遵守劳动纪律和职业道德的义务。

（3）用人单位的义务。《劳动法》第四条规定："用人单位应当依法建立和完善规章制度，保障劳动者享有劳动权利和履行劳动义务。"《劳动法》第五十二条规定："用人单位必须建立、健全劳动安全卫生制度，严格执行国家劳动安全卫生规程和标准，对劳动者进行劳动安全卫生教育，防止劳动过程中的事故，减少职业危害。"《劳动法》第五十四条规定："用人单位必须为劳动者提供符合国家规定的劳动安全卫生条件和必要的劳动防护用品，对从事有职业危害作业的劳动者应当定期进行健康检查。"

2. 女职工和未成年工特殊保护

《劳动法》第五十八条明确规定："国家对女职工和未成年工实行特殊劳动保护。未成年工是指年满 16 周岁未满 18 周岁的劳动者。"

（1）女工保护。一是禁止用人单位安排女工从事矿山井下、国家规定的第四级体力劳动强度的劳动和其他禁忌从事的劳动。二是禁止用人单位安排女职工在经期从事高处、低温、冷水作业和国家规定的第三级体力劳动强度的劳动。三是禁止用人单位安排女职工在怀孕期间从事国家规定的第三级体力劳动强度的劳动和孕期禁忌从事的劳动。对怀孕 7 个月以上的女职工，不得安排其延长工作时间和夜班劳动。四是禁止用人单位安排女职工在哺乳未满一周岁的婴儿期间从事国家规定的第三级体力劳动强度的劳动和哺乳期禁忌从事的其他劳动，不得安排其延长工作时间和夜班劳动。

根据《女职工禁忌劳动范围的规定》，女职工禁忌从事的其他劳动主要有：森林伐木、归楞及流放作业、建筑业脚手架的组装和拆除作业，以及电力、电信行业的高处架线作业；连续负重（指每小时负重次数在六次以上）每次负重超过 20 kg，间断负重每次负重超过 25 kg 的作业。

（2）未成年工保护。一是禁止用人单位安排未成年工从事矿山井下、有毒有害、国家规定的第四级体力劳动强度的劳动和其他禁忌从事的劳动。二是要求用人单位应当对未成年工定期进行健康检查。

未成年工禁忌从事的其他劳动主要包括：《高处作业分级》国家标准中第二级以上的高处作业，即凡在坠落高度基准面 5 m 以上（含 5 m）有可能坠落的高处进行的作业；《冷水作业分级》国家标准中第二级以上的冷水作业；《高温作业分级》国家标准中第三级以上的高温作业；《低温作业分级》国家标准中第三级以上的低温作业；森林业中的伐木、流放及守林作业；地质勘探和资源勘探的野外作业；潜水、涵洞、涵道作业和海拔 3 000 m 以上的高原作业（不包括世居高原者）；锅炉作业；其他对未成年工的发育成长有影响的作业。

三、有关劳动安全卫生监督检查的规定

1. 劳动监察

（1）县级以上各级人民政府劳动行政部门依法对用人单位遵守劳动法律、法规的情况进行监督检查，对违反劳动法律、法规的行为有权制止，并责令改正。

（2）县级以上各级人民政府劳动行政部门监督检查人员执行公务，有权进入用人单位了解执行劳动法律、法规的情况，查阅必要的资料，并对劳动场所进行检查。县级以上各级人民政府劳动行政部门监督检查人员执行公务，必须出示证件，秉公执法并遵守有关规定。

2. 有关部门的监督

县级以上各级人民政府有关部门在各自职责范围内，对用人单位遵守劳动法律、法规的情况进行监督。

3. 工会的监督

各级工会依法维护劳动者的合法权益，对用人单位遵守劳动法律、法规的情况进行监督。任何组织和个人对于违反劳动法律、法规的行为有权检举和控告。

四、劳动安全卫生违法行为实施行政处罚的决定机关

1. 劳动安全卫生监督管理体制的改革

根据 1998 年全国人大批准的国务院机构改革方案，国务院决定将由原劳动和社会保障部负责的全国安全生产综合监督管理职能，改由国家经济贸易委员会行使。2003 年，国务院又决定撤销国家经济贸易委员会，将其负责的全国安全生产综合监督管理职能，改由国家安全生产监督管理局行使。2005 年 2 月 23 日，国务院决定将国家安全生产监督管理局改为国家安全生产监督管理总局，由其负责全国安全生产综合监督管理职能。国家的安全生产监督管理体制改革和职责分工调整后，各级人民政府劳动行政部门不再负责安全生产综合监督管理工作，改由各级人民政府安全生产综合监督管理部门负责。

2. 劳动安全卫生监管和行政执法的机关

依照《安全生产法》和国务院的规定，现由县级以上人民政府负责安全生产监督管理的部门负责履行《劳动法》赋予劳动行政部门负责的劳动卫生监督管理的职责，行使《劳动法》中有关劳动安全卫生监督管理和行政执法的职权。县级以上人民政府劳动行政部门依照法律和本级人民政府的规定，行使劳动安全卫生以外的其他劳动活动的监督管理和行政执法的职权。

第十一节　《中华人民共和国消防法》

要点掌握：

《消防法》规定机关、团体、企业、事业单位应当履行哪些消防安全职责？

1998 年 4 月 29 日第九届全国人大常委会第二次会议审议通过《中华人民共和国消防法》（以下简称《消防法》），自 1998 年

9 月 1 日起施行，2008 年 10 月 28 日第十一届全国人民代表大会常务委员会第五次会议修订。《消防法》的立法目的是为了预防和减少火灾危害，加强应急救援工作，保护人身、财产安全，维护公共安全。

一、火灾预防的规定

（1）消防规划。《消防法》第八条规定："地方各级人民政府应当将包括消防安全布局、消防站、消防供水、消防通信、消防车通道、消防装备等内容的消防规划纳入城乡规划，并负责组织实施。城乡消防安全布局不符合消防安全要求的，应当调整、完善；公共消防设施、消防装备不足或者不适应实际需要的，应当增建、改建、配置或者进行技术改造。"

（2）安全位置。《消防法》第二十二条规定："生产、储存、装卸易燃易爆危险品的工厂、仓库和专用车站、码头的设置，应当符合消防技术标准。易燃易爆气体和液体的充装站、供应站、调压站，应当设置在符合消防安全要求的位置，并符合防火防爆要求。"

已经设置的生产、储存、装卸易燃易爆危险品的工厂、仓库和专用车站、码头，易燃易爆气体和液体的充装站、供应站、调压站，不再符合前款规定的，地方人民政府应当组织、协调有关部门、单位限期解决，消除安全隐患。"

（3）建设工程的消防安全。《消防法》第十条规定："按照国家工程建设消防技术标准需要进行消防设计的建设工程，除本法第十一条另有规定的外，建设单位应当自依法取得施工许可之日起七个工作日内，将消防设计文件报公安机关消防机构备案，公安机关消防机构应当进行抽查。"

第十一条规定："国务院公安部门规定的大型的人员密集场所和其他特殊建设工程，建设单位应当将消防设计文件报送公安机关消防机构审核。公安机关消防机构依法对审核的结果负责。"

第十二条规定："依法应当经公安机关消防机构进行消防设

计审核的建设工程，未经依法审核或者审核不合格的，负责审批该工程施工许可的部门不得给予施工许可，建设单位、施工单位不得施工；其他建设工程取得施工许可后经依法抽查不合格的，应当停止施工。”

第十三条规定，按照国家工程建设消防技术标准需要进行消防设计的建设工程竣工，依照下列规定进行消防验收、备案：

（一）本法第十一条规定的建设工程，建设单位应当向公安机关消防机构申请消防验收；

（二）其他建设工程，建设单位在验收后应当报公安机关消防机构备案，公安机关消防机构应当进行抽查。

依法应当进行消防验收的建设工程，未经消防验收或者消防验收不合格的，禁止投入使用；其他建设工程经依法抽查不合格的，应当停止使用。

第二十六条规定：“建筑构件、建筑材料和室内装修、装饰材料的防火性能必须符合国家标准；没有国家标准的，必须符合行业标准。”人员密集场所室内装修、装饰，应当按照消防技术标准的要求，使用不燃、难燃材料。

（4）公众聚集场所和群众性活动的消防安全。《消防法》第二十条规定：“举办大型群众性活动，承办人应当依法向公安机关申请安全许可，制定灭火和应急疏散预案并组织演练，明确消防安全责任分工，确定消防安全管理人员，保持消防设施和消防器材配置齐全、完好有效，保证疏散通道、安全出口、疏散指示标志、应急照明和消防车通道符合消防技术标准和管理规定。”

（5）有关单位的消防安全职责。《消防法》第十六条规定：“机关、团体、企业、事业等单位应当履行下列消防安全职责：

①落实消防安全责任制，制定本单位的消防安全制度、消防安全操作规程，制定灭火和应急疏散预案；

②按照国家标准、行业标准配置消防设施、器材，设置消防安全标志，并定期组织检验、维修，确保完好有效；

③对建筑消防设施每年至少进行一次全面检测，确保完好有效，检测记录应当完整准确，存档备查；

④保障疏散通道、安全出口、消防车通道畅通，保证防火防烟分区、防火间距符合消防技术标准；

⑤组织防火检查，及时消除火灾隐患；

⑥组织进行有针对性的消防演练；

⑦法律、法规规定的其他消防安全职责。

单位的主要负责人是本单位的消防安全责任人。

（6）消防安全重点单位的安全管理。《消防法》第十七条规定：“县级以上地方人民政府公安机关消防机构应当将发生火灾可能性较大以及发生火灾可能造成重大的人身伤亡或者财产损失的单位，确定为本行政区域内的消防安全重点单位，并由公安机关报本级人民政府备案。”

消防安全重点单位除应当履行本法第十六条规定的职责外，还应当履行下列消防安全职责：

①确定消防安全管理人，组织实施本单位的消防安全管理工作；

②建立消防档案，确定消防安全重点部位，设置防火标志，实行严格管理；

③实行每日防火巡查，并建立巡查记录；

④对职工进行岗前消防安全培训，定期组织消防安全培训和消防演练。

（7）消防产品和电器产品、燃气用具的管理。《消防法》第二十四条规定：“消防产品必须符合国家标准；没有国家标准的，必须符合行业标准。禁止生产、销售或者使用不合格的消防产品以及国家明令淘汰的消防产品。依法实行强制性产品认证的消防产品，由具有法定资质的认证机构按照国家标准、行业标准的强制性要求认证合格后，方可生产、销售、使用。实行强制性产品认证的消防产品目录，由国务院产品质量监督部门会同国务院公安部门制定并公布。新研制的尚未制定国家标准、行业标准的消防产品，应当按照国务院产品质量监督部门会同国务院公安部门规定的办法，经技术鉴定符合消防安全要求的，方可生产、销售、使用。依照本条规定经强制性产品认证合格或者技术鉴定合格的消防产品，国务院公安部门消防机构应当予以公布。”

第二十七条规定：“电器产品、燃气用具的产品标准，应当符合消防安全的要求。电器产品、燃气用具的安装、使用及其线路、管路的设计、敷设、维护保养、检测，必须符合消防技术标准和管理规定。”

（8）消防安全的监督检查。《消防法》第五十二条规定：“地方各级人民政府应当落实消防工作责任制，对本级人民政府有关部门履行消防安全职责的情况进行监督检查。县级以上地方人民政府有关部门应当根据本系统的特点，有针对性地开展消防安全检查，及时督促整改火灾隐患。”

第五十三条规定：“公安机关消防机构应当对机关、团体、企业、事业等单位遵守消防法律、法规的情况依法进行监督检查。公安派出所可以负责日常消防监督检查、开展消防宣传教育，具体办法由国务院公安部门规定。公安机关消防机构、公安派出所的工作人员进行消防监督检查，应当出示证件。”

第五十四条规定：“公安机关消防机构在消防监督检查中发现火灾隐患的，应当通知有关单位或者个人立即采取措施消除隐患；不及时消除隐患可能严重威胁公共安全的，公安机关消防机构应当依照规定对危险部位或者场所采取临时查封措施。”

二、消防组织的设立

《消防法》第三十五条规定：“各级人民政府应当加强消防组织建设，根据经济社会发展的需要，建立多种形式的消防组织，加强消防技术人才培养，增强火灾预防、扑救和应急救援的能力。”

第三十六条规定：“县级以上地方人民政府应当按照国家规

定建立公安消防队、专职消防队，并按照国家标准配备消防装备，承担火灾扑救工作。乡镇人民政府应当根据当地经济发展和消防工作的需要，建立专职消防队、志愿消防队，承担火灾扑救工作。”

第三十七条规定：“公安消防队、专职消防队按照国家规定承担重大灾害事故和其他以抢救人员生命为主的应急救援工作。”

第三十八条规定，公安消防队、专职消防队应当充分发挥火灾扑救和应急救援专业力量的骨干作用；按照国家规定，组织实施专业技能训练，配备并维护保养装备器材，提高火灾扑救和应急救援的能力。

第三十九条规定，下列单位应当建立单位专职消防队，承担本单位的火灾扑救工作：

（一）大型核设施单位、大型发电厂、民用机场、主要港口；

（二）生产、储存易燃易爆危险品的大型企业；

（三）储备可燃的重要物资的大型仓库、基地；

（四）第一项、第二项、第三项规定以外的火灾危险性较大、距离公安消防队较远的其他大型企业；

（五）距离公安消防队较远、被列为全国重点文物保护单位的古建筑群的管理单位。

第四十条规定，专职消防队的建立，应当符合国家有关规定，并报当地公安机关消防机构验收。专职消防队的队员依法享受社会保险和福利待遇。

第四十一条规定，机关、团体、企业、事业等单位以及村民委员会、居民委员会根据需要，建立志愿消防队等多种形式的消防组织，开展群众性自防自救工作。

第四十二条规定，公安机关消防机构应当对专职消防队、志愿消防队等消防组织进行业务指导；根据扑救火灾的需要，可以调动指挥专职消防队参加火灾扑救工作。

三、灭火救援

《消防法》第四十四条规定："任何人发现火灾都应当立即报警。任何单位、个人都应当无偿为报警提供便利，不得阻拦报警。严禁谎报火警。人员密集场所发生火灾，该场所的现场工作人员应当立即组织、引导在场人员疏散。任何单位发生火灾，必须立即组织力量扑救。邻近单位应当给予支援。消防队接到火警，必须立即赶赴火灾现场，救助遇险人员，排除险情，扑灭火灾。"

第四十七条规定，消防车、消防艇前往执行火灾扑救或者应急救援任务，在确保安全的前提下，不受行驶速度、行驶路线、行驶方向和指挥信号的限制，其他车辆、船舶以及行人应当让行，不得穿插超越；收费公路、桥梁免收车辆通行费。交通管理指挥人员应当保证消防车、消防艇迅速通行。赶赴火灾现场或者应急救援现场的消防人员和调集的消防装备、物资，需要铁路、水路或者航空运输的，有关单位应当优先运输。

第五十一条规定，公安机关消防机构有权根据需要封闭火灾现场，负责调查火灾原因，统计火灾损失。火灾扑灭后，发生火灾的单位和相关人员应当按照公安机关消防机构的要求保护现场，接受事故调查，如实提供与火灾有关的情况。公安机关消防机构根据火灾现场勘验、调查情况和有关的检验、鉴定意见，及时制作火灾事故认定书，作为处理火灾事故的证据。

四、消防安全违法行为应负的法律责任

《消防法》第五十八条规定，违反本法规定，有下列行为之一的，责令停止施工、停止使用或者停产停业，并处三万元以上三十万元以下罚款：

（一）依法应当经公安机关消防机构进行消防设计审核的建设工程，未经依法审核或者审核不合格，擅自施工的；

（二）消防设计经公安机关消防机构依法抽查不合格，不停止施工的；

（三）依法应当进行消防验收的建设工程，未经消防验收或者消防验收不合格，擅自投入使用的；

（四）建设工程投入使用后经公安机关消防机构依法抽查不合格，不停止使用的；

（五）公众聚集场所未经消防安全检查或者经检查不符合消防安全要求，擅自投入使用、营业的。

建设单位未依照本法规定将消防设计文件报公安机关消防机构备案，或者在竣工后未依照本法规定报公安机关消防机构备案的，责令限期改正，处五千元以下罚款。

第五十九条规定，违反本法规定，有下列行为之一的，责令改正或者停止施工，并处 1 万元以上 10 万元以下罚款：

（一）建设单位要求建筑设计单位或者建筑施工企业降低消防技术标准设计、施工的；

（二）建筑设计单位不按照消防技术标准强制性要求进行消防设计的；

（三）建筑施工企业不按照消防设计文件和消防技术标准施工，降低消防施工质量的；

（四）工程监理单位与建设单位或者建筑施工企业串通，弄虚作假，降低消防施工质量的。

第六十条规定，单位违反本法规定，有下列行为之一的，责令改正，处 5 000 元以上 5 万元以下罚款：

（一）消防设施、器材或者消防安全标志的配置、设置不符合国家标准、行业标准，或者未保持完好有效的；

（二）损坏、挪用或者擅自拆除、停用消防设施、器材的；

（三）占用、堵塞、封闭疏散通道、安全出口或者有其他妨碍安全疏散行为的；

（四）埋压、圈占、遮挡消火栓或者占用防火间距的；

（五）占用、堵塞、封闭消防车通道，妨碍消防车通行的；

（六）人员密集场所在门窗上设置影响逃生和灭火救援的障

碍物的；

（七）对火灾隐患经公安机关消防机构通知后不及时采取措施消除的。

个人有前款第二项、第三项、第四项、第五项行为之一的，处警告或者五百元以下罚款。

有本条第一款第三项、第四项、第五项、第六项行为，经责令改正拒不改正的，强制执行，所需费用由违法行为人承担。

第六十一条规定，生产、储存、经营易燃易爆危险品的场所与居住场所设置在同一建筑物内，或者未与居住场所保持安全距离的，责令停产停业，并处5 000元以上5万元以下罚款。

生产、储存、经营其他物品的场所与居住场所设置在同一建筑物内，不符合消防技术标准的，依照前款规定处罚。

第六十二条规定，有下列行为之一的，依照《中华人民共和国治安管理处罚法》的规定处罚：

（一）违反有关消防技术标准和管理规定生产、储存、运输、销售、使用、销毁易燃易爆危险品的；

（二）非法携带易燃易爆危险品进入公共场所或者乘坐公共交通工具的；

（三）谎报火警的；

（四）阻碍消防车、消防艇执行任务的；

（五）阻碍公安机关消防机构的工作人员依法执行职务的。

第六十三条规定，违反本法规定，有下列行为之一的，处警告或者五百元以下罚款；情节严重的，处五日以下拘留：

（一）违反消防安全规定进入生产、储存易燃易爆危险品场所的；

（二）违反规定使用明火作业或者在具有火灾、爆炸危险的场所吸烟、使用明火的。

第六十四条规定，违反本法规定，有下列行为之一，尚不构成犯罪的，处十日以上十五日以下拘留，可以并处500元以下罚款；情节较轻的，处警告或者五百元以下罚款：

（一）指使或者强令他人违反消防安全规定，冒险作业的；

（二）过失引起火灾的；

（三）在火灾发生后阻拦报警，或者负有报告职责的人员不及时报警的；

（四）扰乱火灾现场秩序，或者拒不执行火灾现场指挥员指挥，影响灭火救援的；

（五）故意破坏或者伪造火灾现场的；

（六）擅自拆封或者使用被公安机关消防机构查封的场所、部位的。

第六十五条规定，违反本法规定，生产、销售不合格的消防产品或者国家明令淘汰的消防产品的，由产品质量监督部门或者工商行政管理部门依照《中华人民共和国产品质量法》的规定从重处罚。

人员密集场所使用不合格的消防产品或者国家明令淘汰的消防产品的，责令限期改正；逾期不改正的，处 5 000 元以上 5 万元以下罚款，并对其直接负责的主管人员和其他直接责任人员处 500 元以上 2 000 元以下罚款；情节严重的，责令停产停业。

公安机关消防机构对于本条第二款规定的情形，除依法对使用者予以处罚外，应当将发现不合格的消防产品和国家明令淘汰的消防产品的情况通报产品质量监督部门、工商行政管理部门。产品质量监督部门、工商行政管理部门应当对生产者、销售者依法及时查处。

第六十六条规定，电器产品、燃气用具的安装、使用及其线路、管路的设计、敷设、维护保养、检测不符合消防技术标准和管理规定的，责令限期改正；逾期不改正的，责令停止使用，可以并处 1 000 元以上 5 000 元以下罚款。

第六十七条规定，机关、团体、企业、事业等单位违反本法第十六条、第十七条、第十八条、第二十一条第二款规定的，责令限期改正；逾期不改正的，对其直接负责的主管人员和其他直接责任人员依法给予处分或者给予警告处罚。

第六十八条规定，人员密集场所发生火灾，该场所的现场工作人员不履行组织、引导在场人员疏散的义务，情节严重，尚不构成犯罪的，处五日以上十日以下拘留。

第六十九条规定，消防产品质量认证、消防设施检测等消防技术服务机构出具虚假文件的，责令改正，处5万元以上10万元以下罚款，并对直接负责的主管人员和其他直接责任人员处1万元以上5万元以下罚款；有违法所得的，并处没收违法所得；给他人造成损失的，依法承担赔偿责任；情节严重的，由原许可机关依法责令停止执业或者吊销相应资质、资格。

前款规定的机构出具失实文件，给他人造成损失的，依法承担赔偿责任；造成重大损失的，由原许可机关依法责令停止执业或者吊销相应资质、资格。

第七十条规定，本法规定的行政处罚，除本法另有规定的外，由公安机关消防机构决定；其中拘留处罚由县级以上公安机关依照《中华人民共和国治安管理处罚法》的有关规定决定。

公安机关消防机构需要传唤消防安全违法行为人的，依照《中华人民共和国治安管理处罚法》的有关规定执行。

被责令停止施工、停止使用、停产停业的，应当在整改后向公安机关消防机构报告，经公安机关消防机构检查合格，方可恢复施工、使用、生产、经营。

当事人逾期不执行停产停业、停止使用、停止施工决定的，由做出决定的公安机关消防机构强制执行。

责令停产停业，对经济和社会生活影响较大的，由公安机关消防机构提出意见，并由公安机关报请本级人民政府依法决定。本级人民政府组织公安机关等部门实施。

第七十二条规定，违反本法规定，构成犯罪的，依法追究刑事责任。

第十二节　其他劳动安全法律法规

要点掌握：

生产经营单位主要负责人和安全生产管理人员安全培训的内容是什么？

一、《中华人民共和国宪法》

《中华人民共和国宪法》第四十二条规定："中华人民共和国公民有劳动的权利和义务。国家通过各种途径，创造劳动就业条件，加强劳动保护，改善劳动条件，并在发展生产的基础上，提高劳动报酬和福利待遇……"第四十三条规定："中华人民共和国劳动者有休息的权利，国家发展劳动者休息和修养的设施，规定职工的工作时间和休假制度。"第四十八条规定："国家保护妇女的权利和利益……"。

二、《工伤保险条例》

2003 年 4 月 16 日，国务院第五次常务会议讨论通过《工伤保险条例》，并以国务院令第 375 号予以公布，自 2004 年 1 月 1 日起施行。本条例共分 8 章 64 条。具体内容如下：

1. 条例制定的目的是为了保障因工作遭受事故伤害或者患职业病的职工获得医疗救治和经济补偿，促进工伤预防和职业康复，分散用人单位的工伤风险。

2. 职工有下列情形之一的，应当认定为工伤：

（1）在工作时间和工作场所内，因工作原因受到事故伤害的；

（2）工作时间前后在工作场所内，从事与工作有关的预备性或者收尾性工作受到事故伤害的；

（3）在工作时间和工作场所内，因履行工作职责受到暴力等意外伤害的；

（4）患职业病的；

（5）因工外出期间，由于工作原因受到伤害或者发生事故下落不明的；

（6）在上下班途中，受到机动车事故伤害的；

（7）法律、行政法规规定应当认定为工伤的其他情形。

3. 职工因工作遭受事故伤害或者患职业病进行治疗，享受工伤医疗待遇。

三、《生产安全事故报告和调查处理条例》

真实案例

2009 年 5 月 30 日 10 时 55 分，重庆市松藻煤电有限公司同华煤矿接替采区在建设施工过程中发生特别重大煤与瓦斯突出事故，突出煤量约 3 000 t，突出瓦斯约 28.5 万 m^3，造成 30 人死亡，79 人受伤。

经初步调查，这起事故是掘进该工程传动带斜井揭突出煤层时违规违章造成的。6 月 5 日，重庆市委、市政府已按干部管理权限，责令松藻煤电有限公司分管安全的副总经理和川九建设公司总经理停职检查，公安机关依法对同华煤矿矿长、总工程师和川九建设公司项目经理予以刑事拘留。

《生产安全事故报告和调查处理条例》已经 2007 年 3 月 28 日国务院第 172 次常务会议通过，自 2007 年 6 月 1 日起施行。条例分为 6 章 46 条，目的是为了规范生产安全事故的报告和调查处理，落实生产安全事故责任追究制度，防止和减少生产安全事故。

四、《特种设备安全监察条例》

2003 年 3 月 11 日中华人民共和国国务院令第 373 号公布

《特种设备安全监察条例》，经2009年1月14日国务院第46次常务会议通过《国务院关于修改〈特种设备安全监察条例〉的决定》修订，自2009年5月1日起施行。本条例共有8章103条，具体规定如下。

1. 条例制定的目的是为了加强特种设备的安全监察，防止和减少事故，保障人民群众生命和财产安全，促进经济发展。

2. 特种设备生产、使用单位应当建立健全特种设备安全、节能管理制度和岗位安全、节能责任制度。特种设备生产、使用单位的主要负责人应当对本单位特种设备的安全和节能全面负责。特种设备生产、使用单位和特种设备检验检测机构，应当接受特种设备安全监督管理部门依法进行的特种设备安全监察。

3. 特种设备在投入使用前或者投入使用后30日内，特种设备使用单位应当向直辖市或者设区的市的特种设备安全监督管理部门登记。登记标志应当置于或者附着于该特种设备的显著位置。

特种设备使用单位应当建立特种设备安全技术档案。安全技术档案应当包括以下内容：

（1）特种设备的设计文件、制造单位、产品质量合格证明、使用维护说明等文件以及安装技术文件和资料；

（2）特种设备的定期检验和定期自行检查的记录；

（3）特种设备的日常使用状况记录；

（4）特种设备及其安全附件、安全保护装置、测量调控装置及有关附属仪器仪表的日常维护保养记录；

（5）特种设备运行故障和事故记录；

（6）高耗能特种设备的能效测试报告、能耗状况记录以及节能改造技术资料。

4. 特种设备使用单位应当对特种设备作业人员进行特种设备安全、节能教育和培训，保证特种设备作业人员具备必要的特种设备安全、节能知识。特种设备作业人员在作业中应当严格执行特种设备的操作规程和有关的安全规章制度。

5. 特种设备使用单位应当制订事故应急专项预案，并定期进行事故应急演练。压力容器、压力管道发生爆炸或者泄漏，在抢险救援时应当区分介质特性，严格按照相关预案规定程序处理，防止二次爆炸。

6. 未经许可，擅自从事压力容器设计活动的，由特种设备安全监督管理部门予以取缔，处 5 万元以上 20 万元以下罚款；有违法所得的，没收违法所得；触犯刑律的，对负有责任的主管人员和其他直接责任人员依照刑法关于非法经营罪或者其他罪的规定，依法追究刑事责任。

五、《易制毒化学品安全管理条例》

《易制毒化学品安全管理条例》于 2005 年 8 月 17 日国务院第 102 次常务会通过，并于 2005 年 11 月 1 日起施行，共有 8 章 45 条。其目的是为了加强易制毒化学品管理，规范易制毒化学品的生产、经营、购买、运输和进口、出口行为，防止易制毒化学品被用于制造毒品，维护经济和社会秩序。国家对易制毒化学品生产、经营、购买、运输和进、出口实行分类管理和许可制度。

凡申请购买第一类易制毒化学品，应当提交下列证件，经本条例第十五条规定的行政主管部门审批，取得购买许可证：

（1）经营企业提交企业营业执照和合法使用需要证明；

（2）其他组织提交登记证书（成立批准文件）和合法使用需要证明。

申请购买第一类中的药品类易制毒化学品的，由所在地的省、自治区、直辖市人民政府食品药品监督管理部门审批；申请购买第一类中的非药品类易制毒化学品的，由所在地的省、自治区、直辖市人民政府公安机关审批。

前款规定的行政主管部门应当自收到申请之日起 10 日内，对申请人提交的申请材料和证件进行审查。对符合规定的，发给购买许可证；不予许可的，应当书面说明理由。

审查第一类易制毒化学品购买许可申请材料时，根据需要，可以进行实地核查。

持有麻醉药品、第一类精神药品购买印鉴卡的医疗机构购买第一类中的药品类易制毒化学品的，无须申请第一类易制毒化学品购买许可证。个人不得购买第一类、第二类易制毒化学品。

购买第二类、第三类易制毒化学品的，应当在购买前将所需购买的品种、数量，向所在地的县级人民政府公安机关备案。个人自用购买少量高锰酸钾的，无须备案。

经营单位销售第一类易制毒化学品时，应当查验购买许可证和经办人的身份证明。对委托代购的，还应当查验购买人持有的委托文书。经营单位在查验无误、留存上述证明材料的复印件后，方可出售第一类易制毒化学品；发现可疑情况的，应当立即向当地公安机关报告。

经营单位应当建立易制毒化学品销售台账，如实记录销售的品种、数量、日期、购买方等情况。销售台账和证明材料复印件应当保存 2 年备查。

第一类易制毒化学品的销售情况，应当自销售之日起 5 日内报当地公安机关备案；第一类易制毒化学品的使用单位，应当建立使用台账，并保存 2 年备查。

第二类、第三类易制毒化学品的销售情况，应当自销售之日起 30 日内报当地公安机关备案。

运输管理跨设区的市级行政区域（直辖市为跨市界）或者在国务院公安部门确定的禁毒形势严峻的重点地区跨县级行政区域运输第一类易制毒化学品的，由运出地的设区的市级人民政府公安机关审批；运输第二类易制毒化学品的，由运出地的县级人民政府公安机关审批。经审批取得易制毒化学品运输许可证后，方可运输。

运输第三类易制毒化学品的，应当在运输前向运出地的县级人民政府公安机关备案。公安机关应当于收到备案材料的当日发给备案证明。

申请易制毒化学品运输许可，应当提交易制毒化学品的购销合同，货主是企业的，应当提交营业执照；货主是其他组织的，应当提交登记证书（成立批准文件）；货主是个人的，应当提交个人身份证明。经办人还应当提交本人的身份证明。

公安机关应当自收到第一类易制毒化学品运输许可申请之日起 10 日内，收到第二类易制毒化学品运输许可申请之日起 3 日内，对申请人提交的申请材料进行审查。对符合规定的，发给运输许可证；不予许可的，应当书面说明理由。

审查第一类易制毒化学品运输许可申请材料时，根据需要，可以进行实地核查。对许可运输第一类易制毒化学品的，发给一次有效的运输许可证。

对许可运输第二类易制毒化学品的，发给 3 个月有效的运输许可证；6 个月内运输安全状况良好的，发给 12 个月有效的运输许可证。

易制毒化学品运输许可证应当载明拟运输的易制毒化学品的品种、数量、运入地、货主及收货人、承运人情况以及运输许可证种类。

第二十三条规定，运输供教学、科研使用的 100 克以下的麻黄素样品和供医疗机构制剂配方使用的小包装麻黄素，以及医疗机构或者麻醉药品经营企业购买麻黄素片剂 6 万片以下、注射剂 1.5 万支以下，货主或者承运人持有依法取得的购买许可证明或者麻醉药品调拨单的，无须申请易制毒化学品运输许可。

因治疗疾病需要，患者、患者近亲属或者患者委托的人凭医疗机构出具的医疗诊断书和本人的身份证明，可以随身携带第一类中的药品类易制毒化学品药品制剂，但是不得超过医用单张处方的最大剂量。

医用单张处方最大剂量，由国务院卫生主管部门规定、公布。

易制毒化学品分为三类。第一类是可以用于制毒的主要原料，第二类、第三类是可以用于制毒的化学配剂。第一类包括：1—苯基—2—丙酮，3，4—亚甲基二氧苯基—2—丙酮，胡椒醛，黄樟素，黄樟油，异黄樟素，N—乙酰邻氨基苯酸，邻氨基苯甲酸，麦角酸，麦角胺，麦角新碱，麻黄素、伪麻黄素、消旋麻黄素、去甲麻黄素、甲基麻黄素、麻黄浸膏、麻黄浸膏粉等麻黄素类物质。第二类包括：苯乙酸，醋酸酐，三氯甲烷，乙醚，哌啶。第三类包括：甲苯，丙酮，甲基乙基酮，高锰酸钾，硫酸，盐酸。

六、《生产经营单位安全培训规定》

《生产经营单位安全培训规定》于2005年12月28日国家安全生产监督管理总局局长办公会议审议通过，自2006年3月1日起施行，共有7章35条，包括总则、主要负责人、安全生产管理人员的安全培训、其他从业人员的安全培训、安全培训的组织实施、监督管理、罚则和附则。

《生产经营单位安全培训规定》第二条规定：工矿商贸生产经营单位的从业人员要进行安全培训，生产经营单位应当按照安全生产法和有关法律、行政法规和本规定，建立健全安全培训工作制度。其培训的从业人员包括主要负责人、安全生产管理人员、特种作业人员和其他从业人员。

1. 生产经营单位主要负责人和安全生产管理人员安全培训内容

（1）国家安全生产方针、政策和有关安全生产的法律、法规、规章及标准；

（2）安全生产管理基本知识、安全生产技术、安全生产专业知识；

（3）重大危险源管理、重大事故防范、应急管理和救援组织以及事故调查处理的有关规定；

（4）职业危害及其预防措施；

（5）国内外先进的安全生产管理经验；

（6）典型事故和应急救援案例分析；

（7）其他需要培训的内容。

2. 生产经营单位安全生产管理人员安全培训内容

（1）国家安全生产方针、政策和有关安全生产的法律、法规、规章及标准；

（2）安全生产管理、安全生产技术、职业卫生等知识；

（3）伤亡事故统计、报告及职业危害的调查处理方法；

（4）应急管理、应急预案编制以及应急处置的内容和要求；

（5）国内外先进的安全生产管理经验；

（6）典型事故和应急救援案例分析；

（7）其他需要培训的内容。

3. 厂（矿）级岗前安全培训内容

（1）本单位安全生产情况及安全生产基本知识；

（2）本单位安全生产规章制度和劳动纪律；

（3）从业人员安全生产权利和义务；

（4）有关事故案例等。

4. 车间（工段、区、队）级岗前安全培训内容

（1）工作环境及危险因素；

（2）所从事工种可能遭受的职业伤害和伤亡事故；

（3）所从事工种的安全职责、操作技能及强制性标准；

（4）自救互救、急救方法、疏散和现场紧急情况的处理；

（5）安全设备设施、个人防护用品的使用和维护；

（6）本车间（工段、区、队）安全生产状况及规章制度；

（7）预防事故和职业危害的措施及应注意的安全事项；

（8）有关事故案例；

（9）其他需要培训的内容。

5. 班组级岗前安全培训内容

（1）岗位安全操作规程；

（2）岗位之间工作衔接配合的安全与职业卫生事项；

（3）有关事故案例；

（4）其他需要培训的内容。生产经营单位的特种作业人员，必须按照国家有关法律、法规的规定接受专门的安全培训，经考核合格，取得特种作业操作资格证书后，方可上岗作业。

6. 相关处罚规定

（1）生产经营单位有下列行为之一的，由安全生产监管监察部门责令其限期改正，并处两万元以下的罚款：其一，未将安全培训工作纳入本单位工作计划并保证安全培训工作所需资金的；其二，未建立健全从业人员安全培训档案的；其三，从业人员进行安全培训期间未支付工资并承担安全培训费用的。

（2）生产经营单位有下列行为之一的，由安全生产监管监察部门责令其限期改正；逾期未改正的，责令停产停业整顿，并处两万元以下的罚款：其一，煤矿、非煤矿山、危险化学品、烟花爆竹等生产经营单位主要负责人和安全管理人员未按本规定经考核合格的；其二，非煤矿山、危险化学品、烟花爆竹等生产经营单位未按照本规定对其他从业人员进行安全培训的；其三，非煤矿山、危险化学品、烟花爆竹等生产经营单位未如实告知从业人员有关安全生产事项的；其四，生产经营单位特种作业人员未按照规定经专门的安全培训机构培训并取得特种作业人员操作资格证书，上岗作业的。

（3）生产经营单位有下列行为之一的，由安全生产监管监察部门给予警告，吊销安全资格证书，并处 3 万元以下的罚款：其一，编造安全培训记录、档案的；其二，骗取安全资格证书的。

（4）安全生产监管监察部门有关人员在考核、发证工作中玩忽职守、滥用职权的，由上级安全生产监管监察部门或者行政监察部门给予记过、记大过的行政处分。

七、《作业场所安全使用化学品公约》（第 170 号国际公约）

1990 年，第 77 届国际劳工大会通过《作业场所安全使用化学品公约》(第 170 号国际公约)。我国于 1994 年 10 月 22 日由第八届全国人民代表大会常务委员会第十次会议审议通过。

《第 170 号国际公约》分为 7 个部分共 27 条，第一部分为范围和定义；第二部分为总则；第三部分为分类和有关措施；第四部分为雇主的责任；第五部分为工人的义务；第六部分为工人及其代表的权利；第七部分为出口国的责任。该公约明确了政府主管当局的责任；供货人的责任；雇主的责任；工人的义务；工人的权利；出口国的责任。

知识链接

《第 170 号国际公约》的宗旨是要求政府主管当局、雇主、工人共同协商努力，采取措施，保护工人免受危险化学品的影响，有助于保护公众和环境。通过下列方法预防或减少工作中危险化学品导致的疾病和伤害事故：

(1) 保证对所有化学品进行评价以确定其危害性；

(2) 为雇主提供一定机制，以从供货者处得到关于工作中使用的化学品的资料，从而使他们能够实施保护工人免受化学品危害的有效计划；

(3) 为工人提供关于其作业场所使用的化学品及其适当防护措施的资料，从而使他们能有效地参与保护计划；

(4) 确定关于此类计划的原则，以保证化学品的安全使用。

第二章　危险化学品安全管理基础知识

学习目标：

1. 熟悉危险化学品概念、分类和特性；

2. 能够辨识危险化学品安全标志；

3. 熟悉危险化学品安全标签和安全技术说明书知识；

4. 熟悉危险化学品储存、包装和废弃危险化学品的处置知识。

第一节　安全标志

要点掌握：

什么是安全标志？

一、安全标志

安全标志是指用以表达特定安全信息的标志，由图形符号、安全色、几何形状（边框）或文字构成。是用来表达禁止、警告、指令和提示等安全信息。我国的《安全标志及其使用导则》（GB2894—2008）等标准，对全国使用的安全标志进行统一。操作作业人员上岗前，应熟练掌握识别安全标志，以减少和杜绝意外安全事故。

安全色是传递安全信息含义的颜色，包括红、蓝、黄、绿四种颜色。红色含义是禁止和紧急停止，也表示防炎。蓝色含义是必须遵守的规定。黄含义是警告的注意。绿色含义是提示、安全状态和通行。

为了使安全颜色更加醒目，使用对比色为其反衬色。黑白互为对比色，把红、蓝、绿 3 种颜色的对比色定为白色，黄色的对比色定为黑色。在运用对比色时，黑色用于安全标志的文字、图形符号和警告标志的几何图形。白色即可用于作安全标志的文字和图形符号。

二、安全标志类型

安全标志分为禁止标志、警告标志、指令标志和提示标志四大类型。

禁止标志的含义是禁止人们不安全行为的图形标志。其基本形式是带斜杆的圆边框，种类有 40 种。

警告标志的含义是提醒人们对周围环境引起注意，以避免可能发生危险的图形标志。其基本型式是正三角形边框，种类有 39 种。

指令标志的含义是强制人们必须做出某种动作或采用防范措施的图形标志。其基本型式是圆形边框，种类有 16 种。

提示标志的含义是向人们提供某种信息（如标明安全设施或场所等）的图形标志。基本型式是正方形边框，种类有 8 种。

第二节　危险化学品概述

要点掌握：

1. 什么是危险化学品？
2. 危险化学品有哪些危害？

一、化学品及危险化学品概念

1. 化学名称

唯一标识一种化学品的名称。这一名称可以是符合国际纯粹与应用化学联合会（IUPAC）或化学齐拉文摘社（CAS）的命名制度的名称，也可以是一种技术名称。

2. 化学品

物质或混合物。物质是指自然状态下通过任何制造过程获得的化学元素及其化合物，包括为保持其稳定性而有必要的任何添加剂和加工过程中产生的任何杂质，但不包括任何不会影响物质特定性或不会改变其成分的可分离的溶剂。

3. 危险化学品

具有易燃、易爆、有毒、有害等特性，会对人员、设施、环境造成伤害或损害的化学品。

二、危险化学品危害

危险化学品的危害主要包括燃爆危害、健康危害和环境危害。

真实案例

1984 年 12 月 3 日，美国联合碳化物公司印度博帕尔工厂发生装置爆炸后毒物泄漏，异氰酸甲酯向四周扩散至近居民区，导致 4000 名居民中毒死亡，20 万人深受其害，是世界工业史上绝无仅有的大惨案。

1. 危险化学品燃爆危害

燃爆危害是指化学品能引起燃烧、爆炸的危险程度。化工、石油化工企业由于生产中使用的原料、中间产品及产品多为易燃、易爆物，一旦发生火灾、爆炸事故，会造成严重的后果。因此了解危险化学品火灾、爆炸危害，正确进行危害性评价，及时采取防范措施，对搞好安全生产，防止事故发生具有重要意义。

2. 危险化学品健康危害

健康危害是指接触危险化学品后能对人体产生危害。由于危险化学品的毒性、刺激性、腐蚀性、麻醉性、窒息性等特性，导致人员中毒事故每年都在发生。2000 年到 2002 年化学事故统计显示，由于危险化学品的毒性危害导致的人员伤亡占危险化学品安全事故伤亡的 50%左右，关注危险化学品健康危害，将是化学品安全管理的重要内容。

3. 危险化学品环境危害

真实案例

2005 年 11 月 13 日，中国石油吉林石化公司双苯厂（又称 101 厂）一装置发生爆炸，导致下游城市哈尔滨松花江饮用水污染事件。

环境危害是指危险化学品对环境影响的危害程度。随着工业发展，各种危险化学品的产量大量增加，新的危险化学品也不断涌现，人们充分利用危险化学品的同时，也产生了大量的废物，其中不乏有毒有害物质。如何认识危险化学品污染危害，最大限度地降低危险化学品的污染，加强环境保护力度，已是人们亟待解决的问题。

三、危险化学品危害控制的一般原则

危险化学品危害控制的基本原则包括两个方面：操作控制和管理控制。

操作控制的目的是通过采取适当的措施，消除或降低工作场所的危害，防止工人在正常作业时受到有害物质的侵害。采取的主要措施是替代、变更工艺、隔离、通风、个体防护和卫生。

管理控制是指通过管理手段按照国家法律和标准建立起来管理程序和措施，是预防危险化学品危害的重要方面。如作业场所进行危害识别、张贴标志，在危险化学品包装上粘贴安全标签，危险化学品运输、经营过程中附危险化学品安全技术说明书，对从业人员进行安全培训和资质认定，采取接触监测、医学监督等措施，均可达到管理控制的目的。

第三节　危险化学品分类

要点掌握：

危险化学品分为几类？

《危险化学品安全管理条例》规定，危险化学品列入以国家标准公布的《危险货物品名表》。剧毒化学名和未列入《危险化物品名表》中的其他危险化学品由国务院有关部门确定并公布。

危险化学品种类繁多，分类方法也不尽一致。根据国家质量技术监督局发布的国家标准《化学品分类和危险性公示通则》(GB 13690—2009)，按理化危险特性把化学品分为16类：爆炸品、易燃气体、易燃气溶胶、氧化性气体、压力下气体、易燃液体、易燃固体、自反应物质或混合物、自燃液体、自燃固体、自燃物质和混合物、遇水放出易燃气体的物质或混合物、氧化性液体、氧化性固体、有机过氧化物、金属腐蚀剂。

《危险化学品安全管理条例》按照危险化学品的理化性质和危险性，将危险化学品分为7大类，即爆炸品、压缩气体和液化气体、易燃气体、易燃固体、自燃物品和遇湿易燃物品、氧化剂和有机过氧化物、有毒品和腐蚀品。

《危险货物分类和品名编号》(GB 6944—2005) 按危险货物具有的危险性或最主要的危险性分为9个类别。

第一类　爆炸品；

第二类　气体；

第三类　易燃液体；

第四类　易燃固体、易于自燃的物质、遇水放出易燃气体的物质；

第五类　氧化性物质和有机过氧化物；

第六类　毒性物质和感染性物质；

第七类　放射性物质；

第八类　腐蚀性物质；

第九类　杂项危险物质和物品。

各类又分为若干项，对危险货物品名编号采用联合国编号。每一危险货物对应一个编号，但对其性质基本相同，运输、储存条件和灭火、急救、处置方法相同的危险货物，也可以使用同一编号。统一危险货物分类、分项、品名编号，对加强危险货物运输在各环节上的有效协调、统一防护、安全转运等方面，具有十分重要的意义。

第四节　危险化学品的标志[①]

要点掌握：

什么是危险化学品的标志？

国家标准《化学品分类和危险性公示通则》（GB13690—1992）中，对危险化学品标志是通过图案、文字说明、颜色等信息鲜明、简洁地表征危险化学品特性和类别，向作业人员传递安全信息的警示性资料。

一、危险化学品标志

根据常用危险化学品的危险特性和类别，它们的标志设主标志16种和副标志11种。图2—1所示为我国危险化学品的主安全标志，图2—2所示为我国危险化学品的副安全标志。

① 注：新标准《化学品分类和危险性公示通则》（GB13690－2009）把此标志部分删除，过渡时期便于大家学习，给予保留此部分，以便参考。

标志1 爆炸品标志

标志2 易燃气体标志

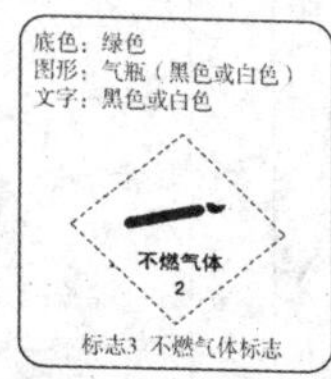

标志3 不燃气体标志

标志4 有毒气体标志

标志5 易燃液体标志

标志6 易燃固体标志

标志7 自燃物品标志

标志8 遇湿易燃物品标志

标志9 氧化剂标志

标志10 有机过氧化物标志

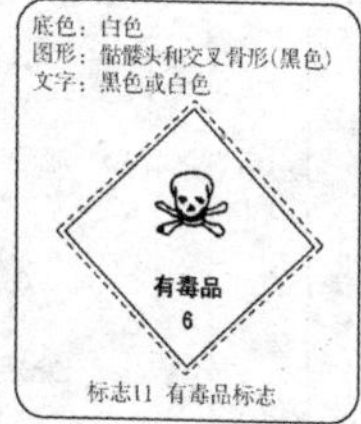

标志11 有毒品标志

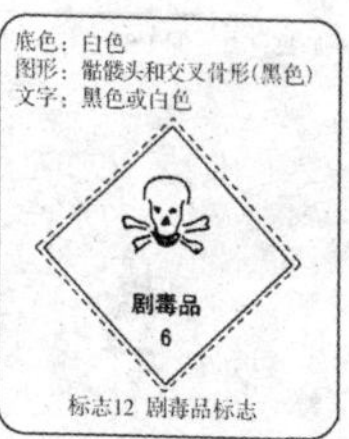

标志12 剧毒品标志

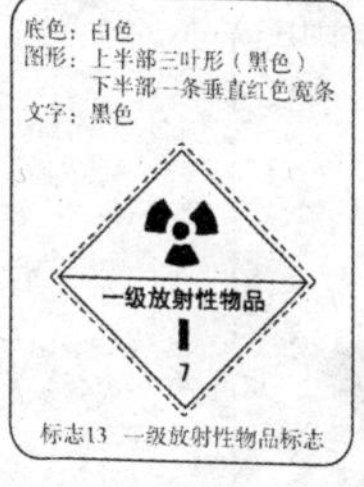

标志13 一级放射性物品标志

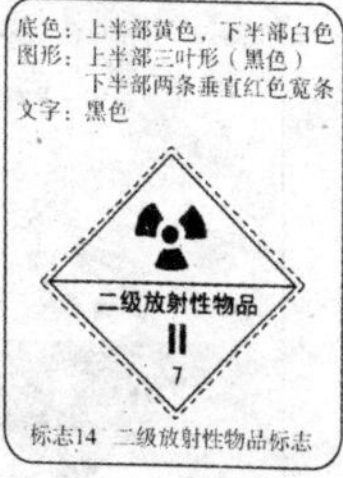

标志14 二级放射性物品标志

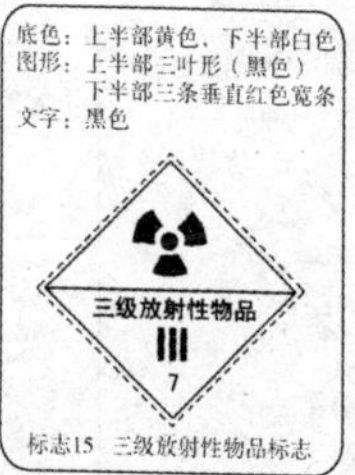

标志15 三级放射性物品标志

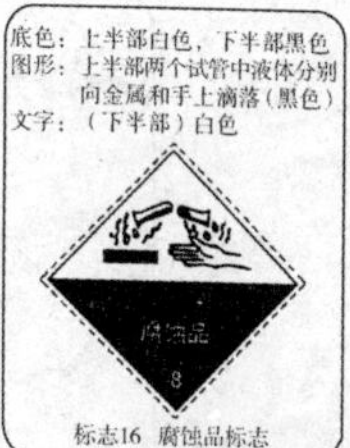

标志16 腐蚀品标志

图2—1 我国危险化学品的主安全标志

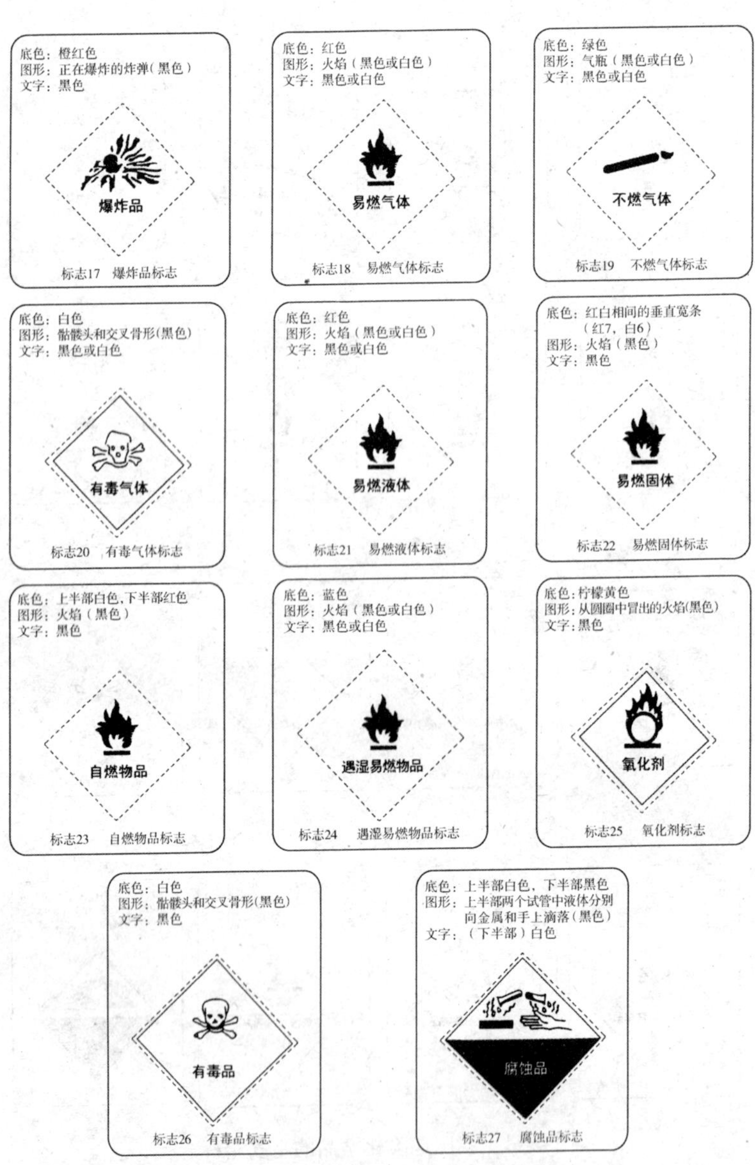

图 2—2 我国危险化学品的副安全标志

二、标志的图形

主标志图形是由表示危险特性的图案、文字说明、底色和危险品类别号四个部分组成的菱形标志。副标志图形中没有危险品类别号。

三、标志的尺寸、颜色及印刷

按GB190的有关规定执行。

四、标志的使用原则

当一种危险化学品具有一种以上的危险性时，应用主标志表示主要危险性类别，并用副标志来表示重要的其他的危险性类别。

第五节　危险化学品的安全标签

要点掌握：

1. 什么是危险化学品的安全标签？
2. 危险化学品的安全标签主要内容是什么？

《条例》规定生产危险化学品的，应附有与危险化学品完全一致的化学品安全技术说明书，并在包装（包括外包装件）上加贴或者栓挂与包装内危险化学品完全一致的化学品安全标签。

一、危险化学品安全标签的定义

标签是用于标示化学品所具有的危险性和安全注意事项的一组文字、象形图和编码组合，它可粘贴、挂栓或喷印在化学品的外包装或容器上。图2—3是化学品安全标签的样例，图2—4是化学品安全标签的简化样例。

二、化学品安全标签的内容

（1）化学品标识

用中文和英文分别标明化学品的通用名称。名称要求醒目清晰，位于标签的正上方。名称应与化学品安全技术说明书中的名

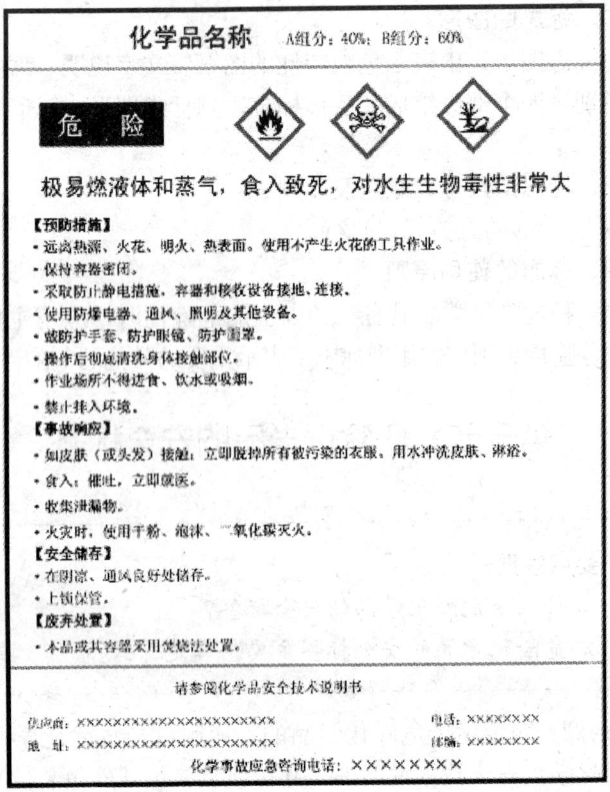

化学品名称　A组分：40%；B组分：60%

危　险

极易燃液体和蒸气，食入致死，对水生生物毒性非常大

【预防措施】

- 远离热源、火花、明火、热表面。使用不产生火花的工具作业。
- 保持容器密闭。
- 采取防止静电措施，容器和接收设备接地、连接。
- 使用防爆电器、通风、照明及其他设备。
- 戴防护手套、防护眼镜、防护面罩。
- 操作后彻底清洗身体接触部位。
- 作业场所不得进食、饮水或吸烟。
- 禁止排入环境。

【事故响应】

- 如皮肤（或头发）接触：立即脱掉所有被污染的衣服。用水冲洗皮肤、淋浴。
- 食入：催吐，立即就医。
- 收集泄漏物。
- 火灾时，使用干粉、泡沫、二氧化碳灭火。

【安全储存】

- 在阴凉、通风良好处储存。
- 上锁保管。

【废弃处置】

- 本品或其容器采用焚烧法处置。

请参阅化学品安全技术说明书

供应商：××××××××××××××××××××　　电话：××××××××

地　址：××××××××××××××××××××　　邮编：××××××××

化学事故应急咨询电话：××××××××

图 2—3　化学品安全标签的样例

称一致。

（2）象形图

（3）信号词

根据化学品的危险程度和类别，用“危险”“警告”两个词分别进行危害程度的警示。信号词位于化学品名称的下方，要求醒目、清晰。

（4）危险性说明

简要概述化学品的危险特性。居信号词下方。

图 2—4　化学品安全标签的简化样例

（5）防范说明

表述化学品在处置、搬运、储存和使用作业中所必须注意的事项和发生意外时简单有效的救护措施等，要求内容简明扼要、重点突出。

（6）供应商标识

供应商名称、地址、邮编和电话等。

（7）应急咨询电话

填写化学品生产商或生产商委托的 24 小时化学事故应急咨询电话。

（8）资料参阅提示语

提示化学品用户应参阅化学品安全技术说明书。

（9）危险信息先后排序

当某种化学品具有两种及以上的危险性时，安全标签的象形图、信号词、危险性说明的先后顺序有相应规定。

三、标签使用注意事项

（1）安全标签的粘贴、挂栓或喷印应牢固，保证在运输、储存期间不脱落、不损坏。

（2）安全标签应由生产企业在货物出厂前粘贴、挂栓或喷印。若要改换包装，则由改换包装单位重新粘贴、挂栓、喷印标签。

（3）盛装危险化学品的容器或包装，在经过处理并确认其危险性完全消除之后，方可撕下标签，否则不能撕下相应的标签。

第六节　危险化学品的安全技术说明书

要点掌握：

危险化学品安全技术说明书的内容有哪些？

一、危险化学品安全技术说明书的定义

危险化学品安全技术说明书是一份关于危险化学品燃爆、毒性和环境危害以及安全使用、泄漏应急处理、主要理化参数、法律法规等方面信息的综合性文件。

化学品安全技术说明书国际上称为化学品安全信息卡，简称MSDS或CSDS。

二、危险化学品安全技术说明书的主要作用

1. 它是化学品安全生产、安全流通、安全使用的指导性文件。

2. 它是应急作业人员进行应急作业时的技术指南。

3. 可为制定危险化学品安全操作规程提供技术信息。

4. 它是企业进行安全教育的重要内容。

三、危险化学品安全技术说明书的内容

危险化学品安全技术说明书包括以下十六部分的内容。

1. 化学品及企业标识

主要标明化学品名称、生产企业名称、地址、邮编、电话、应急电话、传真等信息。

2. 危险性概述

简述本化学品最重要的危害和效应，主要包括：危险类别、侵入途径、健康危害、环境危害、燃爆危险等信息。

3. 成分/组成信息

标明该化学品是纯化学品还是混合物。纯化学品，应给出其化学品名称或商品名和通用名。混合物应给出危害性组分的浓度或浓度范围。如果其中含有有害性组分，则应给出化学文摘索引登记号（CAS号）。

4. 急救措施

主要是指作业人员受到意外伤害时，所需采取的现场自救或互救的简要的处理方法，包括：眼睛接触、皮肤接触、吸入、食入的急救措施。

5. 消防措施

主要表示化学品的物理和化学特殊危险性，合适的灭火介质，不合适的灭火介质以及消防人员个体防护等方面的信息，包括：危险特性、灭火介质和方法、灭火注意事项等。

6. 泄漏应急处理

指化学品泄漏后现场可采用的简单有效的应急措施和消除方法、注意事项和消除方法，包括：应急行动、应急人员防护、环保措施、消除方法等内容。

7. 操作处理与储存

主要是指化学品操作处置和安全储存方面的注意事项，包括：操作处置作业中的安全注意事项、安全储存条件和注意事项。

8. 接触控制和个体防护

主要指为保护作业人员免受化学品危害而采用的防护方法和手段，包括：最高允许浓度、工程控制、呼吸系统防护、眼睛防护、身体防护、手防护、其他防护要求。

9. 理化特性

主要描述化学品的外观及主要理化性质等方面的信息，包括：外观与性状、pH值、沸点、熔点、爆炸极限等主要用途和其他一些特殊理化性质。

10. 稳定性和反应性

主要叙述化学品的稳定性和反应活性方面的信息，包括：稳定性、禁配物、应避免接触的条件、聚合危害、分解产物。

11. 毒理学信息

提供化学品毒理学信息，包括：不同接触方式的急性毒性（LD_{50}、LC_{50}）、刺激性、致癌性等。

12. 生态学信息

主要叙述化学品的环境生态效应、行为和转归，包括：生物效应、生物降解性、环境迁移等。

13. 废弃处置

是指对被化学品污染的包装和无使用价值的化学品的安全处理方法，包括废弃处置方法和注意事项。

14. 运输信息

主要是指国内、国际化学品包装、运输的要求及规定的分类和编号，包括：危险货物编号、包装类别、包装标志、包装方法、UN 编号及运输注意事项等。

15. 法规信息

主要指化学品管理方面的法律条款和标准。

16. 其他信息

主要提供其他对安全有重要意义的信息，包括：参考文献、填表时间、数据审核单位等。

四、使用要求

1. 安全技术说明书由化学品的生产供应企业编印，交付商品时提供给用户，作为对用户的一种服务，随商品在市场上流通。

2. 危险化学品的用户在接收使用化学品时，要认真阅读安全技术说明书，了解并掌握其危险性。

3. 根据危险化学品的危险性，结合使用情形，制定安全操作规程，培训作业人员。

4. 按照安全技术说明书，制定安全防护措施。

5. 按照安全技术说明书，制定急救措施。

6. 安全技术说明书的内容，每五年要更新一次。

五、氯的安全技术说明书式样

第一部分　化学品及企业标志

化学品中文名　氯；氯气

化学品英文名　chlorine

分子式　Cl_2　相对分子质量 70.90

结构式　Cl—Cl

第二部分　危险性概述

危险性类别　第 2.3 类　有毒气体

侵入途径　吸入

健康危害　氯是一种强烈的刺激性气体

急性中毒：轻度者有流泪、咳嗽、咳少量痰、胸闷，出现气管一支气管炎或支气管周围炎的表现；中度中毒者会发生支气管肺炎、局限性肺泡性肺水肿、间质性肺水肿，哮喘样发作，病人除上述症状加重外，还会出现呼吸困难、轻度紫绀等；重者发生肺泡性水肿、急性呼吸窘迫综合征、严重窒息、昏迷和休克，还可出现气胸、纵隔气肿等并发症。吸入极高浓度的氯气，可引起迷走神经反射性心跳骤停或喉头痉挛而发生“电击样”死亡。眼接触可引起急性结膜炎，高浓度则造成角膜损伤。皮肤接触液氯或高浓度氯，在暴露部位可有灼伤或急性皮炎

慢性影响：长期低浓度接触，可引起慢性牙龈炎、慢性咽炎、慢性支气管炎、肺气肿、支气管哮喘等，可引起牙齿酸蚀症。

环境危害　对大气可造成污染；对水生生物有极高毒性。

燃爆危险　助燃，与可燃物混合会发生爆炸。

第三部分　成分/组成信息

纯品　混合物

有害物成分　浓度　CAS NO.

氯　7782—50—5

第四部分　急救措施

皮肤接触　立即脱去污染的衣着，用大量流动清水冲洗，如有不适感，及时就医。

眼睛接触　提起眼睑，用流动清水或生理盐水冲洗，如有不适感，及时就医。

吸入　迅速脱离现场至空气新鲜处，保持呼吸道通畅。如呼吸困难，给输氧；呼吸、心跳停止，立即进行心肺复苏术，及时就医。

食入　不会通过该途径接触

第五部分　消防措施

危险特性　本品不会燃烧，但可助燃。一般可燃物大都能在氯气中燃烧，一般易燃气体或蒸汽也都能与氯气形成爆炸性混合物。氯气能与许多化学品，如乙炔、松节油、乙醚、氨、燃料气、烃类、氢气、金属粉末等猛烈反应发生爆炸或生成爆炸性物质。它对金属和非金属几乎都有腐蚀作用。

有害燃烧产物　无意义。

灭火方法　本品不燃，根据着火原因选择适当灭火剂灭火。

灭火注意事项及措施　消防人员必须佩戴空气呼吸器、穿全身防火防毒服，在上风向灭火。切断火源。尽可能将容器从火场移至空旷处，喷水保持火场容器冷却，直至灭火结束。

第六部分　泄漏应急处理

应急行动　根据气体扩散的影响区域划定警戒区，无关人员从侧风、上风向撤离至安全区。建议应急处理人员穿内置正压自给式呼吸器的全封闭防化服，戴橡胶手套。如果是液化气体泄漏，还应注意防冻伤。禁止接触或跨越泄漏物。勿使泄漏物与可燃物质（如木材、纸、油等）接触。尽可能切断泄漏源。喷雾状水抵制蒸气或改变蒸气云流向，避免水流接触泄漏物。禁止用水直接冲击泄漏物或漏泄源。若可能翻转容器，可使之逸出气体而非液体。防止气体通过下水道、通风系统和限制性空间扩散。构筑围堤堵截液体泄漏物。喷稀碱液中和、稀释。也可将泄漏的储罐或钢瓶浸入石灰乳池中。隔离泄漏区直至气体散尽，泄漏场所保持通风。

第七部分　操作处置与储存

操作注意事项　严加密闭，提供充分的局部排风和全面通风。操作人员必须经过专门培训，严格遵守操作规程。建议操作人员佩戴空气呼吸器，穿戴面罩式防毒衣，戴橡胶手套。远离火种、热源。工作场所严禁吸烟。远离易燃、可燃物。防止气体泄漏到工作场所空气中。避免与醇类接触。搬运时轻装轻卸，防止钢瓶及附体破损。配备相应品种和数量的消防器材及泄漏应急处理设备。

储存注意事项　储存于阴凉、通风的有毒气体专用库房。实行“双人收发、双人保管”制度。远离火种、热源。库温不宜超过 30℃。应与易（可）燃物、醇类、食用化学品分开存放，切忌混储。储区应备有泄漏应急处理设备

第八部分　接触控制和个体防护

职业接触限值

中国　MAC（mg/m^3）：1

美国　（ACGIH）TLV－TWA：0.5ppm

TLV－STEL：1ppm

监测方法　甲基橙分光光度法

工程控制　严加密闭，提供充分的局部排风和全面通风。提供安全沐浴和洗眼设备。

呼吸系统防护　空气中浓度超标时，建议佩戴过滤式防毒面具（全面罩）。紧急事态抢救或撤离时，必须佩戴空气呼吸器。

眼睛防护　呼吸系统防护中已作防护。

身体防护　穿隔绝式防毒服。

手防护　戴橡胶手套。

其他防护　工作现场禁止吸烟、进食和饮水。工作完毕，沐浴更衣。保持良好的卫生习惯。进入限制性空间或其他高浓度区作业，须有人监护。

第九部分　理化特性

外观与性状　黄绿色、有刺激性气味的气体

pH值　无意义；熔点（℃）－101

沸点　（℃）－34.0

相对密度　（水＝1）1.41（20℃）

相对蒸气密度　（空气＝1）2.5

饱和蒸气压　（kPa）673（20℃）

临界温度（℃）　144；临界压力（MPa）　7.71

辛醇/水分配系数　0.85；闪点（℃）无意义

引燃温度（℃）无意义；爆炸下限（%）无意义

爆炸上限（%）无意义

溶解性　微溶于水，溶于碱、氯化物和醇类

主要用途　用于漂白，制造氯化合物、盐酸、聚氯乙烯等。

第十部分　稳定性和反应性

稳定性　稳定

禁配物　易燃或可燃物、烷烃、卤代烷烃、芳香烃、胺类、醇类、乙醚、氢、金属、苛性碱、非金属单质、非金属氧化物、金属氢化物等。

避免接触的条件　无资料

聚合危害　不聚合；分解产物　无资料

第十一部分　毒理学信息

急性毒性　LC_{50}：850 mg/m^3（大鼠吸入，1 h）

刺激性　无资料

亚急性与慢性毒性　家兔吸入2～5 mg/m^3，每天5 h，1～9个月，出现消瘦、上呼吸道炎、肺炎、胸膜炎及肺气肿等。大鼠吸入41～97 mg/ m^3，每天1～2 h，3～4周，引起严重便非致死性的肺气肿与气管病变。

致突变性　细胞遗传学分析：人淋巴细胞20 ppm。精子形态学分析：小鼠经口20 mg/kg（5 d）（连续）。微生物致突变：

鼠伤寒沙门菌 1 800 μg/L。

其他　LCLo：2 530 mg/m^3（人吸入 30 min），500 ppm（人吸入 5 min）。

第十二部分　生态学信息

生态毒性　LC_{50}：0.44 mg/L（96 h）（蓝鳃太阳鱼）；0.49 mg/L（96 h）（水蚤）。

生物降解性　无资料；非生物降解性　无资料

第十三部分　废弃处置

废弃物性质　危险废物

废弃处置方法　把废气通入过量的还原性溶液（亚硫酸氢盐、亚铁盐、硫代亚硫酸钠溶液）中，中和后用水冲入下水道。

废弃注意事项　处置前应参阅国家和地方有关法规。

第十四部分　运输信息

危险货物编号　23002；铁危编号　23002

UN 编号　1017；包装类别　Ⅱ类包装

包装标志　有毒气体；腐蚀品

包装方法　钢质气瓶

运输注意事项　本品铁路运输时限使用耐压液化气企业自备罐车装运，装运前需报有关部门批准。铁路运输时应严格按照铁道部《危险货物运输规则》中的危险货物配装表进行配装。采用钢瓶运输时必须戴好钢瓶的安全帽。钢瓶一般平放，并应将瓶口朝同一方向，不可交叉；高度不得超过车辆的防护栏板，并用三角木垫卡牢，防止滚动。严禁与易燃物或可燃物、醇类、食用化学品等混装混运。夏季应早晚运输，防止日光暴晒。运输时运输车辆应配备泄漏应急处理设备。公路运输时要按规定路线行驶，禁止在居民区和人口稠密区停留。铁路运输时要禁止溜放。每年4—9 月使用 2 包装时，限按冷藏运输。

第十五部分　法规信息

《中华人民共和国安全生产法》（2002 年 6 月 29 日第九届全

国人大常委会第二十八次会议通过)；《中华人民共和国职业病防治法》(2001 年 10 月 27 日第九届全国人大常委会第十一次会议通过)；《危险化学品安全管理条例》(2002 年 1 月 9 日国务院第 52 次常务会议通过)；《安全生产许可证条例》(2004 年 1 月 7 日国务院第 34 次常务会议通过)；《化学品分类和危险性公示通则》(GB13690—2009)；《工作场所有害因素职业接触限值》(GBZ2.1—2007)；《危险化学品名录》《剧毒化学品目录》《高毒物品目录》

第十六部分　其他信息

填表时间　　填表部门

数据审核单位　　修改说明

第七节　危险化学品储存的安全管理

要点掌握：

1. 危险化学品储存分为几类？
2. 危险化学品储存企业必须具备哪些条件？

真实案例

1993 年 8 月 5 日，深圳市安贸公司清水河化学危险品库发生爆炸，爆炸引起大火，1 h 后着火区又发生第二次强烈爆炸，造成更大范围的破坏和火灾。事故造成 15 人死亡，200 多人受伤，其中重伤 25 人，直接经济损失 2.5 亿元。

储存是化学品流通过程中的一个重要环节，处理不当，就会造成事故。如深圳清水河危险品仓库爆炸事故，给国家财产和人民生命造成了巨大损失。为了加强对危险化学品的管理，国家制定了一系列法规和标准，对危险化学品储藏养护技术条件、审批制度、安全储存都提出了具体要求。

一、危险化学品储存的定义与种类

储存是指产品在离开生产领域之后、进入消费领域之前的流通过程中形成的一种停留。生产、经营、储存、使用危险化学品的企业都存在危险化学品的储存问题。

危险化学品的储存根据物质的理化性质和储存量的多少分为整装储存和散装储存两类。

整装储存是将物品装于小型容器或包件中储存。如各种瓶装、袋装、桶装、箱装或钢瓶装的物品。这种储存往往存放的品种多，物品的性质复杂，比较难管理。

散装储存是指物品不带外包装的净货储存。这种储存量比较大，设备、技术条件比较复杂，如有机液体危险化学品甲醇、苯、乙苯、汽油等，一旦发生事故难以施救。

无论整装储存还是散装储存都有很大的潜在危险。所以，经营、储存保管人员必须用科学的态度从严管理，万万不能马虎从事。

二、危险化学品储存分类

根据危险化学品的特性和仓库建筑要求及养护技术要求，将危险化学品归为三类：易燃易爆性物品、毒害性物品和腐蚀性物品。

1. 易燃易爆性物品的分类

易燃易爆性物品包括爆炸品、压缩气体和液化气体、易燃液体、易燃固体、自燃物品、遇湿易燃物品、氧化剂和有机过氧化物。危险化学品储存火灾危险性的建设设计防火规范分为五类。

(1) 甲类

1) 闪点＜28℃的液体。如丙酮闪点－20℃、乙醇闪点12℃。

2) 爆炸下限＜10％的气体，以及受到水或空气中水蒸气的作用，能产生爆炸下限＜10％气体的固体物质。如：爆炸下限＜10％的气体丁烷爆炸下限是1.9％、甲烷爆炸，下限是5.0％；

固体物质碳化钙（电石）遇到水发生反应产生爆炸，下限<10%气体乙炔（电石气），乙炔的爆炸极限是2.8%～80%。

3）常温下能自行分解或在空气中氧化即能导致迅速自燃或爆炸的物质。如硝化棉、黄磷。

4）常温下受到水或空气中水蒸气的作用能产生可燃气体并引起燃烧或爆炸的物质。如金属钠、金属钾。

5）遇酸、受热、撞击、摩擦以及遇有机物或硫黄等易燃的无机物，极易引起燃烧或爆炸的强氧气化剂。如氯酸钾、氯酸钠。

6）受撞击、摩擦或与氧化剂、有机物接触时能引起燃烧或爆炸的物质。如五硫化磷、三硫化磷等。

（2）乙类

1）闪点≥28℃至<60℃的液体，如松节油闪点35℃、异丁醇闪点28℃。

2）爆炸下限>10%的气体，如氨气、液氨等。

3）不属于甲类的氧化剂，如重铬酸钠、铬酸钾等。

4）不属于甲类的化学易燃危险固体，如硫黄、工业萘等。

5）助燃气体，如氧气。

6）常温下与空气接触能缓慢氧化，积热不散引起自燃的物品。

（3）丙类

1）闪点≥60℃的液体，如糠醛闪点75℃、环已酮闪点63.9℃、苯胺闪点70℃。

2）可燃固体，如天然橡胶及其制品。

（4）丁类：难燃烧物品

（5）戊类：非燃烧物品

2. 毒害性物品的分类

毒害性物品按毒性大小划分，标准是：

（1）一级毒害品经口摄取半数致死量：固体 $LD_{50}\leqslant$ 50 mg/kg，液体 $LD_{50}\leqslant$200 mg/kg；经皮肤接触24 h半数致死量

$LD_{50} \leqslant 200$ mg/kg；粉尘、烟雾吸入半数致死质量浓度 $LC_{50} \leqslant 2$ mg/L及蒸气吸入半数致死质量浓度 $LC_{50} \leqslant 2$ mg/L 及蒸气吸入半数致死体积分数 $LC_{50} \leqslant 200$ ml/m^3。

一级毒害品又分为两种：一种为一级无机毒害品，如氰化钾、三氧化（二）砷等；另一种为一级有机毒害品，如有机磷、硫的化合物（农药）等。

凡是一级毒害品都属于剧毒品。

（2）二级毒害品经口摄取半数致死量：固体 $LD_{50} > 50 \sim 500$ mg/kg，液体 $LD_{50} > 200 \sim 2\ 000$ mg/kg；经皮肤接触 24 h 半期致死量 $LD_{50} > 200 \sim 1\ 000$ mg/kg；粉尘、烟雾吸入半数致死质量浓度 $LC_{50} > 2 \sim 10$ mg/L 及蒸气吸收半数致死体积分数 $LC_{50} > 200 \sim 1\ 000$ ml/m^3。

二级毒害品又分为两种，一种为二级无机毒害品。如汞、铅、钡、氟的化合物等。另一种为二级有机毒害品，如二苯汞等。

3. 腐蚀性物品的分类

按腐蚀性强度和化学组成可分为三类：第一类为酸性腐蚀品，一级酸性腐蚀品、二级酸性腐蚀品；第二类为碱性腐蚀品，一级碱性腐蚀品、二级碱性腐蚀品；第三类为其他腐蚀品，一级其他腐蚀品、二级其他腐蚀品。

（1）一级腐蚀品能使动物皮肤在 3 min 内出现可见坏死现象，并能在 3～60 min 再现可见坏死现象的同时产生有毒蒸气。

一级无机酸性腐蚀品。如硝酸、硫酸、五氯化磷、二氯化硫等。

一级有机酸性腐蚀品。如甲酸、氯乙酰氯等。

一级无机碱性腐蚀品。如氢氧化钠、硫化钠等。

一级有机碱性腐蚀品。如乙醇钠、二丁胺等。

一级其他腐蚀品。如苯酚钠、氟化铬等。

（2）二级腐蚀品能使动物皮肤在 4 h 内出现可见坏死现象，并在 55℃时对钢或铝的表面年腐蚀超过 6.25 mm 的物品。

二级无机酸性腐蚀品，如正磷酸、四溴化锡等。

二级有机酸性腐蚀品，如冰醋酸、醋酸酐等。

二级碱性腐蚀品，如氧化钙、二环已胺等。

二级其他腐蚀品，如次氯酸钠溶液等。

三、危险化学品储存的要求和条件

1. 危险化学品储存的审批制度

《条例》第七条规定："国家对危险化学品的生产和储存实行统一规划、合理布局和严格控制，并对危险化学品生产、储存实行审批制度；未经审批，任何单位和个人都不得生产、储存危险化学品。"

《条例》第十条规定："除运输工具加油站、加气站外，危险化学品的生产装置和储存数量构成重大危险源的储存设施，与居民区、商业中心、公园等人口密集区域；学校、医院、影剧院、体育场（馆）等公共设施；供水水源、水厂及水源保护区；车站、码头（按照国家规定，经批准，专门从事危险化学品装卸作业的除外）、机场以及公路、铁路、水路交通干线、地铁风亭及出入口；基本农田保护区、畜牧区、渔业水域和种子、种畜、水产苗种生产基地；河流、湖泊、风景名胜区和自然保护区；军事禁区、军事管理区和法律、行政法规规定予以保护的其他区域的距离必须符合国家标准或者国家有关规定。"

已建危险化学品的生产装置和储存数量构成重大危险源的储存设施不符合前款规定的，由所在地设区的市级人民政府负责危险化学品安全监督管理综合工作的部门监督其在规定期限内进行整顿；需要转产、停产、搬迁、关闭的，报本级人民政府批准后实施。

危险化学品储存的审批条件在《条例》第八条明确规定：危险化学品生产、储存企业，必须具备下列条件：

（1）有符合国家标准的生产工艺、设备或者储存方式、设施；

（2）工厂、仓库的周边防护距离符合国家标准或者国家有关规定；

（3）有符合生产或者储存需要的管理人员和技术人员；

（4）有健全的安全管理制度；

（5）符合法律、法规规定和国家标准要求的其他条件。

申请和审批程序在《条例》第九条和第十一条有明确的规定。

2. 危险化学品储存的基本要求

（1）危险化学品的储存必须遵照国家法律、法规和其他有关的规定。

（2）危险化学品必须储存在经有关部门批准设置的专门的危险化学品仓库中，经销部门自管仓库储存危险化学品及储存数量必须经有关部门批准。未经批准不得随意设置危险化学品储存仓库。

（3）危险化学品露天堆放，应符合防火、防爆的安全要求，爆炸物品、一级易燃物品、遇湿燃烧物品、剧毒物品不得露天堆放。

（4）储存危险化学品的仓库必须配备有专业知识的技术人员，其库房及场所应设专人管理，同时必须配备可靠的个人防护用品。

（5）储存危险化学品分类可按爆炸品、压缩气体和液化气体、易燃液体、易爆固体、自燃物品和遇湿易燃物品、氧化剂和有机过氧化物、毒害品、放射性物品、腐蚀品等分类。

（6）储存危险化学品应有明显的标志，标志应符合 GB190 的规定。同一区域储存两种以上不同级别的危险品时，应按最高等级危险物品的性能标示。

（7）储存危险化学品应根据危险品性能分区、分类、分库储存。各类危险品不得与禁忌物料混合储存。

（8）储存危险化学品的建筑物、区域内严禁吸烟和使用明火。

3. 危险化学品储存的条件

危险化学品储存的条件，按照易燃易爆物品、腐蚀性物品和毒害性物品三类介绍。

（1）易燃易爆物品储存应按表 2—1 规定分类储存。其储存的库房，应冬暖夏凉、干燥、易于通风、密封和避光。爆炸品宜储存于一级轻顶耐火建筑的库房内；低、中闪点液体、一级易燃固体、自燃物品、压缩气体和液化气体类宜储存于一级耐火建筑的库房内；遇湿易燃物品、氧化剂和有机过氧化物可储存于一、二级耐火建筑的库房内；二级易燃固体、高闪点液体可储存于耐火等级不低于三级的库房内。

库房环境卫生应无杂草和易燃物；库房内清洁，地面无漏撒物品，保持地面与货垛卫生。

表 2—1　　化学危险物品混存性能互抵表

化学危险物品分类	小类	爆炸性物品				氧化剂				压缩气体和液化气体				自燃物品		遇水燃烧物品		易燃液体		易燃固体		毒害性物品				腐蚀性物品 酸性		腐蚀性物品 碱性		放射性物品
		点火器材	起爆器材	爆炸及爆炸性药品	其他爆炸品	一级无机	一级有机	二级无机	二级有机	剧毒	易燃	助燃	不燃	一级	二级	一级	二级	一级	二级	一级	二级	剧毒无机	剧毒有机	有毒无机	有毒有机	无机	有机	无机	有机	
爆炸性物品	点火器材	○																												
	起爆器材	○	○																											
	爆炸及爆炸性药品	○	×	○																										
	其他爆炸品	○	×	×	○																									

续表

化学危险物品分类	小类	爆炸性物品				氧化剂				压缩气体和液化气体				自燃物品		遇水燃烧物品		易燃液体		易燃固体		毒害性物品				腐蚀性物品 酸性		腐蚀性物品 碱性		放射性物品
		点火器材	起爆器材	爆炸及爆炸性药品	其他爆炸品	一级无机	一级有机	二级无机	二级有机	剧毒	易燃	助燃	不燃	一级	二级	一级	二级	一级	二级	一级	二级	剧毒无机	剧毒有机	有毒无机	有毒有机	无机	有机	无机	有机	
氧化剂	一级无机	×	×	×	×	①																								
	一级有机	×	×	×	×	×	○																							
	二级无机	×	×	×	×	○	×	②																						
	二级有机	×	×	×	×	×	○	×	○																					
压缩气体和液化气体	剧毒(液氨和液氯有抵触)	×	×	×	×	×	×	×	×	○																				
	易燃	×	×	×	×	×	×	×	×	×	○																			
	助燃	×	×	×	×	×	×	分	×	○	×	○																		
	不燃	×	×	×	×	分	消	分	分	○	○	○	○																	

续表

化学危险物品分类	小类	爆炸性物品				氧化剂				压缩气体和液化气体				自燃物品		遇水燃烧物品		易燃液体		易燃固体		毒害性物品				腐蚀性物品 酸性		腐蚀性物品 碱性		放射性物品
化学危险物品分类	小类	点火器材	起爆器材	爆炸及爆炸性药品	其他爆炸品	一级无机	一级有机	二级无机	二级有机	剧毒	易燃	助燃	不燃	一级	二级	一级	二级	一级	二级	一级	二级	剧毒无机	剧毒有机	有毒无机	有毒有机	无机	有机	无机	有机	
自燃物品	一级	×	×	×	×	×	×	×	×	×	×	×	×	○																
	二级	×	×	×	×	×	×	×	×	×	×	×	×	×	○															
遇水燃烧物品	一级	×	×	×	×	×	×	×	×	×	×	×	×	×	×	○														
	二级	×	×	×	×	×	×	×	×	消	×	×	消	×	消	×	○													
易燃液体	一级	×	×	×	×	×	×	×	×	×	×	×	×	×	×	×	×	○												
	二级	×	×	×	×	×	×	×	×	×	×	×	×	×	×	×	×	○	○											
易燃固体	一级	×	×	×	×	×	×	×	×	×	×	×	×	×	×	×	×	消	消	○										
	二级	×	×	×	×	×	×	×	×	×	×	×	×	×	×	×	×	消	消	○	○									
毒害性物品	剧毒无机	×	×	×	×	分	×	分	消	分	分	分	分	×	分	消	消	消	消	分	分	○								
	剧毒有机	×	×	×	×	×	×	×	×	×	×	×	×	×	×	×	×	×	×	×	×	○	○							
	有毒无机	×	×	×	×	分	×	分	分	分	分	分	分	×	分	消	消	消	消	分	分	○	○	○						
	有毒有机	×	×	×	×	×	×	×	×	×	×	×	×	×	×	×	×	分	分	消	消	○	○	○	○					

续表

化学危险物品分类 / 小类		爆炸性物品				氧化剂				压缩气体和液化气体				自燃物品		遇水燃烧物品		易燃液体		易燃固体		毒害性物品				腐蚀性物品				放射性物品
																										酸性		碱性		
化学危险物品分类	小类	点火器材	起爆器材	爆炸及爆炸性药品	其他爆炸品	一级无机	一级有机	二级无机	二级有机	剧毒	易燃	助燃	不燃	一级	二级	一级	二级	一级	二级	一级	二级	剧毒无机	剧毒有机	有毒无机	有毒有机	无机	有机	无机	有机	
腐蚀性物品 酸性	无机	×	×	×	×	×	×	×	×	×	×	×	×	×	×	×	×	×	×	×	×	×	×	×	×	○				
腐蚀性物品 酸性	有机	×	×	×	×	×	×	×	×	×	×	×	×	×	×	×	×	消	消	×	×	×	×	×	×	×	○			
腐蚀性物品 碱性	无机	×	×	×	×	分	消	分	消	分	分	分	分	分	分	消	消	消	消	分	分	×	×	×	×	×	×	○		
腐蚀性物品 碱性	有机	×	×	×	×	×	×	×	×	×	×	×	×	×	×	×	×	消	消	消	消	×	×	×	×	×	×	○	○	
放射性物品		×	×	×	×	×	×	×	×	×	×	×	×	×	×	×	×	×	×	×	×	×	×	×	×	×	×	×	×	○

说明：

"O"符号表示可以混存；

"×"符号表示不可以混存；

"分"指应按化学危险品的分类进行分区分类储存。如果物品不多或仓位不够时，其性能并不互相抵触，也可以混存；

"消"指两种物品性能并不互相抵触，但消防施救方法不同，存储条件许可时最好分存。

①过氧化钠等过氧化物不宜和无机氧化剂混存。

②具有还原性的亚硝酸纳等亚硝酸盐类，不宜和其他无机氧化剂混存。

凡混存物品，货垛与货垛之间，必须留有 1 m 以上的距离，并要求包装容器完整，不使两种物品发生接触。

（2）腐蚀性物品储存库房应是阴凉、干燥、通风、避光的防火建筑。建筑材料最好经过防腐蚀处理。

储存发烟硝酸、溴、高氯酸的库房应是低温、干燥通风的一、二级耐火建筑。溴氢酸、碘氢酸要避光储存。

其库房环境卫生应无杂物、易燃物应及时清理，排水沟畅通；房内地面、门窗、货架应经常打扫，保持清洁。

(3) 毒害性物品储存库房结构完整、干燥、通风良好。机械通风排毒要有必要的安全防护措施，库房耐火等级不低于二级。

库区和库房内要经常保持整洁。对散落的毒品、易燃、可燃物品和库区的杂草及时清除。用过的工作服、手套等用品必须放在库外安全地点，妥善保管或及时处理。更换储存毒品品种时，要将库房清扫干净。

四、危险化学品储存安排

1. 危险化学品储存方式

危险化学品储存方式分为三种：隔离储存、隔开储存和分离储存。

隔离储存是指在同一房间同一区域内，不同的物料之间分开一定距离，非禁忌物料间用通道保持空间的储存方式。

隔开储存是指在同一建筑或同一区域内，用隔板或墙，将其与禁忌物料分离开的储存方式。

分离储存是指在不同建筑物或远离所有建筑的外部区域内的储存方式。

2. 危险化学品堆垛

(1) 易燃易爆性物品堆垛应根据库房条件、商品性质和包装形态采取适当的堆码和垫底方法。

各种物品不允许直接落地存放。根据库房地势高低，一般应垫 15 cm 以上。遇湿易燃物品、易吸潮溶化和吸潮分解的商品应根据情况加大下垫高度。

各种物品应码行列式压缝货垛，做到牢固、整齐、美观，出入库方便，一般垛高不超过 3 m。

(2) 腐蚀性物品堆垛其库房、货棚或露天货场储存的物品，货垛下应有隔潮设施，库房一般不低于 15 cm，货场不低于 30 cm。

根据物品性质、包装规格采用适当的堆垛方法，要求货垛整齐，堆码牢固，数量准确，禁止倒置。

按出厂先后或批号分别堆码。堆垛高度在 1.5～3.5 m。

（3）毒害性物品不得就地堆码，货垛下应有隔潮设施，垛底一般不低于 15 cm。一般性可堆存大垛，挥发性液体毒品不宜堆大垛，可堆存行列式。要求货垛牢固、整齐、美观，垛高不超过 3 m。

3. 危险化学品储存安排

真实案例

1993 年 11 月 4 日 9 时 40 分，山西省阳泉市某金属镁厂仓库，突然燃起了冲天大火。起火后，该厂职工使用氟化钙灭火，但是没有奏效。在灭火期间，工厂向消防队报警，并采取了停电、停气及疏散措施。公安消防队赶到火场时，火势已凶猛，为了避免爆炸引起伤亡，救火人员退守百米以外，以后又因灭火剂严重不足，无法有效施救，直至大火自行熄灭为止。这场大火烧毁部分库房、原料、半成品等，损失 23 万余元。

事后事故现场调查分析，起火的原因是由于金属镁中的钾、钠未脱净自燃导致火灾。

（1）危险化学品储存安排取决于危险化学品分类、分项、容器类型、储存方式和消防的要求。

（2）储存量及储存安排见表 2—2。

表 2—2　储存量及储存安排

储存类别 / 储存要求	露天储存	隔离储存	隔开储存	分离储存
平均单位面积储存量/（t/m^2）	1.0～1.5	0.5	0.7	0.7

续表

储存类别 储存要求	露天储存	隔离储存	隔开储存	分离储存
单一储存区最大储量/t	2 000～2 400	200～300	200～300	400～600
垛距限制/m	2	0.3～0.5	0.3～0.5	0.3～0.5
通道宽度/m	4～6	1～2	1～2	5
墙距宽度/m	2	0.3～0.5	0.3～0.5	0.3～0.5
与禁忌品距离/m	10	不得同库储存	不得同库储存	7～10

（3）遇火、遇热、遇潮能引起燃烧、爆炸或发生化学反应，产生有毒气体的危险化学品不得在露天或在潮湿、积水的建筑物中储存。

（4）受日光照射能发生化学反应引起燃烧、爆炸、分解、化合或能产生有毒气体的危险化学品，应储存在一级建筑物中。其包装应采取避光措施。

（5）爆炸物品不准和其他类物品同储，必须单独隔离限量储存，仓库不准建在城填，还应与周围建筑、交通干道、输电线路保持一定的安全距离。

（6）压缩气体和液化气体必须与爆炸物品、氧化剂、易燃物品、自燃物品、腐蚀性物品隔离储存。易燃气体不得与助燃气体、剧毒气体同储；氧气不得与油脂混合储存，盛装液化气体的容器属压力容器的，必须有压力表、安全阀、紧急切断装置，并定期检查，不得超装。

（7）易燃液体、遇湿易燃物品、易燃固体不得与氧化剂混合储存，具有还原性的氧化剂应单独存放。

（8）有毒物品应储存在阴凉、通风、干燥的场所，不要露天存放，不要接近酸类物质。

（9）腐蚀性物品包装必须严密，不允许泄漏，严禁与液化气体和其他物品共存。

五、危险化学品出入库管理

危险化学品出入库必须严格按照出入库管理制度进行，同时对进入库区车辆，装卸、搬运物品都应根据危险化学品性质按规定进行。

1. 入库要求

（1）入库商品必须附有生产许可证和产品检验合格证，进口商品必须附有中文安全技术说明书或其他说明。

（2）商品性状、理化常数应符合产品标准，由存货方负责检验。

（3）保管方对商品外观、内外标志、容器包装及衬垫进行感官检验，验收后做出验收记录。

（4）验收在库外安全地点或验收室进行。

（5）每种商品拆箱验收 2～5 箱（免检商品除外），发现问题扩大验收比例，验收后将商品包装复原，并做标记。

2. 出库要求

（1）保管员发货必须以手续齐全的发货凭证为依据。

（2）按生产日期和批号顺序先进先出。

（3）对毒害性物品还应执行双锁、双人复核制发放，详细记录以备查用。

3. 其他要求

（1）进入危险化学品储存区域人员、机动车辆和作业车辆，必须采取防火措施。

（2）装卸、搬运危险化学品时应按有关规定进行，做到轻装、轻卸。严禁摔、碰、撞、击、拖拉、倾倒和滚动。

（3）装卸对人身有毒害及腐蚀性的物品时，操作人员应根据危险性，穿戴相应的防护用品。

（4）不得用同一车辆运输互为禁忌的物料。

（5）修补、换装、清扫、装卸易燃、易爆物料时，应使用不产生火花的铜制、合金制或其他工具。

第八节　危险化学品包装的安全管理

要点掌握：

危险化学品包装有哪些要求？

工业产品包装是现代工业不可缺少的环节。一种产品从生产到使用者手中，一般要经过多次装卸、储存、运输。在这个过程中，产品难免受到碰撞、跌落、冲击或震动。一个好的包装，会很好地保护产品，减少运输过程中的破损，使产品安全地到达用户手中。这一点，对于危险化学品显得尤为重要。包装方法得当，就会降低储存、运输中的事故发生率，否则，就有可能导致重大事故。

真实案例

1997 年 1 月，巴基斯坦发生一起严重氯气泄漏事故：一辆卡车运输瓶装氯气，车辆颠簸，固定不稳的液氯钢瓶相互撞击，引起瓶体的破裂，导致大量氯气泄漏，造成多人中毒。后经检验，钢瓶材质严重不符合要求，为运输安全留下事故隐患。

一、危险化学品包装的有关规定

《条例》第五条规定：“国家经济贸易管理部门负责（现在由国家安全生产监督管理局负责）全国危险化学品包装物、容器专业生产企业的审查和定点；质检部门负责发放危险化学品及其包装物、容器的生产许可证，负责对危险化学品包装物、容器的产品质量实施监督，并负责前述事项的监督检查。”

《条例》第二十条规定：“危险化学品的包装必须符合国家法律、法规、规章的规定和国家标准的要求；危险化学品包装的材质、形式、规格、方法和单件质量（重量），应当与所包装的危险化学品的性质和用途相适应，便于装卸、运输和储存。”

《条例》第二十一条规定：“危险化学品的包装物、容器，必须由省、自治区、直辖市人民政府经济贸易管理部门审查合格的专业生产企业定点生产，并经国务院质检部门认可的专业检测、检验机构检测、检验合格，方可使用；重复使用的危险化学品包装物、容器在使用前，应当进行检查，并做出记录；检查记录应当至少保存 2 年；质检部门应当对危险化学品的包装物、容器的产品质量进行定期的或者不定期的检查。”

《条例》第三十六条规定：“用于危险化学品运输工具的槽罐以及其他容器，必须依照本条例第二十一条的规定，由专业生产企业定点生产，并经检测、检验合格，方可使用；质检部门应当对专业生产企业定点生产的槽罐以及其他容器的产品质量进行定期的或者不定期的检查。”

《条例》第五十九条规定了违背前面条款规定将承担相应的法律责任。

二、包装类别

危险化学品的包装，按其危险程度划分为三个类别：

Ⅰ类包装：货物具有大的危险性，包装强度要求高。

Ⅱ类包装：货物具有中等危险性，包装强度要求较高。

Ⅲ类包装：货物具有小的危险性，包装强度要求一般。

应当按照危险化学品的不同类项及有关的定量值确定其包装类别。

三、包装的基本要求

真实案例

1997 年 3 月 18 日凌晨，我国广西一辆满载 10 t 200 桶剧毒品氰化钠的大卡车在梧州市翻入桂江，由于包装严密，打捞及时，包装无一破损，避免了一场严重的泄漏污染事故。

知识链接

氰化钠属于剧毒化学品，白色或灰色粉末状结晶，有微弱的氰化氢气味。吸入或口服均可引起急性中毒，大剂量接触引起骤死。如受高热或与酸接触会产生剧毒的氰化物气体，与硝酸盐、亚硝酸盐、氯酸盐反应剧烈，有发生爆炸的危险。

1. 危险货物运输包装应结构合理，具有一定强度，防护性能好。包装的材质、形式、规格、方法和单件质量（重量），应与所装危险货物的性质和用途相适应，并便于装卸、运输和储存。

2. 包装应质量良好，其构造和封闭形式应能承受正常运输条件下的各种作业风险，不应因温度、湿度或压力的变化而发生任何渗（撒）漏，包装表面应清洁，不允许黏附有害的危险物质。

3. 包装与内装物直接接触部分，必要时应有内涂层或进行防护处理，包装材质不得与内装物发生化学反应而形成危险产物或导致削弱包装强度。

4. 内容器应固定。如属易碎性的，应使与内装物性质相适应的衬垫材料或吸附材料衬垫妥实。

5. 盛装液体的容器，应能经受在正常运输条件下产生的内部压力。灌装时必须留有足够的膨胀余量（预留容积），除另有规定外，应保证在温度55℃时内装液体不致完全充满容器。

6. 包装封口应根据内装物性质采用严密封口、液密封口或气密封口。

7. 盛装需要浸湿或加有稳定剂的物质时，其容器封闭形式应能有效地保证内装液体（水、溶剂和稳定剂）的百分比，在储运期间保持在规定的范围以内。

8. 在降压装置的包装，其排气孔设计和安装应能防止内装物泄漏和外界杂质进入，排出的气体量不得造成危险和污染环境。

9. 复合包装的内容器和外包装应紧密贴合，外包装不得有擦伤内容器的凸出物。

10. 无论是新型包装、重复包装，还是修理过的包装均应符合危险货物运输包装性能试验要求。

11. 盛装爆炸品包装的附加要求：

（1）盛装液体爆炸品容器的封闭形式，应具有防止渗漏的双重保护。

（2）除内包装能充分防止爆炸品与金属物接触外，铁钉和其他没有防护涂料的金属部件不得穿透外包装。

（3）双重卷边接合的钢桶、金属桶或以金属做衬里的包装箱，应能防止爆炸物进入隙缝。钢桶或铝桶的封闭装置必须有合适的垫圈。

（4）包装内的爆炸物质和物品，包括内容器，必须衬垫妥实，在运输过程中不得发生危险性移动。

（5）盛装有对外部电磁辐射敏感的电引发装置的爆炸物品，包装应具备防止所装物品受外部电磁的辐射源影响的功能。

四、包装容器

危险化学品包装物、容器是根据危险化学品的特性，按照有关法规、标准专门设计制造的，用于盛装危险化学品的桶、罐、瓶、箱、袋等包装物和容器。

五、危险化学品包装标志及标记代号

1. 包装储运图示标志

国家标准 GB191—2008《包装储运图示标志》规定了运输包装件上提醒储运人员注意的一些图示符号。如防雨、防晒、易碎等，图 2—5 所示为包装储运图示标志，供操作人员在装卸时能针对不同情况进行相应的操作。

易碎物品

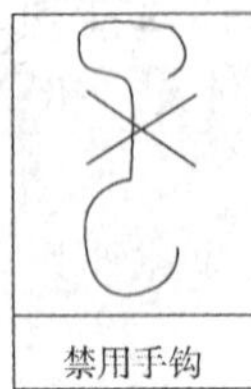
禁用手钩

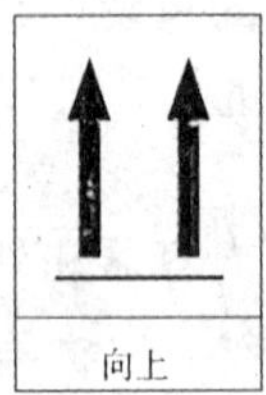
向上

怕晒

怕辐射

怕雨

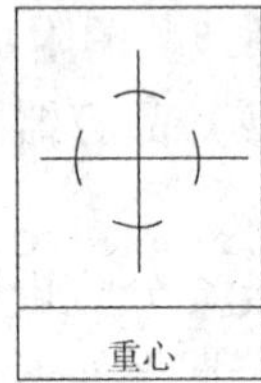
重心

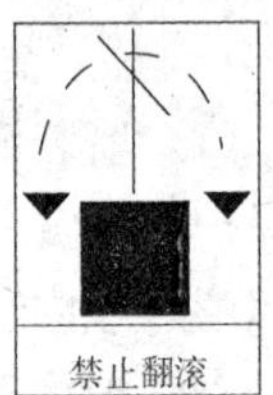
禁止翻滚

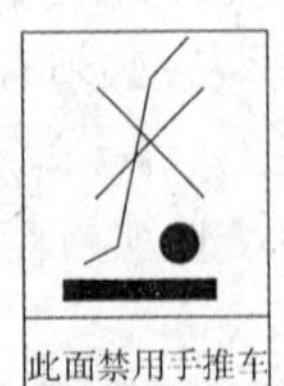
此面禁用手推车

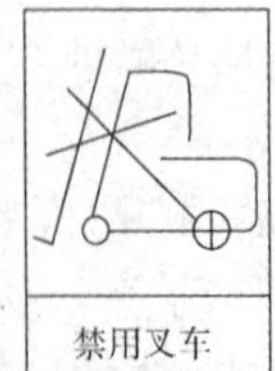
禁用叉车

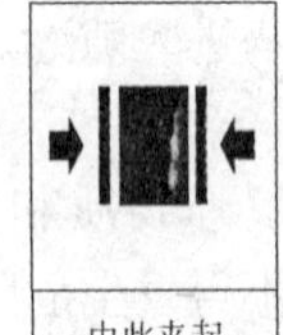
由此夹起

此处不能卡夹

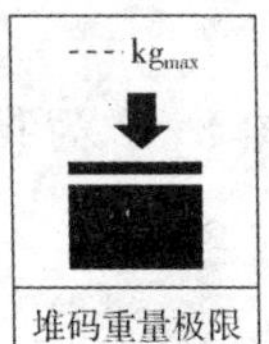

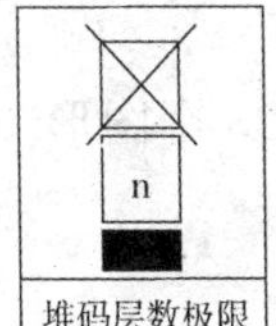

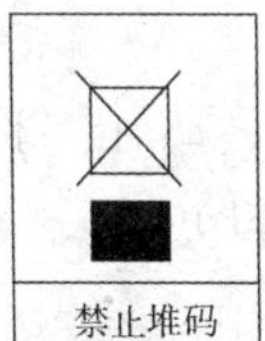

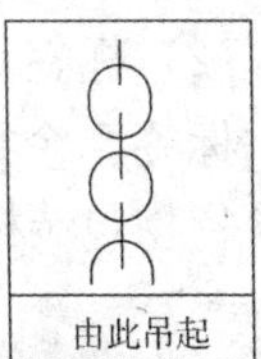

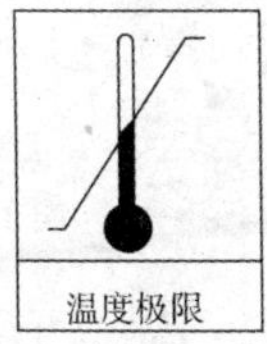

图 2—5　包装储运图示标志

2. 危险货物包装标志

国家标准《危险化物包装标志》（GB190—2009）中，对危险货物包装图示标志的分类图形、尺寸、颜色及使用方法等作了规定。标志分为标记和标签。标记有 4 个；标签 26 个，其图形分别标示了 9 类危险货物的主要特性。

（1）标记

标记名称三项，图形 4 个。如图 2—6 我国危险货物包装标记所示。

（符号：黑色，底色：白色）
危害环境物质和物品标记

（符号：正红色，底色：白色）
高温运输标记

（符号：黑色或正红色，底色：白色）

（符号：黑色或正红色，底色：白色）
方向标记

图 2—6　我国危险货物包装标记

(2) 标签

标签 9 个类别、18 个名称和 26 个图形。如图 2—7 为我国危险货物包装标签图示。

(符号：黑色，底色：橙红色)

(符号：黑色，底色：橙红色)

(符号：黑色，底色：橙红色)

(符号：黑色，底色：橙红色)

**项号的位置——如果爆炸书生　是次要危险性，留空白。
*配装组字母的位置——如果爆炸性是次要危险性，留空白。

爆炸性物质或物品

(符号：黑色，底色：正红色)

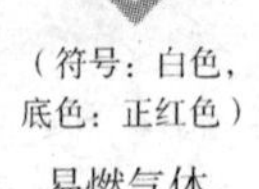

(符号：白色，底色：正红色)

易燃气体

(符号：黑色，底色：绿色)

(符号：白色，底色：绿色)

非易燃无毒

（符号：黑色，底色：白色）

毒性气体

（符号：黑色，底色：正红色）

（符号：白色，底色：正红色）

易燃液体

（符号：黑色，
底色：白色红色）

易燃固体

（符号：黑色，底色：上白下红）

易于自燃的物质

（符号：黑色，底色：蓝色）

（符号：白色，底色：蓝色）

遇水放出易燃气体物质

（符号：黑色，
底色：柠檬黄色）

装货性物质

（符号：黑色，底色：
红色和柠檬黄色）

（符号：白色，底色：
红色和柠檬黄色）

有机过氧化物

（符号：黑色，底色：白色）

毒性物质

（符号：黑色，底色：白色）

感染性物质

（符号：黑色，底色：白色，附一条红竖条）黑色文字，在标签下半部分写上：“放射性”“内装物”“放射性强度”在“放射性”字样之后应有一条红竖条

一级放射性物质

（符号：黑色，底色：上黄下白，附两条红竖条）黑色文字，在标签下半部分写上：“放射性”“内装物”“放射性强度”在一个黑边框格内写上：“运输指数”在“放射性”字样之后应有两条红竖条

二级放射性物质

（符号：黑色，底色：上黄下白，附三条红竖条）黑色文字，在标签下半部分写上：“放射性”“内装物”“放射性强度”在一个黑边框格内写上：“运输指数”在“放射性”字样之后应有三条红竖条

三级放射性物质

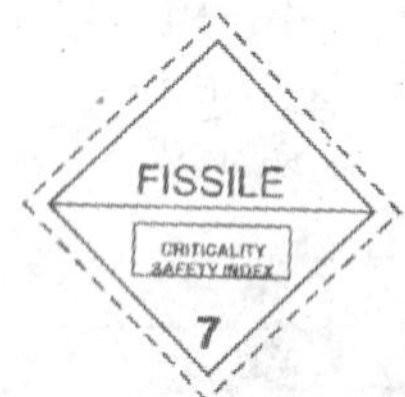

（符号：黑色，底色：白色）黑色文字在标签上半部分写上：“易裂变”在标签下半部分的一个黑边框格内写上：“临界安全指数”

裂变性物质

（符号：黑色，底色：上白下黑）

腐蚀性物质

（符号：黑色，底色：白色）

杂项危险物质和物品

图 2—7　我国危险货物包装标签图示

第九节　危险化学品运输的安全管理

要点掌握：

1. 我国危险化学品运输怎么管理？
2. 危险化学品运输有哪些要求？

真实案例

1990年9月24日22时15分，在泰国曼谷市中心附近麦克山地区的高速公路出口，满载液化石油气（LPG）的槽车翻车而爆炸，并燃起熊熊大火。造成63人烧死、100多人烧伤，由于交通堵塞，53台汽车、30间房屋被烧，经济损失数十万美元。

一、危险化学品运输安全管理概述

运输是危险化学品流通中的一个重要环节。在每年各种事故统计中，危险化学品运输事故占有相当大的比例，如1991年江西上饶地区发生的甲胺泄漏事故；1997年长江上一装运浓硫酸的货船沉没，造成70余吨98%的浓硫酸流入长江等事故。《安全生产法》和《危险化学品安全管理条例》对危险化学品运输作了相关规定和要求。其目的是要加强对危险化学品运输安全管理，防止事故发生。

1. 国际运输管理

联合国危险货物运输专家委员会是联合国经济及社会理事会于1953年设立的专门研究国际危险货物安全运输问题的国际组织。我国于1988年12月加入该组织，成为正式会员。2001年7月，联合国危险货物运输专家委员会改组为联合国危险货物运输和全球化学品统一分类标签制度专家委员会。

该委员会制定了《联合国危险货物运输规章范本》（大橘皮书），同时配套出版《试验和标准手册》（小橘皮书）。规章范本（大橘皮书）包括危险货物分类原则和各类别的定义、主要危险货物的列表、一般包装要求、试验程序、标记、标签和揭示牌、运输单据等。世界各国和各国际组织涉及危险化学品的立法内容或管理活动，都以大、小橘皮书为依据。

海运危险货物采用国际海事组织（IMO）颁布的《国际海运

危险货物规则》作为国际危险化学品海上运输的基本制度和指南，该规则主要包括总则、定义、分类、品名表、包装、托运程序、仲裁等内容和要求。我国从1982年开始在国际海运中执行《国际海运危险货物规则》和相关的国际公约和规则。

2. 国内运输管理

我国危险化学品运输管理方面，有相应的法律法规和管理规则。2002年11月1日施行的《安全生产法》和2002年3月15日施行的《危险化学品安全管理条例》对危险化学品运输做出了明确的规定。《危险化学品安全管理条例》对相关部门职责做了具体说明，同时从我国实际出发，按照现有分工，规定由交通、铁路、民航部门负责各自行业危险化学品运输单位和运输工具的安全管理、监督检查和资质认定等。

铁路运输方面有《铁路危险货物运输管理规则》（铁运〔2008〕174号），规则共分23章，同时还有《铁路运输危险货物采用集装箱的规定》《铁路危险货物运输管理细则》和《铁路危险货物品名表》。

公路运输方面有2005年8月1日起施行的《道路危险货物运输管理规定》，其内容包括道路危险货物运输单位设立的条件和申办程序、对危险货物的运输托运、运输车辆标志、运输过程中发生的事故处理和监督检查等。同时相关的标准和规定有《汽车危险货物运输规则》（JT3130）《汽车运输危险货物品名表》《道路运输危险货物车辆标志》（GB13392）和《汽车运输出境危险货物包装容器检验管理办法》。

真实案例

1997年9月20日，江西省抚州籍船舶赣抚州油0005轮在既未办理签证，也没办理任何申报手续的情况下，违法在南京装载散装纯苯463.4 t，于次日由南京出发驶往重庆。

10 月 8 日，由于驾驶员操作失误，在川江小庙基岸嘴处船舶触岸嘴礁石，造成右舷第 2、4 舱破损，两舱内共计 149.4 t 纯苯泄漏入长江。

水路运输方面有 1996 年 12 月 1 日起实施的《水路危险货物运输规则》，其内容包括船舶运输的积载、隔离、危险货物的品名、分类、标记、标志、包装检测标准等。相关的规定有《港口危险货物管理规定》和《船舶载运危险货物安全监督管理规定》。

民航运输方面应按照《中国民用航空危险品运输管理规定》执行。

二、危险化学品运输资质认定

真实案例

2001 年 12 月 20 日，江苏省镇江市某运输公司发生一起汽车槽车排放粗笨方式不当，造成槽车爆炸事故，3 人当场死亡。原因系该公司非法营运危险化学品，槽车上的槽罐属“三无产品”，苯排放违反规定，驾驶人员违规抽烟引起爆炸。

1. 运输资质认定

《条例》第三十五条规定：“国家对危险化学品的运输实行资质认定制度；未经资质认定，不得运输危险化学品。交通部《道路货物运输企业经营资质管理办法》和《道路危险货物运输管理规定》要求，凡申请从事营业性道路危险货物运输的单位，及已取得营业性道路运输经营资格需增加危险货物运输经营项目的单位，应向当地县级道路运政管理机关提出书面申请，如符合条件的，发给加盖道路危险货物运输用章的《道路运输经营许可证》和《道路运输营运证》，方可经营道路危险货物运输。严禁个体运输业户和车辆从事道路化学危险货物运输经营活动。对已取得道路危险货物运输经营许可的个体运输户，必须在限定期限内注销其经营许可证件。水路运输按《国内船舶运输经营物质管理规定》办法执行。”

《条例》第三十七条规定：“危险化学品运输企业，应当对其驾驶员、船员、装卸管理人员、押运人员进行有关安全知识培训；驾驶员、船员、装卸管理人员、押运人员必须掌握危险化学品运输的安全知识，并经所在地设区的市级人民政府交通部门考核合格（船员经海事管理机构考核合格），取得上岗资格证，方可上岗作业。危险化学品的装卸作业必须在装卸管理人员的现场指挥下进行。”

运输危险化学品的驾驶员、船员、装卸人员和押运人员必须了解所运载的危险化学品的性质、危害特性、包装容器的使用特性和发生意外时的应急措施。运输危险化学品，必须配备必要的应急处理器材和防护用品。

2. 运输中的一般规定

(1)《条例》第四十一条规定：“托运人托运危险化学品，应当向承运人说明运输的危险化学品的品名、数量、危害、应急措施等情况；运输危险化学品需要添加抑制剂或者稳定剂的，托运人交付托运时应当添加抑制剂或者稳定剂，并告知承运人；托运人不得在托运的普通货物中夹带危险化学品，不得将危险化学品匿报或者谎报为普通货物托运。”

(2)《条例》第四十二条规定：“运输、装卸危险化学品，应当依照有关法律、法规、规章的规定和国家标准的要求并按照危险化学品的危险特性，采取必要的安全防护措施；运输危险化学品的槽罐以及其他容器必须封口严密，能够承受正常运输条件下产生的内部压力和外部压力，保证危险化学品在运输中不因温度、湿度或者压力的变化而发生任何渗（洒）漏。”

(3)《条例》第四十三条规定：“通过公路运输危险化学品，

必须配备押运人员，并随时处于押运人员的监管之下，不得超装、超载，不得进入危险化学品运输车辆禁止通行的区域；确需进入禁止通行区域的，应当事先向当地公安部门报告，由公安部门为其指定行车时间和路线，运输车辆必须遵守公安部门规定的行车时间和路线；危险化学品运输车辆禁止通行区域，由设区的市级人民政府公安部门划定，并设置明显的标志；运输危险化学品途中需要停车住宿或者遇有无法正常运输的情况时，应当向当地公安部门报告。”

三、危险化学品运输的要求

1. 托运危险化学品必须出示有关证明，向指定铁路、交通、航运等部门办理手续。托运物品必须与托运单上所列的品名相符，托运未列入国家品名表的危险物品，应附交上级主管部门审核同意的技术鉴定书。

2. 危险物品装卸运输人员，应按装运危险物品的性质，佩戴相应的防护用品，装卸时必须轻装轻卸，严禁摔拖、重压和摩擦，不得损坏包装容器，并注意标志，堆放稳妥。

3. 危险物品装卸前，应对车（船）搬运工具进行必要的通风和清扫，不得留有残渣，对装有剧毒物品的车（船），卸车后必须洗刷干净。

4. 装运爆炸、剧毒、放射性、易燃液体、可燃气体等物品，必须使用符合安全要求的运输工具：

（1）禁止用电瓶车、翻斗车、铲车、自行车等运输爆炸物品。运输强氧化剂、爆炸品及铁桶包装的一级易燃液体时，没有采取可靠的安全措施，不得用铁底板车及汽车挂车。

（2）禁止用叉车、翻斗车、铲车搬运易燃、易爆危险物品。

（3）温度较高地区装运液化气体和易燃气体等危险物品，要有防晒设施。

（4）放射性物品应用专用运输搬运车和抬架搬运，装卸机械应按规定负荷降低 25%。

（5）遇水易燃物品及有毒物品，禁止用小型机帆船、小木船和水泥船承运。

5. 运输爆炸、剧毒和放射性物品，应指派专人押运，押运人员不得少于两人。

6. 运输危险物品的车辆，必须保持安全的车速，保持车距，严禁超车、超速和强行会车。运输危险物品的行车路线，必须事先经当地公安交通管理部门批准，按指定的路线和时间运输，不可在繁华街道行驶和停留。

7. 运输危险化学品的车辆应专车专用，并有明显标志，要符合交通管理部门对车辆和设备的规定：

（1）车厢底板必须平坦完好，周围栏板必须牢固；

（2）机动车辆排气管应装阻火器，电路系统应有切断总电源和隔离火花的装置；

（3）车辆必须按照国家标准 GB13392《道路运输危险货物车辆标志》悬挂规定的标志和标志灯；

（4）根据装卸危险化学品货物的性质，配备相应的消防器材。

8. 蒸汽机车在调车作业中，对装载易燃、易爆物品的车辆，必须挂不少于 2 节的隔离车，并严禁溜放。

9. 运输散装固体危险物品，应根据性质，采取防火、防爆、防水、防粉尘飞扬和遮阳等措施。

10. 禁止无关人员搭乘运输危险化学品的车、船和其他运输工具。

11. 运输爆炸品或需凭证运输的危险化学品，应有运往地县、市公安部门的《爆炸品准运证》或《危险化学品准运证》。

12. 运输危险化学品车辆、船只应有防火安全措施。

13. 易燃品闪点在 28℃以下，气温高于 28℃时应在夜间运输。性质或消防方法相互抵触，以及配装号或类项不同的危险化学品不能装在同一车、船内运输。

14. 危险化学品运输的包装应符合 GB12463 的规定。

15. 装运集装箱、大型气瓶、可移动罐（槽）等的车辆，必须设置有效的紧固装置。

16. 通过铁路、航空运输危险化学品的，按照国务院铁路、民航部门的有关规定执行。

四、剧毒化学品运输

1.《条例》第三十九条规定："通过公路运输剧毒化学品的，托运人应当向目的地的县级人民政府公安部门申请办理剧毒化学品公路运输通行证；托运人应当向公安部门提交有关危险化学品的品名、数量、运输始发地和目的地、运输路线、运输单位、驾驶人员、押运人员、经营单位和购买单位资质情况的材料；剧毒化学品公路运输通行证的式样和具体申领办法由国务院公安部门制定。"

2.《条例》第四十条规定："禁止利用内河以及其他封闭水域等航运渠道运输剧毒化学品以及国务院交通部门规定禁止运输的其他危险化学品；利用内河以及其他封闭水域等航运渠道运输前款规定以外的危险化学品的，只能委托有危险化学品运输资质的水运企业承运，并按照国务院交通部门的规定办理手续，接受有关交通部门（港口部门、海事管理机构）的监督管理；运输危险化学品的船舶及其配载的容器必须按照国家关于船舶检验的规范进行生产，并经海事管理机构认可的船舶检验机构检验合格，方可投入使用。"

3.《条例》第四十四条规定："剧毒化学品在公路运输途中发生被盗、丢失、流散、泄漏等情况时，承运人及押运人员必须立即向当地公安部门报告，并采取一切可能的警示措施。公安部门接到报告后，应当立即向其他有关部门通报情况；有关部门应当采取必要的安全措施。"

4. 通过铁路运输剧毒化学品时，必须按照铁道部铁运〔2002〕21 号《铁路剧毒品运输跟踪管理暂行规定》执行：

（1）必须在铁道部批准的剧毒品办理站或专用线、专用铁路办理；

（2）剧毒品仅限采用毒品专用车、企业自备车和企业自备集装箱运输；

（3）必须配备两名以上押运人员；

（4）填写运单一律使用黄色纸张印刷，并在纸张上印有骷髅图案；

（5）铁路运输局负责全路剧毒品运输跟踪管理工作；

（6）铁路不办理剧毒品的零担发送业务。

第十节　废弃危险化学品的处置

要点掌握：

废弃危险化学品的处置方法分为哪几种？

危险化学品具有易燃、易爆、腐蚀、毒害等危险特性。如果对危险化学品及其废弃物管理、处置不当，不但会污染空气、水源和土壤，造成生态破坏，而且会对人体的安全与健康造成很大程度的危害。《危险化学品安全管理条例》第二十四条规定："处置废弃危险化学品，应依照《固体废物环境污染防治法》和国家有关规定执行。"

一、废弃危险化学品的处置原则

1. 区别对待、分类处置、严格控制危险废物和放射性废物。

2. 对危险废弃物实行集中处置，不仅可以节约人力、物力、财力，有利于监督管理，也是有效控制乃至消除危险废物污染危害的重要技术手段。

3. 危险废弃物最终处置原则是合理地、最大限度地使危害废物与生物圈相隔离，减小有毒有害物质释放进入环境的速度和总量，将其在长期处置过程中对人类和环境的影响减至最小程度。

二、废弃危险化学品的处置方法

废弃危险化学品的处置，是指将废弃危险化学品焚烧和用其他改变其物理、化学、生物特性的方法，达到减少已产生的废物数量、缩小固体废物体积、减少或消除其危险成分的活动，或者将废弃危险物最终置于符合环境保护规定要求的场所或者设施并不再回收的活动。

废弃危险物处置办法主要有海洋处置和地质处置两类。海洋处置包括深海投弃和海上焚烧。地质处置包括土地耕作、永久储存或储留地储存、土地填埋、深井灌注和深地层处置等，其中应用最多的是土地填埋处置技术。海洋处置现已被国际公约禁止，但地质处置至今仍是世界各国最常采用的一种废物处置方法。

第三章　危险化学品防火防爆及电气安全技术

学习目标：

1. 熟悉防火防爆安全技术知识；
2. 掌握燃烧与爆炸的基本原理；
3. 熟悉电气安全技术知识；
4. 熟悉静电产生及控制方法；
5. 了解雷电危害及防范知识。

第一节　燃烧与爆炸的基本原理

要点掌握：

1. 什么叫燃烧？燃烧有哪三个条件？
2. 引燃源分为几种？
3. 什么叫爆炸和爆炸极限？

一、防火知识

1. 燃烧的含义

燃烧是可燃物与助燃物（氧或氧化剂）发生的一种发光发热的化学反应，是在单位时间内产生的热量大于消耗热量的反应。燃烧过程具有两个特征：一是有新的物质产生，即燃烧是化学反应；二是燃烧过程中伴随有发光发热现象。

2. 燃烧的条件

燃烧必须同时具备下列三个条件：

（1）有可燃性物质，如木材、乙醇、甲烷、乙烯等；

（2）有助燃性物质，常见的为空气和氧气；

（3）有能导致燃烧的能源，即点火源，如撞击、摩擦、明火、电火花、高温物体、光和射线等。

可燃物、助燃物和点火源构成燃烧的三要素，缺少其中任何一个，燃烧便不能发生。上述三个条件同时存在也不一定会发生燃烧，只有当三个条件同时存在，且都具有一定的“量”，并彼此作用时，才会发生燃烧。对于已经进行着的燃烧，若消除其中任何一个条件，燃烧便会终止，这就是灭火的基本原理。

3. 燃烧的种类

（1）闪燃。各种液体的表面都有一定量的蒸气存在，蒸气的浓度取决于该液体的温度。闪燃是在液体表面能产生足够的可燃蒸气，遇火能产生一闪即灭的燃烧现象。引起闪燃时的最低温度叫做闪点。闪点这个概念主要适用于可燃性液体，某些固体如樟脑和萘等，也能在室温下挥发或缓慢蒸发，因此也有闪点。在闪点的温度下，液体蒸发产生的蒸气还不多，所以闪烁一下就灭了。但闪燃往往是着火的先兆，当可燃液体温度高于其闪点时则随时都有被火点燃的危险。

真实案例

某年9月19日1:00左右，湖北某化工集团公司的东风汽车满载45桶黄磷由宜昌方向行驶至喇天吼电站附近发生交通事故，致使黄磷燃烧发生爆炸。其原因是发生交通事故后有一桶黄磷因落地被摔破，桶内水流尽后于3:00左右发生黄磷自燃，引起大火。

（2）自燃。自燃是可燃物质自发的着火燃烧，通常是由缓慢的氧化作用而引起，即物质在无外部火源的常温条件下自行发热，由于散热受到阻碍，热量积蓄逐渐达到自燃点而引起的燃烧。自燃又分有受热自燃和自热自燃。可燃物质在外部热源作用下，使温度升高，当达到其自燃点时，即着火燃烧，这种现象称为受热自燃。在工业生产中，可燃物由于接触高温表面、加热或烘烤过度、冲击摩擦等，均可导致的自燃就属于受热自燃。而自热燃烧是指某些物质在没有外来热源影响下，由于物质内部所发生的化学、物理或生化过程而产生热量，这些热量在适当条件下会逐渐积聚，导致温度上升，达到自燃点而燃烧。造成自热燃烧的原因有氧化热、分解热、聚合热、发酵热等。自热燃烧的物质常见的有：自燃点低的物质，例如磷、磷化氢；遇空气、氧气发热自燃的物质，如油脂类、锌粉、铝粉、金属硫化物、活性炭；自然分解发热的物质，如硝化棉；易产生聚合热或发酵热的物质，如植物类产品、湿木屑等。

自热自燃和受热自燃都是在不接触明火的情况下“自动”发生的燃烧。它们的区别在于热的来源不同。引起自热自燃的热来源于物质本身的热效应，而引起受热自燃的热来自于外部的热源，因此它们的起火特点也不同。一般说来，自热自燃大都从内向外延烧，而受热自燃往往从外向内延烧。

在规定的试验条件下，可燃物质产生自燃的最低温度叫自燃点。国家标准《可燃液体和气体引燃温度试验方法》（GB5332—85）规定了可燃液体和气体引燃温度（自燃点）的试验方法。

（3）点燃。点燃亦称强制着火，即可燃物质与明火直接接触引起燃烧，在火源移去后仍能维持燃烧的现象。物质被点燃后，先是局部被强烈加热，首先达到引燃温度产生火焰，该局部燃烧产生的热量，足以把邻近部分加热到引燃温度，燃烧就得以蔓延开去。

点燃与自燃的差别在于：自燃时可燃物整体温度较高，反应与燃烧是在整个可燃物或相当大的范围内同时发生的。而在点燃时，可燃物整体温度较低，只在火源局部加热处燃烧，然后向可燃物其他部分传播。

可燃物质在空气充足条件下，达到一定温度时与火源接触即行着火（出现火焰或灼热发光），并在移去火源之后能继续燃烧的最低温度称为该物质的燃点或着火点。易燃液体的燃点约高于其闪点1～5℃。

4. 引燃源

真实案例

1973年10月，日本新越化学工业公司直津江化工厂氯乙烯单体生产装置发生一起重大爆炸火灾事故，伤亡24人。其原因是生产装置正处于检修状态，要检修氯乙烯单体过滤器，引入口阀门关闭不严，单体由储罐流入过滤器，无法进行检修，值班人员又用扳手去关阀门，因用力过大，阀门支撑筋被拧断。4 t氯乙烯单体从储罐经过过滤器开口处全部喷出，弥漫12 000 m^2厂区，值班人员在切断电源时产生火花引起爆炸。

能够引起可燃物燃烧的热能源叫引燃源。主要的引燃源有以下几种：

（1）明火。有生产性用火，如乙炔火焰等，有非生产性用火，如烟头火、油灯火等。明火是最常见，且比较强的着火源，它可以点燃任何可燃性物质。

（2）电火花。包括电气设备运行中产生的火花、短路火花以及静电放电火花和雷击火花。随着电气设备的广泛使用和操作过程的连续化，这种火源引起的火灾所占的比例越来越大。如加压气体在高压泄漏时会产生静电火花，人体静电放电产生静电火花，液体燃料流动时的静电着火，加注燃料时的摩擦、由于燃料和输油管道、容器以及其他注油工具的互相摩擦，能产生大量的静电荷，注油的速度越快，产生的静电越多。在采用明流加油时，由于油流和空气或油气混合气的互相摩擦以及飞溅的液滴和油气之间的摩擦，都能产生静电荷。

真实案例

某厂为清理3号煤气炉洗气塔内灰渣，打开人孔盖，空气进入塔内与煤气混合形成爆炸性混合物。当清灰工用铁锹清理时，与塔内金属撞击产生火花，引起混合物爆炸，造成清灰工死亡。

（3）火星。火星是在铁与铁、铁与石、石与石之间的强烈摩擦、撞击时产生的，是机械能转化为热能的一种现象。这种火星的温度一般为1200℃左右，可以引起很多物质的燃烧。

（4）灼热体。灼热体是指受高温作用，由于蓄热而具有较高温度的物体。灼热体与可燃物质接触引起的着火有快有慢，这主要是决定于灼热体所带的热量和物质的易燃性、状态，其点燃过程是从一点开始扩及全面的。

（5）聚集的日光。指太阳光、凸玻璃聚光热等。这种热能只要具有足够的温度就能点燃可燃物质。

（6）化学反应热和生物热。指由于化学变化或生物作用产生的热能。这种热能如不及时散发掉就会引起着火甚至燃烧爆炸。

5. 燃烧产物

（1）燃烧产物。燃烧产物是指有燃烧或热解作用而产生的全部物质，也就是说可燃物质燃烧时，生成的气体、固体和蒸气等物质均为燃烧产物。

燃烧产物按其燃烧的完全程度分为完全燃烧产物和不完全燃烧产物。物质燃烧后产生不能继续燃烧的新物质（如CO_2、SO_2、水蒸气等），这种燃烧叫做完全燃烧，其产物为完全燃烧产物；物质燃烧后产生还能继续燃烧的新物质（如CO、未燃尽的碳、甲醇、丙酮等)，则叫做不完全燃烧，其产物为不完全燃烧产物。燃烧得完全还是不完全，与氧化剂的供给程度以及其他燃烧条件有直接关系。燃烧产物的成分是由可燃物的组成及燃烧条件所决定的。无机可燃物大多数为单质，其燃烧产物的组成较为简单，主要是它的氧化物，如 CaO、H_2O、SO_2 等。有机可燃物的主要组成为碳（C)、氢（H)、氧（O)、硫（S)、磷（P）和氮（N)，完全燃烧时主要生成二氧化碳（CO_2)、水（H_2O)、二氧化硫（SO_2）和五氧化二磷（P_2O_5）。如果在空气不足或温度较低时，则会发生不完全燃烧，不完全燃烧不仅会产生上述完全燃烧产物，同时还会生成一氧化碳（CO)、酮类、醛类、醇类、酚类、醚类等。

（2）燃烧产物的危害。二氧化碳（CO_2）是窒息性气体；一氧化碳（CO）是有强烈毒性的可燃气体；二氧化硫（SO_2）有毒，是大气污染中危害较大的一种气体，它严重伤害植物，刺激人的呼吸道，腐蚀金属等；一氧化氮（NO)、二氧化氮（NO_2）等都是有毒气体，对人存在不同程度的危害，甚至会危及生命。烟灰是不完全燃烧产物，由悬浮在空气中未燃尽的细碳粒及分解产物构成。烟雾是由悬浮在空气中的微小液滴形成，都会污染环境，对人体有害。

二、爆炸知识

1. 爆炸的含义

爆炸是物质的一种急剧的物理、化学变化。在变化过程中伴有物质所含能量的快速释放，变为对物质本身、变化产物或周围介质的压缩能或运动能。爆炸时物系压力急剧升高。

一般说来，爆炸具有以下特征：

（1）爆炸过程进行得很快；

（2）爆炸点附近压力急剧升高，这是爆炸最主要的特征；

（3）发出或大或小的声音；

（4）使周围介质发生震动或邻近物质遭到破坏。

2. 爆炸的分类

按爆炸的能量来源可分为物理爆炸、化学爆炸和核爆炸。

（1）物理爆炸。物理爆炸是由物理变化引起的爆炸，在爆炸现象发生的过程中，造成爆炸发生的介质的化学性质及化学成分不发生变化，发生变化的仅仅是该介质的状态参数（如温度、压力、体积）。如蒸汽锅炉爆炸或液化气压缩气超压引起的钢瓶爆炸。

（2）化学爆炸。化学爆炸是由于物质发生极迅速的化学反应，产生高温、高压而引起的爆炸。如可燃气体、蒸气的爆炸，以及炸药的爆炸。化学爆炸前后，物质的性质和成分均发生了根本的变化，这种爆炸能直接造成火灾，具有很大的火灾危险性。化学爆炸按爆炸时所发生的化学变化的形式又可分为三类：

1）简单分解爆炸的爆炸物在爆炸时并不一定发生燃烧反应，爆炸所需的热力是由于爆炸物质本身分解时产生的。如乙炔银、乙炔铜、叠氮铅等。这类物质受震动即可引起爆炸，是较危险的。

2）复杂分解爆炸时伴有燃烧现象，燃烧所需的氧是由本身分解产生的。如 TNT 炸药、硝化棉及烟花爆竹的爆炸就属于这一类爆炸。其爆炸危险性较简单分解爆炸物稍低。

3）爆炸性混合物爆炸。所有可燃气体、蒸气和可燃粉尘与空气（或氧气）组成的混合物均属于此类，其危险性相对较低，但很普遍，石油化工企业中发生的爆炸多属于此类。

（3）核爆炸。由原子核分裂或热核反应引起的爆炸叫做核爆炸。核爆炸时可形成数百万度到数千万度的高温，在爆炸中心可形成数百万大气压的高压，同时发出很强的光和热辐射。因此核爆炸比化学爆炸具有更大的破坏力。如原子弹、氢弹的爆炸就属于此类爆炸。

真实案例

1992年5月18日，湖北某制药厂皂素车间因药渣管理不善，发生重大爆炸燃烧事故，当场烧死10人，重伤1人，轻伤2人。原因系药厂皂素车间生产避孕药中间体皂素，以120号工业汽油作溶剂，提取药物中间体后药渣予以处理。由于药渣是用汽油浸泡过的本质纤维，很容易燃烧，当地农民常拉回家做烧柴用。当天药渣刚从罐中排出，需要蒸发残留汽油，但农民不听劝阻强行哄抢，在挖装药渣过程中，现场空气中的汽油含量很快达到爆炸极限，恰巧一农民打火吸烟，当即引起爆炸和燃烧，导致火灾。

3. 爆炸极限

（1）爆炸极限的意义。可燃物进入空气中，与空气混合达到一定浓度时，在点火源的作用下会发生爆炸。这种可燃物质在空气中形成爆炸混合物的最低浓度称作爆炸下限，最高浓度称作爆炸上限。浓度在爆炸上限和爆炸下限之间，都能发生爆炸。这个浓度范围称作该物质的爆炸极限。如一氧化碳的爆炸极限是12.5%～74.5%。一氧化碳在空气中的浓度小于12.5%时，用火去点，这种混合物既不燃烧也不爆炸；当一氧化碳在空气中的浓度达到12.5%时，混合物遇点火源能轻度爆炸；当空气中的一氧化碳浓度稍高于29.5%时，接触火源会发生威力很大的爆炸；当一氧化碳浓度达到74.5%，爆炸现象与浓度为12.5%时差不多；浓度超过74.5%时，遇火源则不燃烧、不爆炸。表3—1是一些常见物质在空气中的爆炸极限。

表3—1　　一些常见物质在空气中的爆炸极限

物质	爆炸下限	爆炸上限
一氧化碳	12.5%	74.5%

续表

物质	爆炸下限	爆炸上限
氢气	4.1%	75.0%
甲烷	4.9%	15.0%
天然气	4.0%	16.0%
煤粉	35.0%	45.0%
氨、氨气	15.7%	27.4%
乙烯	2.7%	36.0%
乙炔	2.1%	80.0%
苯	1.2%	8.0%
二硫化碳	1.0%	60.0%
硫化氢	4.0%	46.0%
甲醇	5.5%	44.0%

（2）爆炸极限的影响因素。各种不同的可燃气体和可燃液体蒸气，由于它们的理化性质的不同，因而具有不同的爆炸极限。一种可燃气体或可燃液体蒸气的爆炸极限，也不是固定不变的，它们受温度、压力、氧含量、惰性介质、容器的直径等因素的影响。

1）温度的影响。混合气体的原始温度越高，则爆炸下限降低，上限增高，爆炸极限范围扩大。因为系统温度升高，分子内能增加，使原来不燃的混合物成为可燃、可爆系统。所以，系统温度升高，爆炸危险性增加。

2）氧含量的影响。混合物中含氧量增加，一般对爆炸下限影响不大，因为在下限浓度时氧气对可燃气是过量的。由于在上限浓度时含氧量相对不足，所以增加氧含量会使上限显著增高。

3）惰性介质的影响。如果在爆炸混合物中加入不燃烧的惰性气体（如氮、二氧化碳、水蒸气、氩、氦等），随着惰性气体所占体积分数的增加，爆炸极限范围则缩小，惰性气体的含量提高到一定浓度时，可使混合物不能爆炸。一般情况下，惰性气体对混合物爆炸上限的影响较之对下限的影响更为显著。因为惰性气体浓度加大，表示氧的含量相对减小，而在上限中氧的含量本来已经很小，故惰性气体含量稍为增加一点即产生很大影响，而使爆炸上限大幅下降。

4）原始压力的影响。混合物的原始压力对爆炸极限有很明显的影响，其爆炸极限的变化也比较复杂。一般说来，压力增大，爆炸极限范围也扩大，尤其是爆炸上限显著提高。这是因为系统压力增高，使分子间更为接近，碰撞概率增加，使燃烧反应更为容易进行。压力降低，则爆炸极限范围缩小。当压力降到某值时，则爆炸上限与爆炸下限重合，此时对应的压力称为爆炸的临界压力。

5）容器。充装容器的材质、尺寸等对物质爆炸极限均有影响。实验证明，容器管子直径越小，爆炸极限范围越小。当管径小到一定程度时，火焰因不能通过而被熄灭。关于材料的影响，例如氢和氟在玻璃器皿中混合，甚至放在液态空气温度下于黑暗中也会发生爆炸，而在银制器皿中要到常温下才能发生反应。

6）能源。能源的性质对爆炸极限有很大的影响。如果能源的强度高，热表面的面积就大，火源与混合物的接触时间长，就会使爆炸极限扩大，其爆炸危险性也就增加。如火花的能量、热表面的面积、火源与混合物的接触时间等，对爆炸极限均有影响。

第二节　防火防爆的安全措施

要点掌握：

1. 火灾事故发展分为几个阶段？
2. 防止爆炸的主要措施有哪些？
3. 防爆泄压装置有哪些作用？
4. 火灾爆炸事故的处置要点有哪些？

一、火灾发展的阶段

通过对大量火灾事故的研究分析得出，一般火灾事故的发展过程可分为四个阶段，即初期阶段、发展阶段、猛烈阶段和衰灭阶段。

1. 初期阶段

是指物质在起火后的十几秒里，可燃物质在着火源的作用下析出或分解出可燃气体，发生冒烟、阴燃等火灾苗子，燃烧面积不大，用较少的人力和应急的灭火器材就能将火控制住或扑灭。

2. 发展阶段

在这个阶段，火苗蹿起，燃烧面积扩大，燃烧速度加快，需要投入较多的力量和灭火器才能将火扑灭。

3. 猛烈阶段

在这个阶段，火焰包围所有可燃物质，使燃烧面积达到最大限度。此时，温度急剧上升，气流加剧，并放出强大的辐射热，是火灾最难扑救的阶段。

4. 衰灭阶段

在这个阶段，可燃物质逐渐烧完或灭火措施奏效，火势逐渐衰落，最终熄灭。

从火势发展的过程来看，初期阶段易于控制和消灭，所以一定要抓住这个有利时机，在初期扑灭火灾。错过了初期阶段再去扑救，就会付出很大的代价，造成严重的损失和危害。

二、火灾与爆炸事故的关系

一般情况下，火灾起火后火势逐渐蔓延扩大，随着时间的延长，损失急剧增加。对于火灾来说，初期的救火尚有意义。而爆炸则是突发性的，在大多数情况下，爆炸过程在瞬间完成，人员伤亡及物质损失也在瞬间造成。火灾可能引发爆炸，因为火灾中的明火及高温能引起易燃物爆炸。如油库或炸药库失火可能引起密封油桶、炸药的爆炸；一些在常温下不会爆炸的物质，如醋酸，在火场的高温下有变成爆炸物的可能。爆炸也可以引发火灾，爆炸抛出的易燃物可能引起大面积火灾。如密封的燃料油罐爆炸后由于油品的外泄引起火灾。因此，发生火灾时，要防止火灾转化为爆炸；发生爆炸时，又要考虑到引发火灾的可能，及时采取防范抢救措施。

三、预防火灾与爆炸事故的基本措施

预防事故发生，限制灾害范围，消灭火灾，撤至安全地方是防火防爆的基本原则。根据火灾及爆炸的原因，一般可以从以下两方面加以预防：

1. 火源的控制与消除

引起火灾的着火源一般有明火、冲击与摩擦、热射线、高温表面、电气火花、静电火花等，严格控制这类火源的使用范围，对于防火防爆是十分必要的。

（1）明火。主要是指生产过程中的加热用火、维修焊割用火及其他火源，明火是引起火灾与爆炸最常见的原因，一般从以下几方面加以控制：

1）加热用火的控制。加热易燃物料时，要尽量避免采用明火而采用蒸汽或其他载热体加热。明火加热设备的布置，应远离可能泄漏易燃液体或蒸汽的工艺设备和储罐区，并应布置在其上风向或侧风向。如果存在一个以上的明火设备，应将其集中布置在装置的边缘，并有一定的安全距离。

真实案例

1992 年 6 月 27 日，湖北某化工厂发生一起火药爆炸事故，造成 22 人死亡，3 人受伤，约 700 m^2 厂房及部分机器设备被炸毁的事故。原因系违反安全管理规定和违反操作规程，在未采取有效安全措施的情况下进行焊接作业。

2）维修焊割用火的控制。焊接切割时，飞溅的火花及金属熔融温度高达 2 000℃左右，高空作业时飞散距离可达 20 m 远。此类用火除停工、检修外，还往往被用来处理生产过程中临时堵漏，所以这类作业多为临时性的，容易成为起火原因。因此，使用前必须注意对输送、盛装易燃物料的设备、管道，或可燃可爆区域的系统和环境进行彻底的清洗或清理；动火现场应配备必要的消防器材，并将可燃物品清理干净；气焊作业时，应将乙炔发生器放置安全地点，以防止爆炸伤人或将易燃物引燃；电焊线破残应及时更换或修理，不得利用与易燃易爆生产设备有关的金属构件作为电焊地线，以防止在电路接触不良的地方产生高温或电火花。

3）其他明火的控制。用明火加热沥青、石蜡等固体可燃物，应在安全地点进行；禁止在有火灾爆炸危险的场所吸烟；采取防止汽车、拖拉机等机动车排气管喷火的措施。

真实案例

1999 年 7 月 30 日，靖江市某磷肥厂甲氧胺车间发生爆炸，造成 1 人死亡，2 人重伤，500 m^2 的车间被炸塌，部分厂房受损。原因系该厂检修人员在检修甲氧胺车间改造一个 2 000 L 甲氧胺接受罐，加上一个真空吸料管。在拆卸甲氧胺接受罐视镜的过程中，因有6颗螺钉卸不下来，检修人员用锯子锯和用铁锤敲击螺钉而引起火星，引爆了甲氧胺接受罐中的混合气体，瞬间爆炸，造成事故。

（2）摩擦与冲击。机器中轴承等转动的摩擦、铁器的相互撞击或铁制工具打击混凝土地面等都可能发生火花，因此，轴承要保持良好的润滑；危险场所要用铜制工具替代铁器；搬运盛有可燃气体或易燃液体的金属容器时，不要抛掷，要防止互相撞击，以免产生火花；在易燃易爆车间，地面要采用不发火的材质铺成，不准穿带钉子的鞋进入车间。

（3）热射线。紫外线有促进化学反应的作用。红外线眼睛虽然看不到，但长时间局部加热也会使可燃物起火。直射阳光通过凸透镜、圆形烧瓶等会发生聚焦，其焦点可成为火源。所以遇阳光暴晒有火灾爆炸危险的物品，应采取避光措施，为避免热辐射，可采用喷水降温，或将门窗玻璃涂上白漆或者采用磨砂玻璃。

（4）高温表面。要防止易燃物质与高温的设备、管道表面接触。高温物体表面要有隔热保温措施，可燃物料的排放口应远离高温表面，禁止在高温表面烘烤衣物，还要注意经常清洗高温表面的油污，以防止它们分解自燃。

（5）电气火花。电气火花分高压电的火花放电、短时间的弧光放电和接点上的微弱火花。电火花引起的火灾爆炸事故发生率很高，所以对电气设备及其配件要认真选择防爆类型和仔细安装，特别注意对电动机、电缆、电缆沟、电气照明、电气线路的使用、维护和检修。

（6）静电火花。在一定条件下，两种不同物质相互接触、摩擦就可能产生静电，比如生产中的挤压、切割、搅拌、流动以及生活中的起立、脱衣服等都会产生静电。静电能量以火花形式放出，则可能引起火灾爆炸事故。消除静电的方法有两种：一是抑制静电的产生，二是迅速把产生的静电泻掉。

2. 爆炸控制

爆炸造成的后果大多非常严重，科学防爆是非常重要的一项工作。防止爆炸的主要措施如下：

（1）惰性介质保护。化工生产中，采取的惰性气体主要有氮气、二氧化碳、水蒸气、烟道气等。一般有如下情况需考虑采用惰性介质保护：易燃固体物质的粉碎、筛选处理及其粉末输送时，采用惰性气体进行覆盖保护；处理可燃易爆的物料系统，在进料前，用惰性气体进行置换，以排除系统中原有的气体，防止形成爆炸性混合物；将惰性气体通过管线与有火灾爆炸危险的设备、储槽等连接起来，在万一发生危险时使用；易燃液体利用惰性气体充压输送；在有爆炸危险的生产场所，对有引起火灾危险的电器、仪表等采用充氮气保护；易燃易爆系统检修动火前，使用惰性气体进行吹扫置换；发现易燃易爆气体泄漏时，采用惰性气体（或水蒸气）冲淡；用惰性气体进行灭火。

（2）系统密闭，防止可燃物料泄漏和空气进入。为了保证系统的密闭性，危险设备及系统应尽量采用焊接接头，少用法兰连接；为防止有毒或爆炸性危险气体向容器外逸散，可以采用负压操作系统，对于在负压下生产的设备，应防止空气吸入；根据工艺温度、压力和介质的要求，选用不同的密封垫圈；特别注意检测试漏，设备系统投产前和大修后开车前应结合水压试验，用压缩氮气或压缩空气做气密性检验，如有泄漏应采用相应的防泄漏措施；还要注意平时的维修保养，发现配件、填料破损要及时维修或更换，发现法兰螺钉松动要设法紧固。

（3）通风置换，使可燃物质达不到爆炸极限。通过通风置换可以有效地防止易燃易爆气体积聚而达到爆炸极限。通风换气次数要有保障，自然通风不足的要加设机械通风。排除含有燃烧爆炸危险物质的粉尘的排风系统，应采用不产生火花的除尘器。含有爆炸性粉尘的空气进入风机前，应进行净化处理。

（4）安装爆炸遏制系统。爆炸遏制系统由能检测出初始爆炸的传感器和压力式的灭火剂罐组成，灭火剂罐通过传感装置动作。在尽可能短的时间里，把灭火剂均匀地喷射到需要保护的容器里，于是，爆炸燃烧被扑灭，从而控制住爆炸的发生。在爆炸遏制系统里，爆炸燃烧能自行进行检测，并在停电后的一定时间里仍能继续进行工作。

四、灭火措施

1. 常用灭火剂及其适用性

灭火剂是能够有效地破坏燃烧条件，中止燃烧的物质。选择灭火剂的基本要求是灭火效率高，使用方便，资源丰富，成本低廉，对人和环境基本无害。常用灭火剂有以下几种：

（1）水（及水蒸气）。水是最常用的灭火剂，主要作用是冷却降温，也有隔离窒息的作用。它可以单独用于灭火，也可以与其他不同的化学添加剂组成混合物使用。除了带电物质的火灾、遇水燃烧物质和非水溶性燃烧液体的火灾外，一般都可以用水（及水蒸气）进行灭火。

（2）泡沫灭火剂。泡沫灭火剂分为化学泡沫灭火剂和空气泡沫灭火剂两大类。化学泡沫灭火剂主要由化学药剂混合发生化学反应产生，一般是二氧化碳，它可以覆盖易燃液面，起隔离与窒息的作用。空气泡沫灭火剂是由一定比例的泡沫液、水和空气在泡沫发生器内进行机械混合搅拌而生产的气泡，泡内一般是空气。泡沫灭火剂主要用于扑救各种不溶于水的可燃、易燃液体的火灾，也可用来扑救木材、纤维、橡胶等固体的火灾。

（3）干粉灭火剂。常用的干粉灭火剂是由碳酸氢钠、细沙、硅藻土或石粉等组成的细颗粒固体混合物。它依靠压缩氮气的压力被喷射到燃烧物表面上，起到覆盖、隔离和窒息的作用。干粉灭火剂的灭火效率比较高，用途非常广泛，可用于可燃气体、易燃液体、电气设备、油类、遇水燃烧物质等物品引起的火灾的扑救。

(4) 二氧化碳灭火剂。二氧化碳灭火剂是将二氧化碳以液态的形式加压充装于灭火器中，灭火时二氧化碳气从钢瓶喷出时即成固体（干冰），不燃也不助燃。二氧化碳灭火剂可用于扑救电气设备和部分忌水性物质引发的火灾，也可用于扑救精密仪器、机械设备、图书、档案等处的火灾。

(5) 7150 灭火剂。7150 灭火剂是一种无色透明液体，主要成分是三甲氧基硼氧六环，是扑救镁、铝合金等轻金属火灾的有效灭火剂。

(6) 其他灭火剂。除了以上几种灭火剂外，惰性气体、卤代烷也可作灭火剂。另外，使用沙、土覆盖物作为灭火物质也很广泛。

2. 灭火剂的选用

发生火灾时，要根据火灾的类别和具体情况选择适当的灭火剂，以达到最好的效果。

3. 常用灭火器

经常使用灭火器是泡沫灭火器、CO_2 灭火器、CCl_4 灭火器和干粉灭火器。

五、防火防爆安全装置

1. 阻火装置

阻火装置的作用是防止火焰窜入设备、容器与管道内，或阻止火焰在设备和管道内扩展。常见的阻火设备包括安全液（水）封、水封井、阻火器和单向阀。

(1) 安全液封。一般装设在气体管线与生产设备之间，以水作为阻火介质。其作用原理是：由于液封中装有不燃液体，无论在液封的两侧中任一侧着火，火焰至液封即被熄灭，从而阻止火势的蔓延。

(2) 水封井。水封井是安全液封的一种，一般设置在含有可燃气体或油污的排污管道上，以防止燃烧爆炸沿排污管道蔓延。其高度一般在 250 mm 以上。

(3) 阻火器。燃烧开始后，火焰在管中的蔓延速度随着管径的减少而减小。当管径小到某个极限值时，管壁的热损失大于反应热，火焰就不能传播，从而使火焰熄灭，这就是阻火器的原理。在管路上连接一个内装金属网或砾石的圆筒，则可以阻止火焰从圆筒的一端蔓延到另一端。

（4）单向阀。又叫止逆阀、止回阀，是仅允许流体向一定方向流动，遇有回流时自动关闭的一种器件，可防止高压燃烧气流逆向窜入未燃低压部分引起管道、容器、设备爆裂。如液化石油气的气瓶上的调压阀就是一种单向阀。

2. 火灾自动报警装置

它的作用是将感烟、感温、感光等火灾探测器接收到的火灾信号，用灯光显示出火灾发生的部位并发出报警声，唤起人们尽早采取灭火措施。火灾自动报警装置主要由检测器、探测器和探头组成，按其结构的不同，大致可分为感温报警器、感光报警器、感烟报警器和可燃气体报警器。如某个房间出现火情，既能在该层的区域报警器上显示出来，又可在总值班室的中心报警器上显示出来，以便及早采取措施，避免火势蔓延。

（1）感温报警器。是一种利用起火时产生的热量，使报警器中的感温元件发生物理变化，作用于警报装置而发出警报的报警器。此种报警器种类繁多，可按其敏感元件的不同，分为定温式、差温式和差定组合式三类。

（2）感光电报警器。是利用火焰辐射出来的红外、紫外及可见光探测元件接收了火焰的闪动辐射后随之产生出电信号来报警的报警装置。该报警器能检测瞬息间燃烧的火焰。它适用于输油管道、燃料仓库、石油化工装置等。

（3）感烟报警器。是利用着火前或着火时产生的烟尘颗粒进行报警的报警装置。主要用来探测可见或不可见的燃烧产物，尤其用于阴燃阶段，产生大量的烟和少量的热，很少或没有火焰辐射的初期火灾的报警。

（4）可燃气体报警器。主要用来检测可燃气体的浓度。当气体浓度超过报警点时，它便能报警。主要用于易燃易爆场所的可燃性气体检测。如日常生活中的煤气、石油气，工业生产中产生的氢、一氧化碳、甲烷、硫化氢等。泄漏可燃气体的浓度超过爆炸下限的1/6～1/4，它就会发出报警信号，使工作人员立即采取应急措施。

3. 防爆泄压装置

防爆泄压装置包括安全阀、防爆片、防爆门和放空管等。安全阀主要用于防止物理性爆炸；防爆片和防爆门主要用于防止化学性爆炸；放空管是用来紧急排泄有超温、超压、爆聚和分解爆炸危险的物料。

（1）安全阀。安全阀是为了防止非正常压力升高超过限度而引起爆炸的一种安全装置。设置安全阀时要注意：安全阀应垂直安装，并应装设在容器或管道气相界面上；安全阀用于泄放易燃可燃液体时，宜将排泄管接入储槽或容器；安全阀一般可就地排放，但要考虑放空口的高度及方向的安全性；安全阀要定期进行检查。

（2）防爆片。防爆片的作用是排出设备内气体、蒸气或粉尘等发生化学性爆炸时产生的压力，以防设备、容器炸裂。防爆片的爆破压力不得超过容器的设计压力，对于易燃或有毒介质的容器，应在防爆片的排放口装设放空导管，并引至安全地点。防爆片一般装设在爆炸中心的附近效果比较好，并且一般6～12个月更换一次。

（3）防爆门。防爆门一般设置在使用油、气或煤粉作燃料的加热炉燃烧室外壁上，用于燃烧室发生爆燃或爆炸时泄压，以防止加热炉的其他部分遭到破坏。

六、火灾爆炸事故的处置要点

1. 火灾事故处置要点

（1）发生火灾事故后，首先要正确判断着火部位和着火介质，立足于现场的便携式、移动式消防器材，立足于火灾初起时及时扑救。

(2) 如果是电气着火，则要迅速切断电源，保证灭火的顺利进行。

(3) 如果是单台设备着火，应在甩掉着火设备并扑灭火的同时，改用备用设备继续维持生产并对其进行保护。

(4) 如果是高温介质漏出后自燃着火，则应首先切断设备进料，尽量安全地转移设备内储存的物料，然后采取进一步的生产处理措施。

(5) 如果是易燃介质泄漏后受热着火，则应在切断设备进料的同时，降低高温物体表面的温度，然后采取进一步的生产处理措施。

(6) 如果是大面积着火，要迅速切断着火单元的进料、切断与周围单元生产管线的联系。停机、停泵、迅速将物料倒至罐区或安全的储罐，做好蒸汽掩护。

(7) 发生火灾后，要在积极扑灭初起之火的同时迅速拨打火警电话向消防队报告，以得到专业消防队伍的支援，防止火势进一步扩大和蔓延。

2. 泄漏事故处置要点

(1) 临时设置现场警戒范围。发生泄漏、跑冒事故后，要迅速疏散泄漏污染区人员至安全区，临时设置现场警戒范围，禁止无关人员进入其内。

(2) 熄灭危险区内一切火源。可燃液体物料泄漏的范围内，首先要绝对禁止使用各种明火。特别是在夜间或视线不清的情况下，不要使用火柴、打火机等进行照明；同时也要注意不要使用刀闸等普通型电气开关。

(3) 防止静电的产生。可燃液体在泄漏的过程中，流速过快就容易产生静电。为防止静电的产生，可采用堵洞、塞缝和减少内部压力的方法，通过减缓流速或止住泄漏来达到防静电的目的。

（4）避免形成爆炸性混合气体。当可燃物料泄漏在库房、厂房等有限空间时，要立即打开门窗进行通风，以避免形成爆炸性混合气体。

（5）如果是油罐液位超高造成跑冒，应急人员要按照规定穿防静电的防护服，佩戴自给式呼吸器立即关闭进料阀门，将物料输送到相同介质的待收罐。

3. 爆炸事故处置要点

（1）发生重大爆炸事故后，岗位人员要沉着、镇静，不要惊慌失措，在班长的带领下，迅速安排人员报警，同时积极组织人员查找事故原因。

（2）在处理事故过程中，岗位人员要穿戴防护服，必要时佩戴防毒面具和采取其他防护措施。

（3）如果是单个设备发生爆炸，首先要切断进料，关闭与之相邻的所有阀门，停机、停泵、停炉、除净塔器及管线的存料，做好蒸汽掩护。

（4）当爆炸引起大火时，在岗人员应要利用岗位配备的消防器材进行扑救，并及时报警，请求灭火和救援，以免事态进一步恶化。

（5）爆炸发生后，要组织人员对临近的设备和管线进行仔细检查，避免再次发生灾害。

第三节　电气安全基础知识

要点掌握：

1. 触电救护方式和方法有哪几种？
2. 什么是触电防护技术？

现代生产企业，特别是石油化工、危险化学品生产等连续性生产的企业，对电力供应、电气设备正常运行的要求越来越高，一旦发生电击类电气事故不仅影响生产的正常运行，而且可能造成严重人身伤害。

一、电气事故类型及危害

1. 触电事故

触电又称电击，是电流通过人体而引起的病理、生理效应。当电流转换成其他形式的能量（如热能）作用于人体时，人体将受到不同形式、不同程度的伤害。

2. 静电危害事故

两个物体相互紧密接触后分离，造成两物体各自正、负电荷过剩，形成静电带电。在生产过程中，某些材料的相对运动、接触与分离很容易产生静电。产生的静电能量一般不大，不会对人体造成直接伤害，但其放电过程中电压可能高达数十千伏以上，容易产生火花，引发火灾或爆炸。

3. 雷电灾害事故

雷电是大气中的放电现象，具有电流大、电压高的特点，有较大的破坏力，可引起火灾、爆炸及直接造成人体伤害。

4. 电气系统故障事故

电能在输送、分配、转换过程中，失去有效控制（如断线、短路、异常接地、漏电、设备或元器件损坏、干扰、误操作等）而产生的事故。电气系统故障可引发火灾、爆炸、异常带电、停电、人员伤亡及设施设备损失。

二、触电及防护

真实案例

某石化公司的66 kV水源变电所室外有两段66 kV母线。某日，其中一段母线停电检修清扫，二段母线设备继续带电运行。在变电所所长安排完停电及检修人员后，检修清扫工作开始，所长担任监护人。开工约 3 h 后，该所长自己搬梯子到带电的二段母线 66 kV 刀闸处，顺梯上爬，在接近带电体一段距离时遭电击，被打落在地上，脑部严重摔伤，身体有放电痕迹，到医院抢救无效死亡。

1. 触电伤害

触电伤害是指电流对人体的伤害，分为电击和电伤两种。

电击是指电流通过人体，破坏人的心脏、肺及神经系统的正常功能。电流使人体死亡的原因主要是电击。如在 100 V 以下的低压系统中，电流会引起人的心室颤动，遭受电击后，心脏由原来正常跳动变为每分钟数百次以上的细微颤动，不能再压送血液，导致血液终止循环和大脑缺氧，发生窒息死亡。

电伤是指电流的热效应、化学效应或机械效应对人体的伤害，主要有电灼伤、熔化金属溅出烫伤、爆裂碎片划伤等。电伤主要发生在局部。

（1）电灼伤。人体与带电体直接接触，电流通过人体时产生热效应，造成皮肤灼伤。电气设备电压较高时会产生强烈的电弧或电火花，灼伤人体，甚至击穿部分组织或器官，并使深部组织烧死或烧焦。此时，触电者会因人体表面大面积灼伤或因呼吸麻痹而死。

（2）电标志。电流通过人体时，在皮肤上留下青色或浅黄色斑痕。

（3）机械损伤。电流通过人体时，产生机械—电动力效应，致使肌肉抽搐收缩，造成肌肉、皮肤、血管及神经组织断裂。

2. 触电形式

触电事故可分成两类：一是电气设备正常运行时，如在生产或检修中，人体触及运行中通电的导体，包括中性体所造成的直接触电；二是在故障条件下人体触及带电的外露可导电部分和外界可导电部分所致，这种触电也叫间接触电。

触电的方式有三种：低压触电、高压放电和跨步电压。

（1）低压触电。单相低压触电是指人体某部位接触地面，而另一部位触及一相带电体的触电事故。在低压供电系统中相电压为 220 V 是确定的，因此触电电流取决于人体电阻。大部分触电事故是单相触电事故。

两相低压触电是指人体两部分同时触及两相带电体的触电事故，两相触电多发生在检修过程中。由于两相触电加在人体上的电压是线电压，为相电压的 1.73 倍，即 380 V，因此触电危害远大于单相触电。

（2）高压放电。当人体靠近 1 000 V 以上高压带电体时，会发生高压放电而导致触电，而且电压越高放电距离越远。

（3）跨步电压。当带电体发生接地故障时，在接地点附近会形成电位分布，如果人位于接地点附近，两脚所处的电位不同，这种电位差即为跨步电压。跨步电压的大小取决于接地电压的高低和人距接地点的距离。高压线落地会产生一个以半径为 8～10 m的落地点为中心的危险区域。

3. 触电原因

影响触电危险程度的主要因素为：通过人体电流的大小、电流途径、触电电压高低、人体阻抗、电流通过人体持续的时间、电流的频率等。从手到脚的电流途径最危险，因为电流将会通过人体的重要器官；其次是一只手到另一只手；最后是一只脚到另一只脚。

产生触电的原因：缺乏电气安全意识和知识；违反操作规程；维护不良；电气设备存在安全隐患。

4. 触电救护

（1）触电急救的重要性。人体触电后通常出现神经麻痹、呼吸中断、心脏停止跳动等症状。当发现触电者呈现为昏迷不醒的假死状态时，切不可放弃急救。据统计资料表明，触电后 1 min

开始抢救，有 90％的效果；触电后 6 min 开始抢救，有 10％的效果；触电后 12 min 开始抢救，救活的可能性很小，可见及时抢救相当重要。

（2）脱离电源的方法。迅速使触电者脱离电源是触电急救的首要步骤，方法如下：立即断开触电电源的开关或拔下其插头；如未发现开关，应借助附近干燥的木棍、绳索等绝缘物将触电者与电源分开。高压触电则必须通知变电所切断电源后，方可靠近触电者抢救。

（3）抢救措施。触电者脱离电源后应立即在现场抢救，措施要适当。触电者伤害较轻，未失去知觉，仅在触电时一度昏迷过，则应使其就地安静休息 1～2 h，但要继续观察。

触电者伤害较重，有心脏跳动而无呼吸则应立即做人工呼吸；有呼吸而无心脏跳动则应采取人工体外心脏挤压术救治。

触电者伤害很重，呼吸、心脏跳动均已停止、瞳孔放大，此时必须同时采取口对口人工呼吸和胸外心脏挤压术，进行人工复苏术抢救。尽可能耐心坚持 6 h 以上，直到救活或确诊死亡为止。应注意在转送医院途中也不可中断抢救。

三、触电防护技术

触电事故具有突发性和隐蔽性，但也具有一定的规律性。在实践的基础上，不断研究其规律性，采取相应的防护措施，可以有效地预防触电事故的发生。合理选用电气装置是减少触电危险和火灾爆炸危害的重要措施，在干燥少尘的环境中，可采用开户式或封闭式电气设备；在潮湿和多尘的环境中，应采用封闭式电气设备；在腐蚀性气体的环境中，必须采用封闭式电气设备；在易燃易爆的环境中，必须采用防爆式电气设备。

1. 屏蔽和障碍防护

某些开启式开关电器的活动部分不便绝缘，或高压设备的绝缘不能保证人在接近时的安全，应设立屏蔽或障碍防护措施。

将带电部分用遮栏或外壳与外界完全隔开，以避免人们从经常接近的方向或任何方向直接触及带电部分。

设置阻挡物用于防止无意的直接接触，如在生产现场采用板状、网状、筛状阻挡物。由于阻挡物的防护功能有限，因此在采用时应附设警告信号灯、警告信号标志等。必要时可设置声、光报警信号及联锁保护装置。

2. 绝缘防护

用绝缘材料将带电部分全部包裹起来，可防止在正常工作条件下与带电部分的任何接触，所采取的绝缘保护应根据所处环境和应用条件，对绝缘材料规定绝缘性能参数，其中绝缘电阻、泄漏电流、介电强度是最主要的参数。常见的绝缘材料有瓷、云母、橡胶、塑料、棉布、纸、矿物油等。电气设备的绝缘性能由绝缘材料和工作环境决定，其指标为绝缘电阻，绝缘电阻越大，则电气设备泄漏的电流越小，绝缘性能越好。

除设备的绝缘防护外，工作人员应根据需要配备相应的绝缘防护用品，如绝缘手套、绝缘鞋、绝缘垫等。

3. 漏电保护

漏电保护器是一种在设备及线路漏电时，保证人身和设备安全的装置，其作用在于防止由于漏电引起的人身伤害，同时可防止由于漏电引起的设备火灾。通常用在故障情况下的触电保护，但可作为直接触电防护的补充措施，以便在其他直接防护措施失败或操作者疏忽时实行直接触电防护。

原劳动和社会保障部《漏电保护器安全监察规定》和国家标准《漏电保护器安装和运行》（GB13955—92）要求，在电源中性直接接地的保护系统中，在规定的场所、设备范围内必须安装漏电保护器和实现漏电保护器的分级保护。对一旦发生漏电切断电源时，会造成事故和重大经济损失的装置和场所，应安装报警式漏电保护器。

4. 安全间距

为了防止人体、车辆触及或接近带电体造成事故，防止过电压放电和各种短路事故，国家规定了各种安全间距。大致可分为四种：各种线路的安全距离、变配电设备的安全距离、各种用电设备的安全距离、检修维修时的安全距离。为了防止各种电气事故的发生，带电体与地面之间、带电体与带电体之间、带电体与人体之间、带电体与其他设施设备之间，均应保持安全距离。

厂区内起重作业时起重臂可能会触及架空线，导致起重作业区内形成跨步电压，严重威胁作业人员安全。因此在架空线附近进行起重作业，应严格管理，起重机具及重物与线路导线的最小距离应符合规定。

5. 安全电压

安全电压是按人体允许承受的电流和人体电阻值的乘积确定的。一般情况下视摆脱电流 10 mA（交流）为人体允许电流，但在电击可能造成严重二次事故的场合，如水中或高空，允许电流应按不引起人体强烈痉挛的 5 mA 来考虑。人体电阻一般在 1 000～2 000 Ω 之间，但在潮湿、多汗、多粉尘的情况下，人体电阻只有数百欧姆。因此，当电气设备需要采用安全电压来防止触电事故时，应根据使用环境、人员和使用方式等因素选用不同等级的安全电压。安全电压的等级为 42 V、36 V、24 V、12 V 和 6 V。

我国过去多采用 36 V、12 V 两种等级的安全电压。手提灯、危险环境的携带式电动工具和局部照明灯，高度不足 2.5 m 的一般照明灯，如无特殊安全结构或安全措施，宜采用 36 V 安全电压。凡工作地狭窄、行动不便以及周围有大面积接地导体的环境（如金属容器、管道内）的手提照明灯，安全电压应采用 12 V。

安全电压应由隔离变压器供电，使输入与输出电路隔离；安全电压电路必须与其他电气系统和任何无关的可导电部分实现电气上的隔离。

6. 保护接地与接零

保护接地是把用电设备在故障情况下可能出现的危险的金属部分（如外壳等）用导线与接地体连接起来使用电设备与大地紧密连通。在电源为三相三线制的中性点不直接接地或单相制的电力系统中，应设保护接地线。

保护接零是把电气设备在正常情况下不带电的金属部分（外壳），用导线与低压电网的零线（中性线）连接起来。在电压为三相四线制的变压器中性点直接接地的电力系统中，应采用保护接零。

第四节　危险场所电气安全

要点掌握：

1. 电气火灾爆炸原因有哪些？
2. 电气火灾爆炸的预防措施有哪些？

一、火灾爆炸危险场所电气安全

1. 火灾爆炸危险场所

电气系统正常工作或发生故障可能产生电火花、电弧和发热，在一定的外部环境和危险物料条件下，容易发生火灾爆炸危险事故。火灾爆炸危险分为三类，即气体爆炸、粉尘爆炸及火灾危险。要预防火灾爆炸事故的发生，首先要识别火灾爆炸危险场所。对于火灾爆炸危险场所的分析判断，首先应识别危险物料，然后考虑释放源及其布置，再分析释放源的性质以及通风条件，综合分析危险场所的危险等级，采取相应的安全技术措施，选择适合的防爆电气设备。

（1）危险物料。首先应识别危险物料的种类，其次考虑危险物料的理化性质。如物料的闪点、密度、引燃温度、爆炸极限等，以及该物料工作温度、工作压力、数量及与其他物料的组合等因素。

(2) 释放源。考虑该物质释放源的分布和工作状态，关注泄漏或排放危险物品的速度、量及浓度，尤其应注意物料的扩散情况和形成爆炸性混合物的范围。

(3) 通风。室内一般视为阻碍通风场所，如安装了有效的通风设备，则不视为阻碍通风场所。但是，地处室外的危险源周围如有障碍，则应视为阻碍通风场所。

2. 防爆电气设备

合理选用电气装置是减少触电危险和火灾爆炸危害的重要措施。选择电气设备时主要根据危险场所的具体情况，在干燥少尘的环境中，可采用开启式或封闭式电气设备；在潮湿和多尘的环境中，应采用封闭式电气设备；在腐蚀性气体的环境中，应采用封闭式电气设备；在易燃易爆危险场所中，必须采用防爆式电气设备。

(1) 防爆电气设备分类。防爆电气设备是能在爆炸危险场所中安全使用而不会引起燃爆事故的特种电气设备。常用的电气（包括电动机、照明灯具、开关、断路器、仪器仪表、通信设备、控制设备等）均可制成防爆型的产品。我国将防爆设备分为三类：Ⅰ类防爆电气设备适用于煤矿井下；Ⅱ类防爆电气设备适用于爆炸性气体环境；Ⅲ类防爆电气设备适用于爆炸性粉尘环境。而石油化工企业所用的防爆电气设备多为Ⅱ类防爆电气设备。

(2) 防爆电气的安全技术要求。

1) 在爆炸危险场所运行时，具备不引燃爆炸物质的性能。

2) 必须经国家认可的检验单位检验合格，并取得防爆合格证。

3) 铭牌、标志齐全。应设置标明防爆检验合格证号和防爆标志铭牌，在明显部位应有永久性防爆标志“EX”。

4) 在爆炸危险环境里，选用防爆电气的允许最高表面温度不得超过作业场所爆炸危险物质的引燃温度。

二、电气防火防爆技术

1. 电气火灾爆炸原因

（1）电气设备过热

1）短路。不同相的相线之间、相线与零线之间造成金属性接触即为短路。发生短路时，线路中电流增加为正常值的几倍乃至几十倍，温度急剧升高，引起绝缘材料燃烧而发生火灾。

2）过载。电气线路或设备上所通过的电流值超过其允许的额定值即为过载。过载可以引起绝缘材料不断升温直至燃烧，烧毁电气设备或酿成火灾。

3）接触不良。电气设备或线路上常有连接部件或接触部件。连接部件多用焊接或螺栓连接，当用螺栓连接时，若螺栓生锈松动，则连接部分接触电阻增加而导致接头过热。接触部件多为触头、接点，多靠磁力或弹簧压力接触，接触不好同样发热。

4）铁心发热。电气设备的铁心，由于磁滞和涡流损耗而发热。正常时，其发热量不足以引起高温。当设计不合理、铁心绝缘损坏时铁损增加，同样会产生高温。

5）散热不良。电气设备温升不只和发热量有关，还与散热条件好坏有关。如果电气设备散热措施受到破坏，同样会造成设备过热。如电动机缺少风叶、油浸设备缺油等。

（2）电火花和电弧

真实案例

1986 年 12 月 19 日，岳阳某石化厂氯丙烷车间，操作工按常规对 30 m^3 的 1 号中间罐进行脱水作业。水排净后，阀门怎么也关不严，随即丙烯开始外溢。操作工立即报告班长、车间主任及厂调度室。上述人员先后赶到现场，研究决定串装一个阀门。正在分头准备时，丙烯已扩散至压缩机框架里，且慢慢升高，于是决定采取紧急停车处理。在最后停车时，丙烯气已淹没 6 号机 1.2 m。按下开关的同时，火光一闪，一声闷响，发生了第一次空间爆炸。紧接着 3 号罐在大火的烘烤下也发生爆炸。1 h 后大火才被扑灭。

事故原因是发生易燃易爆物质泄漏。

1）电火花电弧是电极间的击穿放电。电弧是大量的电火花汇集而成的。一般电火花温度都很高，特别是电弧，温度可达 6 000℃。因此电火花和电弧不但能引起绝缘材料燃烧，而且可以引起金属熔化、飞溅，构成火灾、爆炸的危险火源。

2）电火花可分为工作火花和事故火花。工作火花是指电气设备正常工作时或正常操作过程中产生的火花。如直流电动机电刷与整流片接触处、开关或接触器触头开闭时的火花等。

事故火花是线路或设备发生故障时出现的火花。如发生短路或接地时产生的火花、绝缘损坏或熔丝熔断时出现的闪络放电等。

2. 电气火灾爆炸的预防

（1）合理选用电气设备。在易燃易爆场所必须选用防爆电器。防爆电器在运行过程中具备不引爆周围爆炸性混合物的性能。防爆电器有各种类型和等级，应根据场所的危险性和不同的易燃易爆介质正确选用合适的防爆电器。

（2）保持防火间距。电气火灾是由电火花或电器过热引燃周围易燃物形成的，电器安装的位置应适当避开易燃物。在电焊作业的周围以及天车滑触线的下方不应堆放易燃物。使用电热器具、灯具要防止烤燃周围易燃物。

（3）保持电器、线路正常运行。保持电器、线路正常运行主要是指保持电器和线路的电压、电流、温升不超过允许值，保持足够的绝缘强度，保持连接或接触良好。这样可以避免事故火花和危险温度的出现，消除引起电气火灾的根源。

（4）电气灭火器材的选用。电气火灾有两个特点：一是着火电气设备可能带电；二是有些电气设备充有大量的油，可能发生喷油或爆炸，从而造成火焰蔓延。

带电灭火不可使用普通直流水枪和泡沫灭火器，以防扑救人员触电。应使用二氧化碳、七氟丙烷及干粉灭火器等。带电灭火一般只能在 10 kV 及以下的电气设备上进行。

电动机着火时，可用喷雾水灭火，使其均匀冷却，以防轴承和轴变形，也可用二氧化碳、七氟丙烷等灭火，但不宜用干粉、沙子、泥土灭火，以免损坏电动机。

变压器等电器发生喷油燃烧时，除切断电源外，有事故储油坑的应设法将油倒入储油坑，坑内和地上的燃油可用泡沫扑灭，要防止燃油流入电缆沟并蔓延，电缆沟内的燃油亦只能用泡沫覆盖扑灭。

第五节　静电危害及控制

要点掌握：

1. 静电种类有哪些？

2. 人体防静电措施是什么？

在工业生产中，产生静电现象较为普遍，人们一方面利用静电进行某些生产活动，如利用静电进行除尘、喷漆、植绒、选矿和复印等；另一方面是防止静电给生产和人身带来危害。美国公布了涉及 10 多个行业因静电造成的损失，调查结果显示，平均每年的直接经济损失高达 200 多亿美元。我国仅石化行业近几年就发生了几十起较大的静电事故，影响了生产的正常进行，甚至诱发火灾、爆炸等恶性事故，造成人员伤亡、财产损失。因此，如何进行静电防护及控制是各行业最为关注的安全问题之一。

一、静电的产生

1. 静电原理

静电简单地说是对观测者而言处于相对静止的电荷。当两个物体相互紧密接触时，在接触面产生电子转移，而分离时造成两个物体各自正、负电荷过剩，由此形成了两物体带静电。两种不同的物质相互之间接触和分离后带的电荷的极性与各种物质的逸出功有关。所谓逸出功是使电子脱离原来的物质表面所做的功。两物体相接触，甲的逸出功比乙的逸出功大，则甲对电子的吸引力强于乙，电子就会从乙转移到甲，于是逸出功较小一方失去电子带正电，而逸出功较大的一方就获得电子带负电。如果带电体电阻率高，导电性能差，则该项物体中的电子移动困难，静电荷易于积聚。

产生静电的因素有许多种，而且往往是多种因素综合作用。除两物体直接接触、分离起电外，带电微粒附着到绝缘固体上，使之带静电；感应起电；固定的金属与流动的液体之间会出现电解起电；固体材料在机械力作用下产生压电效应；流体、粉末喷出时，与喷口剧烈摩擦而产生喷出带电等。

当物体被外力破坏、感应、极化、吸附等都可带静电，接触分离的两物质的种类及组合不同，会影响静电产生的大小和极性。通过大量实测试验，按照不同物质相互摩擦时带电极性的顺序，人们总结出了静电带电序列表。在序列表中任何两物体紧密接触后迅速分开，靠前面的物体带正电，靠后面的物体带负电。在序列表中两物体所处位置相隔越远，静电起电量越多。

2. 物体电阻率

物体产生了静电，能否积聚起来主要取决于电阻率。静电导体难于积聚静电，而静电非导体在其上能积聚足够的静电而引起各种静电现象。

一般汽油、苯、乙醚等物质的电阻率为 $10^{10}\sim10^{13}\ \Omega\cdot\text{m}$，它

们容易积聚静电。金属的电阻率很小，电子运动快，所以两种金属分离后，显不出静电。

水是静电良导体，但当少量的水混杂在绝缘的液体中，因水滴液晶相对流动时要产生静电，反而使液晶静电量增多。金属是良导体，但当它被悬空后就和绝缘体一样，也会带上静电。

3. 静电种类

（1）固体静电。固体物质大面积的摩擦，如纸张与辊轴、橡胶或塑料碾制、传动带与传动带轮或传送带与导轮摩擦等；固体物质在压力下接触而后分离，如塑料压制、上光等；固体物质在挤出过滤时与管道、过滤器等发生的摩擦，如塑料、橡胶的挤出等：固体物质的粉碎、研磨和搅拌过程中其他一些类似的工艺过程均可能产生静电。

（2）粉体静电。粉体是固体的一种特殊形态，与整块固体相比，粉体具有分散性和悬浮状态的特点。由于它的分散性导致表面积增加，使得更容易产生静电。粉体的悬浮性又使得铝粉、镁粉等金属粉体通过空气与地绝缘，也能产生和积聚静电，因此粉体比一般固体有更大的静电危险性。粉体静电与粉体材料性质、输送管道、搅拌器或料槽材料性质、粉体的颗粒大小和表面几何特征、工艺输送速度、运动时间长短、载荷量等有关。

（3）液体静电。液体在输送、喷射、混合、搅拌、过滤、灌注、剧烈晃动过程中，会产生带电现象。如在石油炼化企业，从原油的储运、半成品、成品油的加工中，反复的加温、加压、喷射、输送、灌注运输等过程，都会产生大量的静电，有时达到数千至数万伏，一旦放电可造成非常严重的后果。液体的带电与液体的电阻率（电导率）、液体所含杂质、管道材料和管道内壁情况、注液管、容器的几何形状、过滤器的规格与安装位置、流速和管径等有关。

（4）气体（蒸汽）静电。纯净的气体在通常条件下不会引起静电，但由于气体中往往含有悬浮液体微粒或灰尘等固体颗粒，当高压喷出时相互间摩擦、分离、能产生较强的静电，如二氧化碳气由钢瓶喷出时静电可达 8 kV。

气体静电与气体的性质、喷出速度、管径及材质、固体或液体微粒的性质及几何形态、压力、密度、温度等有关。

（5）人体静电。通常情况下，人体电阻在数百欧姆至数千欧姆之间，可以说人体是一个静电导体。当人们穿着一般的鞋袜、衣服时，在干燥环境中人体就成了绝缘体。当人进行各种活动时，由于衣服之间、皮肤与衣服、鞋与地面、衣服与接触的各种介质间发生摩擦，可产生几千伏甚至上万伏的静电。如在相对湿度 39％的情况下，人体从铺有 PVC 薄膜的软椅上突然起立时人体电位可达 18 kV。

人体在静电场中也会感应起电，如果人体与地绝缘，就成为独立的带电体。如果空间存在带电颗粒，人们在此环境中可产生吸附带电。人体静电的极性和数值受人们所处的环境的温湿度、所穿的内外衣的材质、鞋、袜、地面、运动速度、人体对地电容等因素影响。

二、静电的危害

静电放电是带电体周围的场强超过周围介质的绝缘击穿场强时，因介质电离而使带电体上的电荷部分或全部消失的现象。其静电能量变为热量、声音、光、电磁波等而消耗，这种放电能量较大时，就会成为火灾、爆炸的点火源。

真实案例

1993 年 3 月 13 日，江苏省某县化肥厂碳化车间清洗塔上一根测温套管与法兰连接处严重漏气（氢气）。车间上报领导后，厂领导为保证生产，要求在不停机、不减压的条件下采取临时堵漏措施，堵住泄漏处。操作工按领导要求冒险作业，用铁卡和橡胶板进行堵漏，但未成功。随后，厂领导再次要求堵漏，操作工再次冒险作业，用平板车内的胎皮包裹泄漏处。操作中，由于塔内压力较高，高速喷出的氢气与橡胶皮摩擦产生静电火花，突然起火。一名操作工当场烧死，另一名烧成重伤，后抢救无效死亡。

事故直接原因系高速喷出的氢气与橡胶皮摩擦产生静电火花而引起火灾。间接原因是厂领导违章指挥，抓生产而不顾安全；操作工没有采取有效的安全措施冒险作业。

1. 爆炸和火灾

在有可燃液体的作业场所（如油料装运等），可能由静电火花引起火灾；在有气体、蒸汽爆炸性混合物或有粉尘纤维爆炸性混合物的场所，如氧、乙炔、煤粉、铝粉、面粉等，可能由静电引发爆炸。

2. 电击

当人体为带电体时，或带静电的人体接近接地体时，都可能产生静电电击。虽然静电的电击能量较小，不足以直接伤害人体，但可能导致坠落、摔倒等，造成次生事故。

3. 影响生产

静电的存在，可能干扰正常的生产过程，损坏设备，降低产品质量。如静电使粉尘吸附在设备上，降低设备的寿命；静电放电能引起计算机、自动控制设备的故障或误动，造成各种损失。

三、静电控制技术

1. 防静电的主要场所

静电的主要危险是引起火灾和爆炸，因此，静电可能引起安全事故的场所必须采取防静电措施。防静电的主要场所如下：

（1）生产、使用、储存、输送、装卸易燃易爆物品的生产装置。

（2）产生可燃性粉尘的生产装置、干式集尘装置以及装卸料场所。

（3）易燃气体、易燃液体槽车和船的装卸场所。

（4）有静电电击危险的场所。

2. 静电控制措施

（1）工艺控制法。工艺控制法就是从工艺流程、设备结构、材料选择和操作管理等方面采取措施限制静电的产生或控制静电的积累，使之不能到达危险的程度。具体方法有：限制输送速度；对静电的产生区和逸散区采取不同的防静电措施，正确选择设备和管理的材料；合理安排物料的投入顺序；消除产生静电的附加源，如液流的喷溅、冲击、粉尘在料斗内的冲击等。增加空气湿度的主要作用是降低绝缘体的表面电阻率，从而便于绝缘体通过自身泄放静电。因此，如工艺条件许可，可增加室内空气的相对湿度至50%以上。

真实案例

2003年7月22日，广西某物资总公司桂林分公司一辆汽车槽车到铁路专线装卸40多吨甲苯。由于火车与汽车槽车有4 m高的位差，装卸直接采用自流方式，用4条塑料管（两头套橡胶管）插入火车和汽车罐体，使甲苯从火车流入汽车罐体。在装第二车时，汽车司机和安全员到20多米远的站台上休息，一名装卸工因天热也离开汽车去喝水。此时，槽车靠近尾部的装卸孔突然发生爆炸起火，塑料管被爆炸冲击波抛出罐体外，甲苯喷洒一地，槽车附近一片火海。幸亏消防车10分钟内赶到，及时扑灭大火，火车槽车基本未受损，而汽车全部烧毁。

事故原因系装卸作业未按规定装设静电接地装置，使装卸产生的静电无法及时导出，造成静电积聚过高产生静电火花，引发事故。其次，高温作业未采取必要的安全措施，而当时气温超过35℃，甲苯已挥发到相当浓度，极易引起爆炸。

（2）泄漏导走法。泄漏导走法即将静电接地，使之与大地连接，消除导体上的静电。这是消除静电最基本的方法。可以利用工艺手段对空气增湿、添加抗静电剂，使带电体的电阻率下降或规定静置时间和缓冲时间等，使所带的静电荷得以通过接地系统导入大地。

常用的静电接地连接方式有静电跨接、直接接地和间接接地三种。静电跨接是将两个以上、没有电气连接的金属导体进行电气上的连接，使相互之间大致处于相同的静电电位。直接接地是将金属体与大地进行电气上的连接，使金属体的静电电位接近于大地，简称接地。间接接地是将非金属全部或局部表面与接地的金属相连，从而获得接地的条件。一般情况下，金属导体应采用静电跨接和直接接地。在必要的情况下，为防止导走静电时电流过大，需在放电回路中串接限流电阻。

所有金属装置、设备、管道、储罐等都必须接地。不允许有与地相绝缘的金属设备或金属零部件。各专设的静电接地端子电阻不应大于100 Ω。

不宜采用非金属管输送易燃液体。如必须采用，应采用可导电的管子或内设金属丝、网的管子，并将金属丝、网的一端可靠接地或采用静电屏蔽。

加油站管道与管道之间，如用金属法兰连接，可不另接跨接线，但必须有五个以上螺栓可靠连接。

平时不能接地的汽车槽车和槽船在装卸易燃液体时，必须在预设地点按操作规程的要求接地，所用接地材料必须在撞击时不会发生火花。装卸完毕后，必须按规定待物料静置一定时间后，才能拆除接地线。

（3）静电中和法。静电中和法是利用静电消除器产生的消除静电所必需的离子来对异性电荷进行中和。非导体，如橡胶、胶片、塑料薄膜、纸张等在生产过程中产生的静电，应采用静电消除器消除。

不宜采用非金属管输送易燃液体。如必须采用，应采用可导电的管子或内设金属丝、网的管子，并将金属丝、网的一端可靠接地或采用静电屏蔽。

3. 人体防静电措施

人体带电除了能使人遭到电击和影响安全生产外，还能在精密仪器或电子器件生产中造成质量事故。

（1）人体接地。在人体必须接地的场所，工作人员应随时用手接触接地棒，以清除人体所带的静电。在重点防火防爆岗位场所的入口处、外侧，应有裸露的金属接地物，如采用接地的金属门、扶手、支架等。属 0 区或 1 区的爆炸危险场所，且可燃物的最小点燃能量在 0.25 mJ 以下时，工作人员应穿防静电鞋、工作服。禁止在爆炸危险场所穿脱衣服、鞋帽。

（2）工作地面导电化。特殊场所的地面，应是导电性或具备导电条件。这个要求可通过洒水或铺设导电地板来实现。

（3）安全操作。工作中应尽量不进行可使人体带电的活动，如接近或接触带电体；操作应有条不紊，避免急骤性动作；在有静电危险的场所，不得携带与工作无关的金属物品，如钥匙、硬币、手表等；合理使用规定的劳动保护用品和工具，不准使用化纤材料制作的拖布或抹布擦洗物体或地面。

第六节　雷电的防护

要点掌握：

雷电危害有哪些？

雷电是一种大气中的放电现象，即正负电荷的中和过程。雷云在形成过程中，某些云积累起正电荷，另一些云积累起负电荷。随着电荷的积累，电压逐步升高，当带不同电荷的雷云互相接近到一定距离时，将发生激烈放电，出现耀眼的闪光。由于闪光时温度高达 20 000℃，空气受热膨胀，发出震耳轰鸣。这就是闪电和雷鸣；有时雷云很低，在地面凸出物上将感应出异性电荷，到一定程度时也将出现雷云对地面凸出物的放电，这就是常说的雷击。

一、雷电的危害

1. 雷电的分类

从危害角度考虑，雷电可分为直击雷、感应雷（包括静电感应和电磁感应）和雷电侵入波三种。

（1）直击雷。直击雷是闪电直接击在建筑物其他物体、大地或防雷装置上，产生电效应、热效应和机械力。

（2）感应雷。感应雷有静电感应和电磁感应两种起因，静电感应是由于雷云接近地面，在地面感应物上感应出大量异性电荷，当雷云与其他物体放电后，凸出物顶部电荷失去束缚，产生对地面很高的静电电位，以雷电波形式沿凸出物极快泄放，此时极易产生火花放电。电磁感应是雷击时幅度和陡度都很大的雷电流，在周围空间产生迅速变化的磁场，导致附近的金属导体上感应出高电压，一旦与其他金属设备接触或接近时，则可能产生火花放电。

（3）雷电侵入波。雷电侵入波是雷击在架空线路或金属管道上产生的冲击电压，沿着线路或管道迅速传播侵入建筑物内，危及人身安全或损坏设备。

2. 雷电破坏

雷电破坏可归纳为电性质破坏、热性质破坏、机械性质破坏三种。

（1）电破坏。雷电在放电时产生数十万乃至百万伏冲击电压，这么高的电压可能会毁坏发电机、变压器及线路绝缘子等电气设备的绝缘，引起短路，甚至导致大规模停电。绝缘损坏会引起短路，导致火灾或爆炸事故。

（2）热破坏。强大的雷电流通过导体时，在极短的时间内发出大量热量，产生的高温会造成易燃物燃烧或金属熔化飞溅，从而引起火灾、爆炸。

（3）机械破坏。当强大的雷电流通过被击物时，被击物缝隙中的空气急剧膨胀，缝隙中的水分迅速蒸发，致使被击物破坏或爆裂。

3. 雷电危害

（1）雷电感应。雷电的强大电流所产生的强大交变电磁场，会使导体感应出较大的电动势，还会在构成闭合回路的金属物中感应出电流。如回路中有地方接触电阻较大，就会局部发热或发生火花放电，可引燃易燃、易爆物品。

真实案例

2001 年 8 月 9 日 13 时左右，贵阳某加油站发生火灾，起火原因系雷电击中电源线路，雷电流经电杆金属拉线入地，由于拉线接地电阻达 240 Ω，且拉线距油罐只有 2 m，雷电形成的瞬间高压反击引起火花，致使柴油燃烧而发生火灾。

（2）雷电侵入波。雷电在架空线路、金属管道上会产生冲击电压，使雷电波沿线路或管道迅速传播。若侵入建筑物内，可将配电装置和电气线路的绝缘层击穿，产生短路或使建筑物内易燃、易爆物品燃烧和爆炸。

(3) 反击作用。当防雷装置受雷击时，在接闪器引下线和接地体上部具有很高的电压，如果防雷装置与建筑物的电气设备、电气线路或其他金属管道的距离很近，它们之间就会产生放电，这种现象称为反击。反击可能引起电气设备绝缘破坏，金属管道烧穿。

(4) 雷电对人体的危害。雷击电流迅速通过人体，可立即使呼吸中枢麻痹，心室纤颤，心跳骤停，以致使脑组织及一些主要脏器受到严重损害，出现休克或突然死亡。雷击时产生的火花、电弧，还可以使人遭到不同程度的烧伤。

二、防雷技术

1. 防雷装置

防雷装置包括接闪器、引下线、接地装置、电涌保护器及其他连接导体。

(1) 接闪器。用于直接接受雷击的金属体，如避雷针、避雷线、避雷带、避雷网，安装在被保护设施的上方，它更接近于雷云，雷云首先对接闪器放电，使强大的雷电流沿接闪器、引下线和接地装置导入大地，从而使被保护设施免遭雷击。

(2) 引下线。应满足机械强度、耐腐蚀和热稳定的要求，通常采用圆钢或扁钢制成，并采取镀锌或刷漆等防腐措施，绝不可采用铝线作引下线。

引下线应取最短途径，尽量避免弯曲，并每隔 1.5～2 m 设 1 个固定点加以固定。可以利用建筑物的金属结构作为引下线，但金属结构的连接点必须焊接可靠。

引下线在地面以上 2 m 至地面以下 0.2 m 的一段应该用角钢、钢管、竹管或塑料管等加以保护，角钢、钢管应与引下线连接，以减小通过雷电流时的电抗。

(3) 接地装置。接地装置具有向大地泄放雷电流的作用。接地装置与接闪器一样应有防腐要求，接地体一般采用镀锌钢管或角钢制作，其长度宜为 2.5 m，垂直打入地下，其顶端低于地面 0.6 m。接地体之间用圆钢或扁钢焊接，并采用沥青漆防腐。

（4）电涌保护器。电涌保护器也叫电压保护器。它是一种限制瞬态过电压和分走电涌电流的器件。

2. 防雷基本措施

（1）防直击雷。防直击雷的主要措施有装设避雷针、避雷线、避雷网和避雷带。

真实案例

某厂装置有 3 台甲醇罐，罐上安装了呼吸阀，旁边有一个检尺口，呼吸阀每年进行例行检查。某年 7 月末的一天上午，操作工正从槽车往罐里卸甲醇。突然，狂风大作，雷声隆隆，暴雨顷刻即至。操作工立即关闭阀门，停止卸车。但雷击仍在管线和罐区肆虐。突然，一个火球在中间的甲醇罐顶上闪过，罐顶立即着火，引发一场火灾。

事故原因系防直击雷装置发生问题。对排放有爆炸危险蒸汽或粉尘的放散管、呼吸阀、排风管等，罐顶或其附近避雷针针尖宜高出罐顶 3 m 以上，保护范围应高出罐顶 2 m 以上。另外，呼吸阀也应与罐体进行跨接，使其良好接地。

1）避雷针。避雷针分为独立和附设两种。独立避雷针是离开建筑物单独安装的，其接地装置一般也是独立的，接地电阻一般不超过 10 Ω。严格禁止通信线、广播线和低压线架设在避雷针构架上。独立避雷针构架上若装有照明灯，其电源线应采用金属护套电缆或穿铁管，并将其埋入地中的长度为 10 m 以上，深度 0.5～0.8 m，然后才能引进室内。

附设安装在建筑物上的避雷针，其接地装置可以与其他接地装置共用，可以沿建筑物四周敷设。附设避雷针与建筑物顶部的其他接闪器应互相连接起来。

露天装设的金属封闭容器，其壁厚大于 4 mm 时，一般可以不装避雷针，利用金属容器本身作接闪器，但至少作两个接地点，其间距不应大于 30 m。

避雷针的高度和支数，应按不同保护对象和保护范围选择。太高的避雷针往往起不到预期的效果，反而会增加雷击的概率。

2）避雷线。避雷线主要用来保护架空线路免受直接雷破坏。它架设在架空线的上方，并与接地装置连接，所以也称架空地线。

3）避雷带和避雷网。它能保护面积较大的建筑物避免直击雷。在避雷带和避雷网下方的被保护物，一般均能得到很好保护，不必计算其保护范围。避雷带一般可取两带间距为 6～10 m。避雷网的网格边长一般可取 6～12 m。易受雷击的屋脊、屋角、屋檐等处，应设避雷带加以保护。

（2）防电磁感应及雷电波入侵。雷电感应能产生很高的冲击电压，在电力系统中应与其他过电压同样考虑，在化工厂主要考虑放电火花引起的火灾和爆炸。

为防止雷电感应产生的高电压放电，应将建筑物内的金属设备、金属管道、钢筋构架、电缆钢铠外皮以及金属屋顶等均作等电位良好接地，钢筋混凝土层面应将钢筋焊接成避雷网，并每隔 18～24 m 采用引下线与接地装置连接。

金属管道和架空电线遭到雷击产生的高电压若不能就近导入地下，则必沿着管道或线路传入相连接的设施，对人身和设备造成危害。因此防雷电侵入波危害的主要措施是在雷电波未侵入前先将其导入地下。具体措施有：

1）架空管道进厂房处及邻近 100 m 内，采取 2～4 处接地措施。

2）在架空电力线路的进户端安装避雷器，避雷器的上端接线路，下端接地。平时避雷器的绝缘间隙保持绝缘状态，不影响电力线路的正常运行。当雷电波传来时，避雷器的间隙由于高电压击穿而接地，雷电波则不能侵入设施。雷击后，避雷器的间隙恢复绝缘状态，电力系统仍然正常工作。

3）建筑物的进出线应分类集中布线，穿金属管保护并与其他金属体做等电位连接。

4）对建筑物内电子设备分区保护、层层设防，通过接闪、分流、接地、防闪络、屏蔽等电位及合理布线等措施，将雷电侵入途径分割若干能量区域并使冲击能量逐次减小到保护目的。

第四章　化工机械设备的安全技术与管理

学习目标：

1. 熟悉常用化工机械设备主要类型；

2. 熟悉化工机械设备安全使用的操作要点和维护知识。

压力容器如塔、器、釜、槽、罐，在化学工业中有着广泛的应用。由于压力容器在温度、压力、介质、环境等极为复杂、苛刻的条件下运行，有事故率高、危害性大的特点。瑞士在保险公司的统计资料显示，导致化学工业和石油工业事故的九大类型危险源中，设备缺陷问题居于第一位。由设备缺陷引发的事故，在化学工业中占 31.1%，在石油工业中占 46.0%。如果消除设备缺陷，会有效改善化学工业和石油工业的安全。

在化工生产中，几乎所有的化工设备与机械之间都是用管道相连接的，用以输送和控制流体介质，完成特定的化工工艺工程。工艺管道与机械设备一样，伴有介质的化学环境和热学环境，在复杂的工艺条件下运行，因此，设计、制造、安装、检验、操作、维修上的任何失误，都有可能导致管道的过早失效或发生事故。特别是高压工艺管道，由于承受高压，加上化工介质的易燃、易爆、有毒、强腐蚀和高、低温特性，一旦发生事故，就更具危险性。

在化学工业各类伤亡事故中，机械伤害和触电伤害占很大比例。据我国化工部门统计，1950—1999 年的 50 年中，我国化工行业发生各类伤亡事故 23 425 起，死亡 8 313 人，重伤 17 401 人。其中，机械伤害的死亡人数占总死亡人数的 6.8%，而重伤人数却占总重伤人数的 36.2%，居于各类重伤事故之首。触电伤害的死亡人数占总死亡人数的 8.7%，触电伤害死亡的比例是相当高的。

第一节　特种设备安全监察

要点掌握：

1. 熟悉特种设备安全监督管理方法。
2. 掌握特种设备使用责任。

一、概述

特种设备指涉及生命安全、危险性较大的锅炉、压力容器（含气瓶）、压力管道、电梯、起重机械、客运索道、大型游乐设施。

特种设备危险性较大，容易发生事故，其安全性能的好坏，对于生产安全的影响很大。为加强特种设备的安全监察，防止和减少事故，保障人民群众生命和财产安全，促进经济发展，《国务院关于修改〈特种设备安全监察条例〉的决定》已经 2009 年 1 月 14 日国务院第 46 次常务会议通过，自 2009 年 5 月 1 日起施行。原 2003 年 6 月 1 日公布施行的实施条例作废。

二、特种设备的监督管理

《特种设备安全监察条例》对特种设备的设计、制造、安装、改造、维修、使用、检验检测及其监督检查作出规定，相关单位、机构、政府职能部门均应严格执行。

1. 监督检查

国务院特种设备安全监督管理部门（国家质量监督检验检疫

总局）负责全国特种设备的安全监察工作；县以上地方负责特种设备安全监督的管理部门对本行政区域内的特种设备实施安全监察。

特种设备安全监督管理部门依照《特种设备安全监察条例》对特种设备生产、使用单位和检验检测机构实施安全监察。特种设备安全监督管理部门应定期向社会公布特种设备安全状况。

特种设备安全监察人员应当经国务院特种设备安全监督管理部门考核合格、取得特种设备安全监察人员证书。实施监察时，应当有两名人员参加，并出示有效的特种设备安全监察人员证书。被监察单位应无条件服从监察人员实施监察，并积极配合其工作。

2. 设计

对特种设备的设计单位实行许可证管理。特种设备的设计单位应当经国务院特种设备安全监督管理部门许可，方可从事设计活动。其设计文件，应当经国务院特种设备安全监督管理部门核准的检验检测机构鉴定，方可用于制造。

3. 制造

对特种设备的制造单位实行许可证管理。特种设备的制造单位应当经国务院特种设备安全监督管理部门许可，方可从事相应的活动。特种设备出厂时，应当附有安全技术规范要求的设计文件、产品质量合格证明、安装及使用维修说明、监督检验证明等文件。

4. 安装、改造、维修

对特种设备的安装、改造、维修单位实行许可证管理。特种设备的安装、改造、维修单位必须取得相应的许可。在施工前应将拟进行的特种设备安装、改造、维修情况书面报告直辖市或设区的市的特种设备安全监督管理部门，告知后方可施工。施工单位应当在验收后 30 日内将有关技术资料移交使用单位存档。

5. 检验检测

对特种设备的检验检测机构实行核准管理。特种设备的检验检测，包括监督检验、定期检验、形式试验检验检测。从事检验检测工作的机构，应当具备相应的条件，并经国务院特种设备安全监督管理部门核准。使用单位设立的特种设备检验检测机构，应当经国务院特种设备安全监督管理部门组织考核合格，取得检验检测人员证书，方可从事检验检测工作。

6. 使用

对特种设备的使用实行登记管理。特种设备的使用单位，应当严格执行《特种设备安全监察条例》和有关安全生产的法律、行政规定，保证特种设备的安全使用。

三、特种设备使用单位的责任

《特种设备安全监察条例》明确规定了特种设备使用单位的职责。化工企业应明确在使用特种设备的过程中应负有的管理责任和应承担的法律责任。

1. 采购

特种设备的使用单位应当使用符合安全技术规范要求的特种设备。在设备投入使用前，应核对其出厂时制造单位应提供的各种技术文件、产品质量合格证明、安装、使用及维修说明、监督检验证明等。

2. 登记

特种设备投入使用前或投入使用后 30 日内，使用单位应当向直辖市或设区的市的特种设备安全监督管理部门登记。登记标志应当置于或附着于该特种设备的显著位置。

3. 建档

使用单位应当建立特种设备安全技术档案。安全技术档案应当包括以下内容：

（1）特种设备的设计文件、制造单位、产品质量合格证明、使用维护说明等文件以及安装技术文件和资料；

（2）特种设备的定期检验和定期自行检查的记录；

（3）特种设备的日常使用状况记录；

（4）特种设备及其安全附件、安全保护装置、测量调控装置及有关附属仪器仪表的日常维护保养记录；

（5）特种设备运行故障和事故记录；

（6）特种设备的事故应急措施和救援预案。

4. 自检

（1）使用单位应当对在用特种设备进行经常性日常维护保养，并定期自行检查。

（2）使用单位对在用特种设备应当至少每月进行一次自行检查，并做出记录。特种设备使用单位对在用特种设备进行自行检查和日常维护保养时发现异常情况的，应当及时处理。

（3）使用单位应当对在用特种设备的安全附件、安全保护装置、测量调控装置及有关附属仪器仪表进行定期校验、检修，并做出记录。

（4）特种设备出现故障或者发生异常情况，使用单位应当对其进行全面检查，消除事故隐患后，方可重新投入使用。

5. 定检

使用单位应当按照安全技术规范的定期检验要求，在安全检验合格有效期届满前1个月向特种设备检验检测机构提出定期检验要求。未经定期检验或者检验不合格的特种设备，不得继续使用。

6. 注销

特种设备存在严重事故隐患，无改造、维修价值，或者超过安全技术规范规定使用年限的，使用单位应当及时予以报废，并向原登记的特种设备安全监督管理部门办理注销。

7. 作业人员

（1）特种设备作业人员，如锅炉、压力容器、电梯、起重机械等作业人员及其相关管理人员，应当按照国家有关规定经特种设备安全监督管理部门考核合格，取得国家统一格式的特种作业人员证书，方可从事相应的作业或者管理工作；

（2）使用单位应当对特种设备作业人员进行特种设备安全教育和培训，保证特种设备作业人员具备必要的特种设备安全作业知识；

（3）特种设备作业人员在作业中应当严格执行特种设备的操作规程和有关的安全规章制度；

（4）特种设备作业人员在作业过程中发现事故隐患或者其他不安全因素，应当立即向现场安全管理人员和单位有关负责人报告。

8. 法律责任

（1）特种设备存在严重事故隐患，无改造、维修价值，或者超过安全技术规范规定使用年限，特种设备使用单位未予以报废，并未向原登记的特种设备安全监督管理部门办理注销的，由特种设备安全监督管理部门责令限期整改；逾期未改正的，处 5 万元以上 20 万元以下罚款。

（2）特种设备使用单位拒不接受特种设备安全监督管理部门依法实施的安全监察的，由特种设备安全监督管理部门责令限期整改；逾期未改正的，责令停产停业整顿，处 2 万元以上 10 万元以下罚款；触犯刑律的，依照刑法关于妨害公务罪或者其他罪的规定，依法追究刑事责任。

（3）特种设备使用单位存在未认真履行以上其他职责的情形的，由特种设备安全监督管理部门责令限期改正；逾期未改正的，处 2 000 元以上 2 万元以下罚款；情节严重的，责令停止使用或者停产停业整顿。

第二节　压力容器的安全技术

要点掌握：

1. 压力容器按工作压力如何分类？

2. 压力容器的安全装置有哪些？

在化工生产过程中需要用容器来储存和处理大量的物料。由于物料的状态、物理及化学性质不同以及采用的工艺方法不同，所用的容器也是多种多样的。在化工生产过程中使用的容器中，压力容器的数量多，工作条件复杂，危险性很大，因此，压力容器状况的好坏对实现化工安全生产至关重要。所以，必须加强压力容器的安全管理，并设有专门机构进行监察，压力容器的设计、制造、安装、维修、改造、检验或使用都必须遵照、执行原劳动部颁发的《压力容器安全技术监察规程》。

一、压力容器的分类及特点

所有承受压力载荷的密闭容器都可以被称为压力容器。但是，并不是所有的压力容器都有很大的危险。事实上只有其中的一部分压力容器比较容易发生事故，并且事故的危害性较大。根据 1990 年我国原劳动部颁发的《压力容器安全技术监察规程》，一般情况下，压力容器是指具备下列条件的容器：

①最高工作压力大于或等于 0.1 MPa（不含液体静压力，下同）；

②内直径（非圆形截面指断面最大尺寸）大于或等于 0.15 m，且容积（V）大于或等于 0.025 m^3；

③介质为气体、液化气体或最高工作温度高于或等于标准沸点的液体。

1. 压力容器的分类

在化工生产过程中，为了有利于安全技术监督和管理，根据容器的压力高低、介质的危害程度以及在生产中的重要作用，将压力容器分类。压力容器的分类方法很多。

（1）按工作压力分类。按压力容器的设计压力，压力容器分为低压、中压、高压、超高压 4 个等级。

低压（代号 L）　　0.1 MPa$\leqslant p<$1.6 MPa

中压（代号 M）　　1.6 MPa$\leqslant p<$10 MPa

高压（代号 H）　　10 MPa$\leqslant p<$100 MPa

超高压（代号 U）　　100 MPa$\leqslant p\leqslant$1000 MPa

（2）按用途分类。按压力容器在生产工艺过程中的作用原理，压力容器分为反应容器、换热容器、分离容器、储存容器。

1）反应容器（代号 R）。主要用于完成介质的物理、化学反应的压力容器。如反应器、反应釜、分解锅、分解塔、聚合釜、高压釜、超高压釜、合成塔、铜洗塔、变换炉、蒸煮锅、蒸球、蒸压釜、煤气发生炉等。

2）换热容器（代号 E）。主要用于完成介质的热量交换的压力容器。如管壳式废热锅炉、热交换器、冷却器、冷凝器、蒸发器、加热器、消毒锅、染色器、蒸炒锅、预热锅、蒸锅、蒸脱机、电热蒸汽发生器、煤气发生炉水夹套等。

3）分离容器（代号 S）。主要用于完成介质的流体压力平衡和气体净化分离等的压力容器。如分离器、过滤器、集油器、缓冲器、洗涤器、吸收塔、干燥塔、汽提塔、分汽缸、除氧器等。

4）储存容器（代号 C，其中球罐代号 B）。主要是盛装生产用的原料气体、液体、液化气体等的压力容器。如各种类型的储罐。

在一种压力容器中，如同时具备两个以上的工艺作用原理时，应按工艺过程中的主要作用来划分。

（3）按危险性和危害性分类

1）一类压力容器。非易燃或无毒介质的低压容器；易燃或有毒介质的低压分离容器和换热容器。

2）二类压力容器。任何介质的中压容器；易燃介质或毒性程度为中度危害介质的低压反应容器和储存容器；毒性程度为极度和高度危害介质的低压容器；低压管壳式余热锅炉；搪瓷玻璃压力容器。

3）三类压力容器。毒性程度为极度和高度危害介质的中压容器和 pV（设计压力×容积）≥0.2 MPa·m^3 的低压容器；易燃或毒性程度为中度危害介质且 pV≥0.5 MPa·m^3 的中压反应容器；pV≥10 MPa·m^3 的中压储存容器；高压、中压管壳式余热锅炉；高压容器。

2. 压力容器的特点

（1）种类繁多、应用面广。压力容器主要用于石油、化学和冶金工业，种类繁多、形式各异。如一个年产 30 万 t 的乙烯装置，其中有压力容器 281 台，占设备总量的 35.4%。

（2）操作条件复杂、安全要求高。压力容器的操作条件极为复杂，有些条件要求甚至达到苛刻的地步。从－100℃以下的低温到 1 000℃以上的高温；从大气压以下的真空到 100 MPa 以上的超高压，温度和压力变化范围相当宽泛。处理的介质，多为易燃、易爆、有毒、腐蚀等有害物质，有数千个品种。如合成氨的操作压力为 10～100 MPa，高压聚乙烯装置的操作压力为 100～200 MPa。操作条件的复杂性使压力容器从设计、制造到使用、维护都不同于一般机械设备。

压力容器结构并不复杂，但因其承受各种静、动载荷或交变载荷，还有附加的机械或温度载荷，加工的物料多为有危险性的饱和液体或气体，容器一旦破裂就会卸压，导致液体蒸发或蒸汽、气体膨胀，瞬间释放出极大量的破坏能量。承压容器多为焊接结构，容易产生各种焊接缺陷，一旦检验或操作失误，易发生爆炸破裂，器内的易燃、易爆、有毒介质将向外喷泻，会造成灾难性后果。所以，压力容器比一般机械设备有更高的安全要求。

二、压力容器的安全装置

安全装置是承压设备安全、经济运行不可缺少的组成部分。根据容器的用途、工作条件、介质性质等具体情况选用必要的安全附件，可提高压力容器的可靠性和安全性。

1. 安全泄压装置

压力容器在运行过程中，由于种种原因，可能出现器内压力超过它的最高许用压力（一般为设计压力）的情况。为了防止超压，确保压力容器安全运行，一般都装有安全泄压装置，以自动、迅速地排出容器内的介质，使容器内压力不超过它的最高许用压力。压力容器常见的安全泄压装置有安全阀、防爆片和防爆帽。

（1）安全阀。压力容器在正常工作压力运行时，安全阀保持严密不漏；当压力超过设定值时，安全阀在压力作用下自行开启，使容器泄压，以防止容器或管线的破坏；当容器压力泄至正常值时，它又能自行关闭，停止泄放。

1）安全阀的种类。安全阀按其整体结构及加载机构形式来分，常用的有杠杆式和弹簧式两种。它们是利用杠杆与重锤或弹簧弹力的作用，压住容器内的介质，当介质压力超过杠杆与重锤或弹簧弹力所能维持的压力时，阀芯被顶起，介质向外排放，器内压力迅速降低；当器内压力小于杠杆与重锤或弹簧弹力后，阀芯再次与阀座闭合。

2）安全阀的选用。《压力容器安全技术监察规程》规定，安全阀的制造单位，必须有国家有关部门颁发的制造许可证才可制造。产品出厂应有合格证，合格证上应有质量检查部门的印章及检验日期。

3）安全阀的安装。安全阀应垂直向上安装在压力容器本体的液面以上气相空间部位，或与连接在压力容器气相空间上的管道相连接。安全阀确实不便装在容器本体上、而用短管与容器连接时，则接管的直径必须大于安全阀的进口直径，接管上一般禁止装设阀门或其他引出管。

4）安全阀的维护和检验。安全阀在安装前应由专业人员进行水压试验和气密性试验，经试验合格后进行调整校正。安全阀的开启压力不得超过容器的设计压力。校正调整后的安全阀应进行铅封。安全阀要定期检验，每年至少校验一次。定期检验工作包括清洗、研磨、试验和校正。

（2）防爆片。防爆片又称防爆膜、防爆板，是一种断裂型的安全泄压装置。防爆片具有密封性能好、反应动作快以及不易受介质中黏污物的影响等优点。但它是通过膜片的断裂来卸压的，所以卸压后不能继续使用，容器也被迫停止运行。因此，它只适宜在不宜安装安全阀的压力容器上使用。

防爆片的设计压力一般为工作压力的 1.25 倍，对压力波动幅度较大的容器，其设计破裂压力还要相应大一些。但在任何情况下，防爆片的爆破压力都不得大于容器设计压力。

（3）防爆帽。防爆帽又称爆破帽，是一种断裂型安全泄压装置。它的样式较多，但基本作用原理一样。它的主要元件是一个一端封闭、中间具有一薄弱断面的厚壁短管。当容器的压力超过规定时，防爆帽即从薄弱断面处断裂，气体从管孔中排出。为了防止防爆帽断裂后飞出伤人，在它的外面应装有保护装置。

2. 压力表

压力表是测量压力容器中介质压力的一种计量仪表。压力表的种类较多，按它的作用原理和结构，可分为液柱式、弹性元件式、活塞式和电量式四大类。压力容器大多使用弹性元件式的单弹簧管压力表。

（1）压力表的选用。压力表应该根据被测压力的大小、安装位置的高低、介质的性质（如温度、腐蚀性等）来选择精度等级、最大量程、表盘大小以及隔离装置。

装在压力容器上的压力表，其表盘刻度极限值应为容器最高工作压力的 1.5～3 倍，最好为 2 倍。压力表量程越大，允许误差的绝对值也越大，视觉误差也越大。按容器的压力等级要求，低压容器一般不低于 2.5 级，中压及高压容器不应低于 1.5 级。为便于操作人员能清楚准确地看出压力指示，压力表盘直径不能太小。在一般情况下，表盘直径不应小于 100 mm。如果压力表距离观察地点远，表盘直径增大，距离超过 2 m 时，表盘直径最好不小于 150 mm；距离超过 5 m 时，不要小于 250 mm。超高压容器压力表的表盘直径应不小于 150 mm。

（2）压力表的安装。安装压力表时，为便于操作人员观察，应将压力表安装在最醒目的地方，并要有充足的照明，同时要注意避免受辐射热、低温及振动的影响。装在高处的压力表应稍微向前倾斜，但倾斜角不要超过 30°。压力表接管应直接与容器本体相接。为了便于卸换和校验压力表，压力表与容器之间应装设三通旋塞。旋塞应装在垂直的管段上，并要有开启标志，以便核对与更换。蒸汽容器，在压力表与容器之间应装有存水弯管。盛装高温、强腐蚀及凝结性介质的容器，在压力表与容器连接管路上应装有隔离缓冲装置，使高温或腐蚀介质不和弹簧弯管直接接触，且应依据液体的腐蚀性选择隔离液。

（3）压力表的使用。使用中的压力表应根据设备的最高工作压力，在它的刻度盘上画明警戒红线，但注意不要涂画在表盘玻璃上，一则会产生很大的视差，二则玻璃转动会导致红线位置发生变化易使操作人员产生错觉，造成事故。

压力表应保持洁净，表盘上的玻璃要明亮透明，使表内指针指示的压力值能清楚易见。压力表的接管要定期吹洗。在容器运行期间，如发现压力表指示失灵，刻度不清，表盘玻璃破裂，泄压后指针不回零位，铅封损坏等情况，应立即校正或更换。

压力表的维护和校验应符合国家计量部门的有关规定。一般每 6 个月校验一次。通常压力表上应有校验标记，注明下次校验日期或校验有效期。校验后的压力表应加铅封。未检验合格和无铅封的压力表均不准安装使用。

3. 液面计

液面计是压力容器的安全附件。一般压力容器的液面显示多用玻璃板液面计。石油化工装置的压力容器，如各类液化石油气体的储存压力容器，选用各种不同作用原理、构造和性能的液位指示仪表。介质为粉体物料的压力容器，多数选用放射性同位素料位仪表，指示粉体的料位高度。

另外，化工生产过程中，有些反应压力容器和储存压力容器还装有液位检测报警、温度检测报警、压力检测报警及联锁等，既是生产监控仪表，也是压力容器的安全附件，都应该按有关规定的要求，加强管理。

三、压力容器的操作与维护

压力容器设计的承压能力、耐蚀性能和耐高低温性能是有条件、有限度的。操作的任何失误都会使压力容器过早失效甚至酿成事故。国内外压力容器事故统计资料显示，因操作失误引发的事故占50%以上。特别是化工新产品不断开发、容器日趋大型化、高参数和中高强钢广泛应用的条件下，更应重视因操作失误引起的压力容器事故。

1. 压力容器工艺参数原则

压力容器的工艺规程、岗位操作法和容器的工艺参数应规定在压力容器结构强度允许的安全范围内。工艺规程和岗位操作法应控制下列内容：

（1）压力容器工艺操作指标及最高工作压力、最低工作壁温；

（2）操作介质的最佳配比和其中有害物质的最高允许浓度，反应抑制剂及缓蚀剂的加入量；

（3）正常操作法、开停车操作程序，升降温、升降压的顺序及最大允许速度，压力波动允许范围及其他注意事项；

（4）运行中的巡回检查路线，检查内容、方法、周期和记录表格；

（5）运行中可能发生的异常现象和相关的防治措施；

（6）压力容器的岗位责任制、维护要点和方法；

（7）压力容器停用时的封存和保养方法。

使用单位不得随意改变压力容器设计工艺参数，严防在超温、超压、过冷和强腐蚀条件下运行。操作人员必须熟知工艺规程、岗位操作法和安全技术规程，通晓容器结构和工艺流程，经理论和实际考核合格者方可上岗。

2. 压力容器操作维护

（1）应从工艺操作上制定措施，保证压力容器的安全经济运行。如完善平稳操作的规定，通过工艺改革，适当降低工作温度和工作压力等。

（2）应加强防腐蚀措施，如喷涂防腐层、加衬里，添加缓蚀剂，改进净化工艺，控制腐蚀介质含量等。

（3）根据存在缺陷的部位和性质，采用定期或状态监测手段，查明缺陷有无发展及发展程度，以便采取措施。

3. 异常情况处理

发现下列情况之一者应停止工作。

（1）容器工作压力、工作壁温、有害物质浓度超过操作规程规定的允许值，经采取紧急措施仍不能下降时；

（2）容器受压元件发生裂纹、鼓包、变形或严重泄漏等危及安全运行时；

（3）安全附件失灵，无法保证容器安全运行时；

（4）紧固件损坏、接管断裂，难以保证安全运行时；

（5）容器本身、相邻容器或管道发生火灾、爆炸或有毒有害介质外逸，直接威胁容器安全运行时。

在压力容器异常情况处理时，必须克服侥幸心理和短期行为，应谨慎、全面地考虑事故的潜在性和突发性。

第三节 工业锅炉安全技术

要点掌握：

1. 锅炉的安全装置有哪些？

2. 锅炉如何才能安全运行？

3. 锅炉事故主要有哪些？

锅炉作为产生蒸汽的热力设备，在动力、热能和工艺用气的供应中，发挥着重要作用。锅炉由于设计、制造不合理，尤其是使用管理不当，导致事故的发生频率很高。据日本20世纪70年代的调查披露，日本当时运行的十万余台锅炉，在十年间共发生事故355次，其中由于管理不善而发生的事故有243次，占事故总数的70.8%。多年来，我国锅炉的安全工作一直受到国家劳动部门的重视，相继颁发了许多安全和劳动保护工作的法令、规范和标准，收到了显著效果。

一、锅炉的安全装置

1. 安全阀

安全阀是锅炉设备中的重要安全装置之一，它能自动开启排汽以防止锅炉压力超过规定限度。安全阀通常应该具有的功能是：当锅炉中介质压力超过允许压力时，安全阀自动开启，排气降压，同时发出鸣叫声向工作人员报警；当介质压力降到允许工作压力之后，自动“回座”关闭，使锅炉能够维持运行；在锅炉正常运行中，安全阀保持密闭不漏。

安全阀必须有足够的排放能力，在开启排气后才能起到降压作用。否则，即使安全阀排气，锅炉内的压力仍会继续不断上升。因此，为保证在锅炉用汽单位全部停用蒸汽时也不致锅炉超压，锅炉上所有安全阀的总排汽量，必须大于锅炉的最大连续蒸发量。安全阀每年至少做一次定期检验，每天人为排放一次，排放压力最好为最高工作压力的80%以上。

2. 压力表

压力表是测量和显示锅炉汽水系统压力大小的仪表。严密监视锅炉各受压元件实际承受的压力，将它控制在安全限度之内，是锅炉实现安全运行的基本条件和基本要求，因而压力表是运行操作人员必不可少的仪表。锅炉没有压力表、压力表损坏或压力表的装设不符合要求，都不得投入运行或继续运行。

压力表的量程应与锅炉工作压力相适应，通常为锅炉工作压力的1.5～3倍，最好为2倍。压力表刻度盘上应该画红线，指出最高允许工作压力。压力表每半年至少应校验一次，校验后应该铅封。压力表的连接管不应有漏气现象，否则会降低压力指示值。

3. 水位表

水位表是用来显示汽包内水位高低的仪表。操作人员可以通过水位表观察和调节水位，防止发生锅炉缺水或满水事故，保证锅炉安全运行。

水位报警器用于在锅炉水位异常（高于最高安全水位或低于最低安全水位）时发出警报，提醒运行人员采取措施，消除险情。额定蒸发量≥2 t/h的锅炉，必须装设高低水位报警器，警报信号应能区分高低水位。

二、锅炉使用的安全管理

1. 锅炉启动的安全要点

由于锅炉是一个复杂的装置，包含一系列部件、辅机，锅炉的正常运行包括燃烧、传热、工质流动等过程，因而启动一台锅炉要进行多项操作，要用较长的时间使各个环节协同动作，逐步达到正常工作状态。

锅炉启动过程中，其部件、附件等由冷态（常温或室温）变为受热状态，由不承压转变为承压，其物理形态、受力情况等产生很大变化，最易发生各种事故。据统计，约有半数的锅炉事故是在启动过程中发生的。因而对锅炉的启动必须认真地准备。

（1）全面检查。锅炉启动之前一定要全面检查，符合启动要求后才能进行下一步的操作。启动前的检查应按照锅炉运行规程的规定，逐项进行。主要内容有：检查汽水系统、燃烧系统、风烟系统、锅炉本体和辅机是否完好；检查人孔、手孔、看火门、防爆门及各类阀门、接板是否正常；检查安全附件是否齐全、完好并使之处于启动所要求的位置；检查各种测量仪表是否完好等。

（2）上水。为防止产生过大热应力，上水水温最高不应超过90～100℃；上水速度要缓慢，全部上水时间在夏季不小于1 h，在冬季不小于2 h。冷炉上水至最低安全水位时应停止上水，以防受热膨胀后水位过高。

（3）烘炉和煮炉。新装、大修或长期停用的锅炉，其炉膛和烟道的墙壁非常潮湿，一旦骤然接触高温烟气，就会产生裂纹、变形甚至发生倒塌事故。为了防止这种情况的发生，锅炉在上水后启动前要进行烘炉。

烘炉就是在炉膛中用文火缓慢加热锅炉，使炉墙中的水分逐渐蒸发掉。烘炉应根据事先制定的烘炉升温曲线进行，整个烘炉的时间根据锅炉大小型号不同而定，一般为3～14 d。烘炉后期可以同时进行煮炉。

煮炉的目的是清除锅炉蒸发受热面中的铁锈、油污和其他污物，减少受热面腐蚀，提高锅水和蒸汽的品质。煮炉时，在锅水中加入碱性药剂，如NaOH、Na_3PO_4，或Na_2CO_3等。步骤为：上水至最高水位；加入适量药剂（2～4 kg/t）；燃烧加热锅水至沸腾但不升压（开启空气阀或抬起安全阀排汽），维持10～12 h；减弱燃烧，排污之后适当放水；加强燃烧并使锅炉升压到25%～100%工作压力，运行12～24 h；停炉冷却，排除锅水并清洗受热面。

烘炉和煮炉虽不是正常启动，但锅炉的燃烧系统和汽水系统已经部分或大部分处于工作状态，锅炉已经开始承受温度和压力，所以必须认真进行。

(4) 点火与升压。一般锅炉上水后即可点火升压；进行烘炉煮炉的锅炉，待煮炉完毕、排水清洗后再重新上水，然后点火升压。

锅炉点火是在做好点火前的一切准备工作后进行的。锅炉点火所需的时间应根据炉型、燃烧方式、水循环等情况确定。由于锅炉燃用燃料和燃烧方式不同，点火时的注意事项各异。燃用不同燃料的锅炉点火安全要求列于表 4—1。

表 4—1　燃用不同燃料的锅炉点火安全要求

燃料种类	点火安全要求
燃油锅炉	1. 点火前必须对烟道和炉膛系统，采用强制通风的方式进行置换，务必将可能积存的油气或可燃气彻底排净 2. 点火时应保持炉膛负压 30～50 Pa 或所需数值 3. 点火时人不能正对点火孔，应从侧面引燃 4. 严禁先喷油，后插入火把；用蒸汽雾化燃烧器，还应先排除冷凝水 5. 若一次点火不着或运行中突然灭火，必须先关闭油阀，按 1 项的要求通风换气后，重新点火
燃气锅炉	1. 点火前必须强制通风置换，保持炉膛负压 50～100 Pa 不少于 5 min 2. 通风置换前，严禁明火带入炉膛和烟道中，点火时炉膛负压维持在 30～50 Pa 3. 若一次点火不着必须立即关闭燃气阀，停止进气，待通风换气后重新点火，严禁用炉膛余火二次点火
燃煤锅炉	1. 点火前一般采用自然通风，彻底通风 10～15 min 2. 点火时如自然通风不足，可启动引风机 3. 点火有困难时，可在靠近烟囱底部堆烧木材，保持通风

续表

燃料种类	点火安全要求
燃煤粉锅炉	1. 点火前应对一次风管逐根吹扫，每根吹扫 2～3 min，以清除管内可能积存的煤粉 2. 点火前必须强制通风置换，保持炉膛负压 50～100 Pa 不少于 5 min 3. 若一次点火不着或发生熄火，应立即停止送粉，并对炉进行充分通风换气后，再次点火

从锅炉点火到锅炉蒸汽压力上升到工作压力，这是锅炉启动中的关键环节，需要注意以下问题：

1）防止炉膛内爆炸。即点火前开动风机数分钟给炉膛通风，分析炉膛内可燃物含量，低于爆炸下限时，才可点火。

2）防止热应力和热膨胀造成破坏。为了防止产生过大的热应力，锅炉的升压过程一定要缓慢进行。如：水管锅炉夏季点火升压需要 2～4 h，冬季点火升压需要 2～6 h；立式锅壳锅炉和快装锅炉需要时间较短，为 1～2 h。

3）监视和调整各种变化。点火升压过程中，锅炉的蒸汽参数、水位及各部件的工作状况在不断变化。为了防止异常情况及事故出现，要严密监视各种仪表指示的变化。另外，也要注意观察各受热面，使各部位冷热交换温度变化均匀，防止局部过热，烧坏设备。

（5）暖管与并汽。所谓暖管，即用蒸汽缓慢加热管道三阀门、法兰等元件，使其温度缓慢上升，避免向冷态或较低温度的管道突然供入蒸汽，以防止热应力过大而损坏管道、阀门等元件。同时将管道中的冷凝水驱出，防止在供汽时发生水击。冷态蒸汽管道的暖管时间一般不少于 2 h，热态蒸汽管道的暖管一般为 0.5～1 h。

并汽也叫并炉、并列，即投入运行的锅炉向共用的蒸汽总管供汽。并汽应燃烧稳定、运行正常、蒸汽品质合格以及蒸汽压力稍低于蒸汽总管内气压（低压锅炉低 0.02～0.05 MPa；中压锅炉低 0.1～0.2 MPa）时进行。

2. 锅炉运行中的安全要点

真实案例

1979 年某日 9 时许，江苏省某造纸厂一台最高许可工作压力为 0.69 MPa 的卧式锅炉发出一声巨响，炉胆和封头板边连接部位被炸开 920 mm 长的裂口。事故造成死伤各 1 人，经济损失 33 万余元。

事故原因系锅炉点火后 2 h 压力即可升到 0.39 MPa。事故当日早晨 6 时升火点炉，燃烧了 3 h 之久，汽压才升到 0.24 MPa，此时司炉工已听到炉内有异常响声，但由于司炉工缺乏操作知识，不但不检查，反而继续加大火力，以致锅炉严重超压。

锅炉正常运行时，主要是对锅炉的水位、汽压、汽水质量和燃烧情况进行监视和控制。锅炉水位波动应在正常水位范围内。水位过高，蒸汽带水，蒸汽品质恶化，易造成过热器结垢，影响汽机的安全；水位过低，下降管易产生汽柱或汽塞，恶化自然循环，易造成水冷壁管过热变形或爆破。

锅炉运行中要保持汽压的稳定。对于蒸汽加热设备，汽压过低，汽温也低，影响传热效果；汽压过高，轻则使安全阀动作，浪费能源，并带来噪声；重则易超压爆炸。此外，汽压变化应力求平缓，汽压陡升、陡降都会恶化自然循环，造成水冷壁管损坏。

为了保证锅炉传热面的传热效能，锅炉在运行时必须对易积灰面进行吹灰。吹灰时应增大燃烧室的负压，以免炉内火焰喷出烧伤人。为了保持良好的蒸汽品质和受热面内部的清洁，防止发生汽水共腾和减少水垢的产生，保证锅炉安全运行，必须排污，给水也应预先处理。

锅炉运行中，保护装置与联锁不得停用，需要检验或维修时，应经有关主要领导批准。锅炉运行中，安全阀每天人为排汽试验一次。电磁安全阀电气回路试验每月应进行一次。安全阀排汽试验后，其起座压力、回座压力、阀瓣开启高度应符合规定，并作记录。

3. 锅炉停炉时的安全要点

锅炉停炉分正常停炉和紧急停炉（事故停炉）两种。

（1）正常停炉。正常停炉是计划内停炉。停炉中应注意的主要问题是：防止降压降温过快，以避免锅炉元件因降温收缩不均匀而产生过大的热应力。停炉操作应按规定的次序进行。锅炉正常停炉时先停燃料供应，随之停止送风，降低引风。与此同时，逐渐降低锅炉负荷，相应的减少锅炉上水，但应维持锅炉水位稍高于正常水位。锅炉停止供汽后，应隔绝与蒸汽总管的连接，排汽降压。待锅内无气压时，开启空气阀，以免锅内因降温形成真空。为防止锅炉降温过快，在正常停炉的 4～6 h 内，应紧闭炉门和烟道的接板。然后打开烟道接板，缓慢加强通风，适当放水。停炉 18～24 h，在锅水温度降至 70℃以下时，方可全部放水。

（2）紧急停炉。锅炉运行中出现：水位低于水位表的下部可见边缘；不断加大向锅炉给水及采取其他措施，但水位仍继续下降；水位超过最高可见水位（满水），经放水仍不能见到水位；给水泵全部失效或给水系统故障，不能向锅炉进水；水位表或安全阀全部失效；炉元件损坏等严重威胁锅炉安全运行的情况，则应立即停炉。

紧急停炉的操作次序是，立即停止添加燃料和送风，减弱引风。与此同时，设法熄灭炉膛内的燃料，对于一般层燃炉可以用沙土或湿灰灭火，链条炉可以开快挡使炉排快速运转，把红火送入灰坑。灭火后即把炉门、灰门及烟道接板打开，以加强通风冷却。锅内可以较快降压并更换锅水，锅水冷却至70℃左右允许排水。但因缺水紧急停炉时，严禁给炉上水，并且不得开启空气阀及安全阀快速降压。

4. 停炉保养

锅炉停炉后，为防止腐蚀必须进行保养。常用的方法有干法、湿法和热法三种。

(1) 干法保养。干法保养只用于长期停用的锅炉。正常停炉后，水放净，清除锅炉受热面及锅筒内外的水垢、铁锈和烟灰，用微火将锅炉烘干，放入干燥剂。而后关闭所有的门、孔，保持严密。一个月之后打开人孔、手孔检查，若干燥剂成粉状、失去吸潮能力，则更换新干燥剂。视检查情况决定缩短或延长下次检查时间。若停用时间超过三个月，则在内外部清扫后，受热面内部涂以防锈漆，锅炉附件也应维修检查，涂油保护，再按上述方法保养。

(2) 湿法保养。湿法保养也适用于长期停用的锅炉。停用后清扫内外表面，然后进水（最好是软水），将适量氢氧化钠或磷酸钠溶于水后加入锅炉，生小火加热使锅炉外壁面干燥，内部由于对流使各部位碱浓度均匀，锅内水温达80～100℃时即可熄火。每隔5 d对锅内水化验一次，控制其碱度在5～12 mg·L^{-1}范围内。

(3) 热法保养。停用时间在10 d左右宜用热法保养。停炉后关闭所有风、烟道闸门，使炉温缓慢下降，保持锅炉汽压在大气压以上（即水温在100℃以上）即可。若汽压保持不住，可生小火或用运行锅炉的蒸汽加热。

三、锅炉事故及原因分析

由于锅炉的设计、制造、安装和使用的问题，在运行中会发生各类事故。大致可分为三大类：爆炸事故、重大事故和一般事故。

1. 爆炸事故

爆炸事故是指锅炉中的主要受压部件，如锅筒（锅壳）、联箱、炉胆、管板等发生破裂爆炸的事故。这些受压部件内部容纳的汽水介质较多，一旦发生破裂，汽水瞬时膨胀，释放大量的能量，具有极大的破坏力，可导致厂房设备损坏并造成人员伤亡。

锅炉爆炸事故通常是由于锅炉超压、存在缺陷或超温所造成。由于安全阀、压力表不齐全或损坏，操作人员对指示仪表监视不严或操作失误（如误关闭或关小出汽阀门），致使受压元件超压引起爆炸；锅炉主要受压元件存在缺陷，如裂纹、腐蚀、严重变形、组织变化等，承压能力大大降低，使锅炉在正常工作压力下突然发生破裂。还有，由于锅炉严重缺水，未按规定立即停炉，而匆忙上水，致使金属性能与组织变化丧失承载能力而破裂。

2. 重大事故

重大事故是指锅炉无法维持正常运行而被迫停炉。此类事故虽不及锅炉爆炸那么严重，但往往也造成设备损坏和人员伤亡，并导致局部或全部停工停产，造成严重经济损失。这类事故主要包括以下几种情况：

(1) 缺水事故。当锅炉水位低于水位表最低安全水位刻度线时，即形成了锅炉缺水事故。严重的缺水会使锅炉蒸发面管子过热变形甚至破裂，胀口渗漏以致脱落，炉墙破坏。

通常判断缺水程度的方法是“叫水”。通过“叫水”，如果水位表中有水位出现，即为轻微缺水。此时可以立即上水，使水位恢复正常；如果“叫水”后水位表中仍无水位出现，则为严重缺水，必须紧急停炉。在未能判明缺水程度或已确定严重缺水的情况下，严禁给锅炉上水，以免使锅炉爆炸。

造成缺水的原因主要是：司炉人员对水位监视不严；水位表故障造成假水位而司炉人员未及时发现；给水设备或给水管道故障，无法给水或水量不足；水位报警器或给水自动调节器失灵；司炉人员排污后忘记关排污阀，或者排污阀泄漏等。

(2) 满水事故。锅炉水位高于水位表最高安全水位刻度时，叫做锅炉满水。满水的主要危害是降低蒸汽品质，损害过热器。

发现锅炉满水后，应冲洗水位表，检查水位表有无故障。确认满水后，立即关闭给水阀，停止向锅炉上水，并减弱燃烧，开启排污阀。

造成满水事故的原因是：司炉工对水位监视不严；水位表故障造成假水位而未及时发现；给水自动调节器失灵而未及时发现等。

（3）炉管爆破。锅炉蒸发受热面管子在运行中爆破，此时蒸汽和给水压力下降，炉膛和烟道中有汽水喷出，燃烧不稳定。炉管爆破时，如果爆破口不大，能维持正常水位，可降负荷运行，待备用炉启动后，再停炉检修；若不能维持正常水位和气压，必须紧急停炉修理。

导致炉管爆破的原因主要有：水质不良，管子结垢；严重缺水；管壁因腐蚀而减薄；烟气磨损导致管壁减薄；水循环故障；管材缺陷或焊接缺陷在运行过程中发展导致爆破。

（4）炉膛爆炸。燃气、燃油锅炉或煤粉炉，当炉膛内的可燃物质与空气混合物的浓度达到爆炸极限时，遇明火就会爆燃，甚至引起炉膛爆炸。炉膛爆炸虽较锅炉爆炸（锅筒爆炸）的破坏力小，但也会造成严重后果，损坏受热面、炉墙及构架，造成锅炉停炉，有时也会造成人身伤亡。

发生炉膛爆炸事故后，应立即停炉，避免二次爆燃和联锁反应。

（5）汽水共腾。锅炉蒸发面表面汽、水共同升起，产生大量泡沫并上下波动翻腾的现象。其后果会使蒸汽带水，降低蒸汽品质，造成过热器结垢及水击振动。

发生汽水共腾时，应减弱燃烧，关小主汽阀，打开排污阀放水，同时上水，改善锅水品质。待水质改善、水位清晰后，可恢复正常运行。

形成汽水共腾有两方面原因，一是水质太差，二是负荷增加或压力降低过快。

（6）水击事故。发生水击时，管道承受的压力骤然升高，发生猛烈振动并发出巨大声响，常常造成管道、法兰、阀门等损坏。锅炉中易发生水击的部件有：给水管道、省煤器、过热器、锅筒等。

给水管道发生水击时，可适当关小给水控制阀；蒸汽管道发生水击时，应减小供气，开启水击段疏水阀门；省煤器发生水击，应开启旁路门，关闭烟道门。

（7）其他。锅炉的重大事故还有省煤器损坏、过热器损坏、尾部烟道二次燃烧、锅炉结渣等，均可危及锅炉的正常运行。

3. 一般事故

在运行中可以排除或经过短暂停炉可以排除的事故，为一般事故，其损失较小。

第四节　气瓶安全技术

要点掌握：

1. 气瓶的安全使用与维护要点是什么？
2. 造成气瓶使用事故有哪几个方面？

气瓶是指在正常环境下（－40～60℃）可重复充气使用的，公称工作压力为 1.0～30 MPa（表压），公称容积为 0.4～1 000 L 的盛装永久气体、液化气体或溶解气体的移动式压力容器。本节中关于压力容器的安全规定原则上对气瓶也是适用的，但气瓶还有一些特殊的问题，原国家劳动和社会保障部专门制定了《气瓶安全监察规程》。

一、气瓶的分类

1. 按工作压力分类

气瓶按工作压力分为高压气瓶和低压气瓶。高压气瓶的工作压力大于 8 MPa，多为 30、20、15、10、8 MPa；低压气瓶的工作压力小于 5 MPa，多为 5、3、2、1.6、1 MPa。

2. 按容积分类

气瓶按容积（V，L）分为大、中、小三种。大容积气瓶的容积为 100 L＜V≤1 000 L；中容积气瓶的容积为 12 L＜V≤100 L；小容积气瓶的容积为 0.4L≤V≤12 L。

3. 按盛装介质的物理状态分类

按盛装介质的物理状态，气瓶可分为永久气体气瓶、液化气体气瓶和溶解乙炔气瓶。

(1) 永久性气体气瓶。永久性气体是指临界温度低于－10℃，常温下呈气态的气体，如氢气、氧气、氮气、空气、一氧化碳气及惰性气体。

盛装永久性气体的气瓶都是在较高压力下充装气体的钢瓶。常见的压力为 15 MPa，也有的充装压力为 20～30 MPa。

(2) 液化气体气瓶。液化气体是指临界温度等于或高于－10℃的各种气体，它们在常温、常压下呈气态，而经加压和降温后变为液体。在这些气体中，有的临界温度较高，如硫化氧、氨、丙烷、异丁烯、环氧乙烷、液化石油气等。气体经加压、降温液化后充入钢瓶中，装瓶后在瓶内保持气相和液相平衡状态。这些气体的充装压力一般不超过 10 MPa，常把充装这些气体的气瓶称为低压液化气体气瓶。《气瓶安全监察规程》规定，液化气体气瓶的最高工作温度为 60℃。

有的液化气体的临界温度较低，在－10℃≤T≤70℃，如二氧化碳气、氯化氢、乙烯、乙烷等，这些气体的充装压力较高，一般在 12.5～15 MPa，充装后可能在环境温度的影响下全部气化，这类气瓶常称为高压液化气体气瓶。

(3) 溶解乙炔气瓶。是专门用于盛装乙炔的气瓶。由于乙炔气体极不稳定，特别是在高压下，很容易聚合或分解，液化后的乙炔，稍有振动，即会引起爆炸。所以不能以压缩气体状态充装，必须把乙炔溶解在溶剂（常用丙酮）中，瓶内充满多孔物质（如硅酸钙多孔物质等）作为吸收剂。为了增加乙炔的充装量，乙炔气是以加压方式充装的。

4. 按制造方法分类

（1）钢制无缝气瓶。以钢坯为原料，经冲压拉伸制造，或以无缝钢管为材料，经热旋压收口收底制造的钢瓶。瓶体材料为采用碱性平炉、电炉或吹氧碱性转炉冶炼的镇静钢，如优质碳钢、锰钢、铬钼钢或其他合金钢。这类气瓶用于盛装压缩气体和高压液化气体。

（2）钢制焊接气瓶。以钢板为原料，经冲压卷焊制造的钢瓶。瓶体及受压元件材料为采用平炉、电炉或氧化转炉冶炼的镇静钢，要求有良好的冲压和焊接性能。这类气瓶用于盛装低压液化气体。

（3）缠绕玻璃纤维气瓶。是以玻璃纤维加黏结剂缠绕或碳纤维制造的气瓶。一般有一个铝制内筒，其作用是保证气瓶的气密性，承压强度则依靠玻璃纤维缠绕的外筒。这类气瓶由于绝热性能好、质量轻，多用于盛装呼吸用压缩空气，供消防、毒区或缺氧区域作业人员随身背挎并配以面罩使用。一般容积较小（1～10 L），充气压力多为 15～30 MPa。

二、气瓶安全附件

1. 安全泄压装置

气瓶的安全泄压装置，是为了防止气瓶在遇到火灾等高温时，瓶内气体受热膨胀而发生破裂爆炸。

气瓶常见的泄压附件有爆破片和易熔塞。爆破片装在瓶阀上，其爆破压力略高于瓶内气体的最高温升压力。爆破片多用于高压气瓶上，有的气瓶不装爆破片。易熔塞一般装在低压气瓶的瓶肩上，当周围环境温度超过气瓶的最高使用温度时，易熔塞的易熔合金熔化，瓶内气体排出，避免气瓶爆炸。

2. 其他附件（防震圈、瓶帽、瓶阀）

气瓶装有两个防震圈是气瓶瓶体的保护装置。气瓶在充装、使用、搬运过程中，常常会因滚动、振动、碰撞而损伤瓶壁，以致发生脆性破坏。这是气瓶发生爆炸事故常见的一种直接原因。

瓶帽是瓶阀的防护装置，它可避免气瓶在搬运过程中因碰撞而损坏瓶阀，保护出气口螺纹不被损坏，防止灰尘、水分或油脂等杂物落入阀内。

瓶阀是控制气体出入的装置，一般是用黄铜或钢制造。充装可燃气体的钢瓶的瓶阀，其出气口螺纹为左旋，盛装助燃气体的气瓶，其出气口螺纹为右旋。瓶阀的这种结构可有效地防止可燃气体与非可燃气体的错装。

三、气瓶的颜色

1. 气瓶的颜色标志

国家标准《气瓶颜色标记》对气瓶的颜色、字样、字色和色环做了严格的规定。其作用有两个：一是为了便于识别气瓶充填气体的种类和气瓶的压力范围，避免在充装、运输、使用和定期检验时混淆而发生事故；二是防止气瓶锈蚀。常见气瓶的颜色见表 4—2。

表 4—2　　常见气瓶的颜色

<table>
<tr><th>序号</th><th>气瓶名称</th><th>化学式</th><th>外表面颜色</th><th>字样</th><th>字样颜色</th><th>色环</th></tr>
<tr><td>1</td><td>氢</td><td>H_2</td><td>深绿</td><td>氢</td><td>红</td><td>P=14.7 MPa 不加色环
P=19.8 MPa 黄色环一道
P=29.4 MPa 黄色环两道</td></tr>
<tr><td>2</td><td>氧</td><td>O_2</td><td>天蓝</td><td>氧</td><td>黑</td><td>P=14.7 MPa 不加色环
P=19.6 MPa 白色环一道
P=29.4 MPa 白色环两道</td></tr>
<tr><td>3</td><td>氨</td><td>NH_3</td><td>黄</td><td>液氨</td><td>黑</td><td></td></tr>
<tr><td>4</td><td>氯</td><td>Cl_2</td><td>草绿</td><td>液氯</td><td>白</td><td></td></tr>
<tr><td>5</td><td>空气</td><td></td><td>黑</td><td>空气</td><td>白</td><td rowspan="2">P=14.7 MPa 不加色环
P=19.6 MPa 白色环一道
P=29.4 MPa 白色环两道</td></tr>
<tr><td>6</td><td>氮</td><td>N_2</td><td>黑</td><td>氮</td><td>黄</td></tr>
</table>

续表

序号	气瓶名称	化学式	外表面颜色	字样	字样颜色	色环
7	硫化氢	H_2S	白	液化硫化氢	红	
8	二氧化碳	CO_2	铝白	液化二氧化碳	黑	P=14.7 MPa 不加色环 P=19.6 MPa 黑色环一道

2. 气瓶的钢印标志

打在气瓶肩部的符号和数据钢印，叫气瓶的钢印标志。气瓶的钢印标志是识别气体的依据。气瓶的钢印标志包括制造钢印标志（图 4—1）和检验钢印标志（图 4—2）。

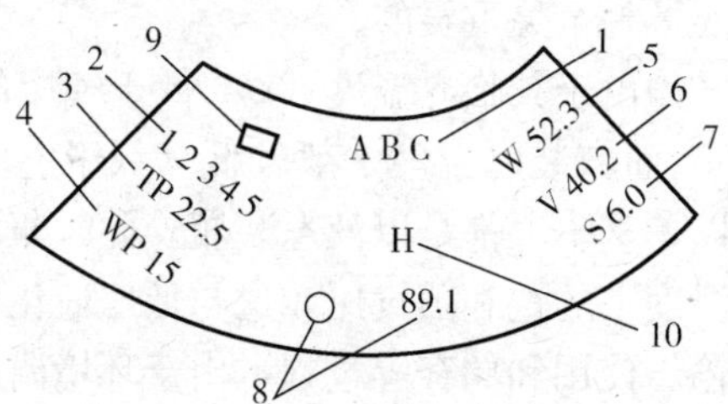

图 4—1　制造钢印标志

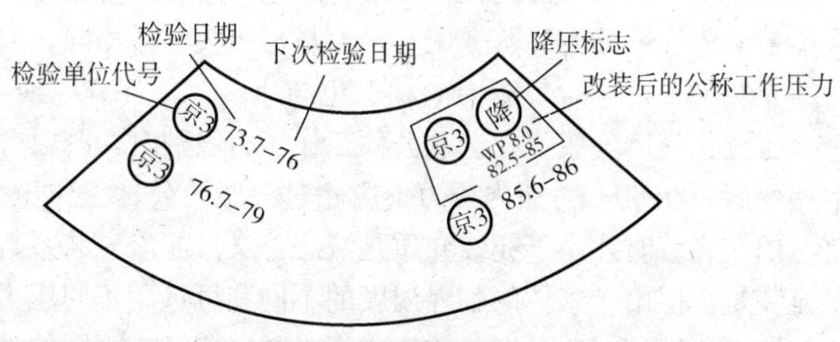

图 4—2　检验钢印标志

四、气瓶的充装量

对于永久气体是通过控制气瓶充装终了时的压力的方法来控

制气体的充装量的。充装压力在不同的充装温度下是不同的。其确定原则是：使气瓶在基准温度（20℃）下瓶内气体压力不超过公称工作压力，在最高工作温度（60℃）下，不超过气瓶水压试验压力的0.8倍。所以，永久气体的充装量是以气瓶在基准温度下的充装压力限定值来表示的。低压液化气体充装时，其压力与充装量并没有对应关系，当气瓶内没有充满液体时，其压力取决于液温对应的饱和蒸气压，当气瓶内充满液体时，其压力是液体被压缩的程度所决定的压力，所以，低压液化气体充装时不能计压而必须计重。充液量是关系到气瓶经济和安全使用的重要问题。充液太少，不经济；而充液太多，则又极不安全。低压液化气体的气瓶爆炸事故大多是由于充液过量所引起的。因此，经济合理地选择充液量是至关重要的。

高压液化气体由于其临界温度（t_c）低于气瓶的最高工作温度（绝大部分），而充装时温度一般较低（低于它的临界温度），压力较高，所以，基本上都是以液态装瓶。此时瓶内的压力就是饱和液体在此温度下的饱和蒸气压，这与低压液化气体是没有区别的。但在运输、使用和储存等过程，由于环境温度的影响，瓶内的液化气体温度可能会升高，当达到液化气体的临界温度时，瓶内的液化气体就会全部气化，压力将迅速升高，此时瓶内的压力就不是液化气体的饱和蒸气压了，而是与水久气体相同，取决于它的充装量了，这时气瓶内的状态也与永久气体一样。所以，对于高压液化气体气瓶，在选取公称工作压力级别时，既要考虑发生相变后，在60℃时瓶内压力不应超过气瓶的公称工作压力，又要考虑在充装时，由于充装介质是液态，又只能以充装系数去计量充装量。但由于气体的临界温度的不同和可选用不同压力级别的气瓶，所以，对应不同公称工作压力的气瓶又有不同的充装系数。

五、气瓶的安全使用

真实案例

1992 年 2 月 17 日，山东省某农药机械厂发生一起氧气瓶爆炸事故。事故当日上午 9 时，某氧气厂送来 17 个氧气瓶；下午 1:50 分，制作车间从仓库领出其中 2 个准备使用，2 名气焊工站在氧气减压表前，打开气瓶阀门放气时，2 个氧气瓶爆炸，1 个溶解乙炔气瓶爆炸着火，气焊工等 3 人当场死亡（在医院抢救过程中又死亡 1 人）重伤 4 人，轻伤 30 余人，全厂停工。

事故原因系当时社会上氧气瓶管理混乱。因氧气生产供大于求，各制氧企业为招揽用户，片面强调简化手续，对用户送来的空瓶和拉出的充氧气瓶都不做任何检查登记，将不属于本厂的气瓶也拉回使用，使得多数气瓶在不同的制氧企业和用户中循环周转。第一个爆炸气瓶，是因为内部混入了可燃性气体，在操作工打开气瓶阀门放气时，高压气体与瓶嘴摩擦，达到点火能量而引起化学性爆炸。

1. 防止气瓶受热

使用中的气瓶不应放在烈日下暴晒，不要靠近火源及高温区，距明火不应小于 10 m；不得用高压蒸汽直接喷吹气瓶；禁止用热水解冻及明火烘烤，严禁用温度超过 40℃ 的热源对气瓶加热。

2. 正确操作

气瓶立放时应采取防止倾倒的措施；开阀时要慢慢开启，防止附件升压过快产生高温；对可燃气体的气瓶，不能用钢制工具等敲击钢瓶，防止产生火花；氧气瓶的瓶阀及其附件不得沾油脂，手或手套上沾有油污后，不得操作氧气瓶。

3. 气瓶使用到最后应留有余气，以防止混入其他气体或杂

质而造成事故

气瓶用于有可能产生回流（倒灌）的场合，必须有防止倒灌的装置，如单向阀、止回阀、缓冲罐等。液化石油气气瓶内的残余油气，应在有安全措施的设施上回收，不得自行处理。

4. 加强气瓶的维护

气瓶外壁油漆层既能防腐，又是识别的标志，以防止误用和混装，要保持好漆面的完整和标志的清晰。瓶内混进水分会加速气瓶内壁的腐蚀，气瓶在充装前一定要对气瓶进行干燥处理。

5. 气瓶使用单位不得自行改变充装气体的品种、擅自更换气瓶的颜色标志

确实需要更换时应提出申请，由气瓶检验单位负责对气瓶进行改装。负责改装的单位应根据气瓶制造钢印标志和安全状况，确定气瓶是否适合于所要换装的气体。改装时，应对气瓶的内部进行彻底清理、检验，打检钢印和涂检验标志，换装相应的附件，更换改装气体的字样、色环和颜色。

六、气瓶事故及预防措施

造成气瓶爆炸事故除了气瓶的质量和使用不当外，主要是由于气瓶充装时的超装、错装、混装以及储运不当造成的。

1. 永久气体的充装

（1）对装瓶气体的要求。准备装瓶的各种气体，除应符合相应的气体质量标准外，更应注意安全方面的要求，要特别注意防止含有与所装气体起化学反应的杂质混入。下列气体禁止装瓶：

1）氧气中的乙炔、乙烯及氢的总含量达到或超过 2%（体积分数，下同），或易燃气体的总含量达到或超过 4%者；

2）氢气中的氧含量达到或超过 0.5%，或氧气中氢含量达到或超过 0.5%者；

3）其他易燃气体中氧含量达到或超过 4%者。

（2）充装中的安全注意事项：

1）气瓶充装系统用的压力表，必须经检验合格，并在检验

的有限期限内，压力表的精度应不低于 1.5 级，表盘直径应不小于 150 mm；

2）充气前必须检查确认气瓶是经过检查合格或经过妥善处理过的；

3）用卡子代替螺纹连接进行充装时，必须认真仔细检查确认瓶阀出气口的螺纹与所装气体规定的螺纹形式相符；

4）开启瓶阀时应缓慢操作，并应注意监听瓶内有无异常声音；

5）气瓶的充气速度不得大于 8 m^3/h（标准状态下气体），且充装的时间不应少于 30 min；

6）充装易燃气体的操作过程中，禁止用扳手等金属器具敲击瓶阀或管道；

7）在瓶内气体压力达到充装压力的 1/3 以前查气瓶的瓶体温度是否大体一致，瓶阀的密封是否良好，发现异常现象时应及时妥善处理；

8）用充气排管按瓶组充装气瓶时，在瓶组压力达到充装压力的 10%以后，禁止再插入空瓶进行充装；

9）气瓶的充装压力（充装终了时的压力）必须在规定的范围之内。

（3）充装后的检查。充装气体后的气瓶，应有专人负责，逐只检查，不符合要求时应妥善处理。检查内容应包括：

1）瓶内压力是否在规定范围内；

2）瓶阀及其瓶口连接的密封是否良好；

3）充装后的气瓶是否出现鼓包、变形或泄漏等严重缺陷；

4）瓶体的温度是否有异常升高的迹象。

（4）气体充装记录。充装单位应由专人负责填写气体充装记录，并妥善保管以备查考，记录保存时间不应少于半年。记录的内容至少应包括：充气日期、瓶号、室温（或储气罐内气体实测温度）、充装压力、充装起止时间、有无发现异常情况等。

2. 液化气体的充装

液化气体气瓶的充装，除应符合气体充装的一般安全要求外，重点应防止充装过量和气体泄漏。

（1）防止超量充装。所谓超量充装是指液化气体的装瓶量超过了按气瓶实际容积（L，升）与充装系数（以每升容积的千克数计）的乘积，或超过了瓶体所标注的公称容量的允许偏差。为防止液化气瓶充装过量，应遵守下列各项规定：

1）充装计量用的衡器的最大称量值不得大于气瓶质量（包括自身质量与装液质量）的3倍。衡器应按有关规定，定期校验，并且至少在每天使用前校正一次；

2）充装前应认真计算核对充装量（气瓶容积乘充装系数）和实瓶质量（充装量加气瓶净质量）；

3）气瓶的质量标志不清或经磨损而难以确认者不准充装；

4）液化气体的充装量包括瓶内原有的残余气（液），不得把余气的质量忽略不计；

5）不应用储罐减量法（即按液化气体储罐原有的质量减去装瓶后储罐的剩余质量）来确定气瓶的充装量；

6）发现气瓶充装过量时，应及时将超量部分抽出，不准不作处理；

7）气瓶充装后应有专人负责检查，核对充装量，防止超装的气瓶出厂。

（2）加强密封性检查。加强对充装系统和气瓶的密封性检查，以防止充装人员和用户中毒或火灾事故的发生。防漏检查应遵守以下各项规定：

1）充装前应确认充装系统中管路、管件及气瓶和附件密封性能良好，新投入使用的系统管路及气瓶气密性试验合格；

2）各种气体应按各自规定的充装速度和充装压力进行充装；

3）充装过程中，应根据所装气体的特性采取特有的检漏方法，检查充装系统的渗漏情况，发现渗漏，应停止充装，进行处理；

4）充装后的气瓶，应逐只检漏。

石油液化气的充装量，因石油液化气组分差异较大，不易用充装系数来计量和控制，而以气瓶型号中用数字表明的公称容量（以千克计）来作为其最大充装量。

3. 乙炔气的充装

乙炔是一种在化学性质上极不稳定的气体，特别是在压力较高的状态下，更容易发生聚合或分解反应。用气瓶充装乙炔，不能像充装永久气体那样，压缩充装。因为乙炔如果加压到一个大气压（表压）以上时，即使没有氧气或空气等助燃剂，也有可能发生爆炸。乙炔也不能像液化气体那样，经加压液化后装瓶，因为液化后的乙炔，遇到稍微的能量，如碰撞或振动等，就会引起爆炸，所以，乙炔只能以溶解于溶剂中的状态装瓶。

丙酮是目前最为常用的一种溶剂，它具有乙炔溶解量大、化学性能稳定、价格比较便宜等优点，但用丙酮溶解乙炔，不能将丙酮装入空瓶内，因为这会给气体的充装和使用带来很大的麻烦，例如必须不断地搅拌溶剂等。

为便于乙炔的充装和使用，乙炔瓶内装有多孔性填料（现在通用的是硅酸盐固化物，过去也有用活性炭的），溶剂则充入填料的孔隙中。其目的是利用多孔性填料的微孔结构来分散溶解在溶剂中的乙炔，防止其发生分解或聚合反应，不致造成气瓶爆炸。

乙炔气是以加压的方式充装的，装瓶后的乙炔溶解于溶剂中。加压充装的目的，是在保证安全的基础上，增大乙炔的充装量，因为丙酮中的乙炔溶解量，随着压力的升高而明显增加。

乙炔的充装过程，实质就是乙炔气在加压条件下溶解于丙酮的过程。因此，在充装过程中，瓶内丙酮的储存量、乙炔的充装量，以及充气速度等都关系着乙炔气瓶的安全问题。

从国内外大量乙炔充装事故来看，多是充装站着火爆炸事故，例如，1985 年 4 月河北省唐山市某电厂的乙炔站爆炸；1986 年 2 月北京某电石厂乙炔站爆炸等。其原因是乙炔瓶在充装过程中常有泄漏现象，例如夹具没装好，瓶阀出气口密封垫损坏等造成漏气。漏出的乙炔气与充装室内的空气组合成可爆性混合气体，这种气体可以在很小的点燃能量（0.02 mJ）下引爆，铁器碰击产生的火花，甚至是人体衣服摩擦产生的静电都足以导致着火爆炸事故，所以，在乙炔气的充装过程中必须特别注意检查和防止泄漏。

（1）充装前的检查与准备。乙炔瓶在充装前除应按要求进行气瓶的外观检查和处理外，重点是检查确定瓶内的剩余压力和溶剂补加量。

1）乙炔瓶内必须留有足够的剩余压力，以防漏入空气。因此，气瓶在充装前必须逐只用压力表测定其剩余压力，对剩余压力小于表 4—3 的乙炔气瓶，必须逐只分析瓶内剩余气体的纯度。

表 4—3　　乙炔气瓶剩余压力与环境温度关系

环境温度/℃	<0	0～15	15～25	25～40
剩余压力/MPa	0.05	0.1	0.2	0.3

2）乙炔瓶内的溶剂在气瓶使用过程中，常常随着乙炔气体的放出而散失。因此，气瓶充装前应逐只测定其实际质量，检查溶剂逸损情况，以确定其补加量。

气瓶补加溶剂后，必须对溶剂充装量进行复核。因为溶剂装得过少，瓶内气态乙炔增加，压力会不正常，容易发生事故；装得过多，安全空间减少，气瓶会产生“液压”现象，也易发生事故。对于公称容积为 40 L 以上的气瓶，如果多装溶剂 0.5 kg，或不足量超过 3 kg 者，应作为不合格气瓶处理。

（2）充装过程的安全。应遵守以下各项要求：

1）乙炔瓶的充装，宜分次进行，每次充装后的静置时间应不少于 8 h；

2）乙炔的充气压力，在任何情况下都不得超过 2.4 MPa；

3）应严格控制充装速度，充灌时的气体体积流量应小于 0.015 m^3/（h·L）（气瓶容积）；

4）充气过程中，应用冷却水均匀地喷淋气瓶，以防乙炔温度过高，产生分解反应，并加速乙炔在丙酮中的溶解，还可避免产生静电；

5）随时测试充气气瓶的瓶壁温度，如壁温超过 40℃，应停止充装，另行处理；

6）充气过程中，应每隔一定时间仔细检查气瓶瓶阀出气口、阀杆及易熔合金塞等部位有无泄漏，发现漏气时必须妥善处理。

（3）充装后的检查。充装后的气瓶，先静置 24 h，使其压力稳定，温度均衡，然后按下列规定进行检查，不合格的气瓶严禁出厂。

1）用符合有关标准规定、并在检验有效期限内的衡器，逐只测定乙炔的充装量。

2）从同一充装台充装的气瓶中，任意抽取乙炔瓶 2 只，分析瓶内乙炔纯度。如其中有 1 只气瓶的乙炔纯度低于 98%，则应逐只作纯度分析。

3）从同一充装台充装的气瓶中，任意抽取乙炔瓶 2 只，测定其充装压力。乙炔瓶的限定压力规定见表 4—4。

表 4—4　　不同环境温度下乙炔瓶的限定压力

环境温度/℃	0	5	10	15	20	25	30	35	40
限定压力/MPa	1.03	1.18	1.35	1.52	1.70	1.90	2.11	2.32	2.55

4）逐只检查乙炔瓶阀（包括压紧螺帽密封处和易熔合金）及其与瓶口连接处、瓶肩部的易熔合金塞等部位有无渗漏。发现有漏气时，必须妥善处理，否则严禁出厂。

（4）充装记录。乙炔气的充装及充装后的检验，均应按工艺要求认真填写充装记录。充装记录的内容至少应包括：充装日期、充装间室温、乙炔瓶编号、气瓶实际容积、净质量、实际质量、剩余压力、剩余乙炔量、溶剂补加量、充装后质量、乙炔充装量、静置后压力、溶解乙炔质量、操作者姓名、发生的问题及处理结果等。

4. 气瓶的储运

（1）气瓶在运输过程中易受到冲击和振动，使原有的缺陷发生破裂，间或瓶阀被撞断，引起大量可燃气体喷出，发生火灾及人身伤亡事故。因此，要防止气瓶在运输中剧烈振动和冲击，运输气瓶的车辆和工具要有安全标志。装车后要妥善固定，气瓶的瓶帽和防震圈应配备齐全，装卸气瓶时应轻装轻卸。

（2）防止气瓶受热或着火。气瓶运输时不得长时间在烈日下暴晒；可燃气体气瓶、易燃品、油脂和沾有油污的物品，不得与氧气瓶同车运输；装有液化石油气的气瓶不应长途运输；运输气瓶的车辆严禁烟火，应配备灭火器；运输有毒气体气瓶的车辆还应配备防毒用具。

（3）气瓶的储存应设专用仓库，按气瓶所装气体的不同种类分别储存。气瓶仓库应符合《建筑设计防火规范》的有关规定，特别应注意以下几点：

1）气瓶库房不应设在建筑物的地下室和半地下室内。气瓶仓库与其他建筑物应保持一定的安全距离，特别要远离民宅和公共场所。

2）气瓶库房应通风干燥，避免阳光直射，并严禁烟火。可燃液化气体气瓶库房应设有防止液化气流散的设施，仓库内不得有地坑、地沟、暗道等地下设施。

3）仓库应是单层建筑，轻型屋顶，并有足够的泄压面积。

4）可燃气体气瓶的仓库中照明及电气设备应为防爆型，仓库不在避雷保护区的必须装设避雷装置。

5）仓库内的空瓶与实瓶应分开摆放，并有明显标志，限期储存的气瓶应单独码放，注明日期。

5. 气瓶的定期检验

各种气瓶必须定期进行技术检验。盛装惰性气体的气瓶，每5年检验1次；盛装一般性气体的气瓶，每3年检验1次；盛装腐蚀性介质的气瓶，每2年检验1次。气瓶在检验过程中，发现有严重腐蚀或损伤时，应提前进行检验。对于盛装剧毒性介质的气瓶，在按照《气瓶安全监察规程》进行定期技术检验的同时，还应进行气密性试验。

第五节　液化气体罐车安全技术

要点掌握：

1. 液化气体罐车安全附件有哪些？
2. 罐车使用前如何进行安全管理？

液化气体罐车是指罐体的设计压力为0.8～2.2 MPa，设计温度为50℃的罐车。液化气体罐车适用的液化气体包括：液氨、液氯、液态二氧化硫、丙烯、丙烷、丁烯、丁烷、丁二烯及液化石油气（指丙烯、丙烷、丁烯、丁烷、丁二烯中两种或两种以上混合物）。

液化气体罐车除具备一般压力容器的特点外，还由于其充装、卸料、运输频繁等特殊性，更易发生事故，因此，罐车的管理较一般压力容器的安全管理严格。

汽车罐车罐体的容积一般大于1 m^3，铁路罐车罐体的容积一般大于30m^3。

一、安全附件

罐车必须按规定装设以下主要安全附件。

1. 装卸阀门

罐车上至少装设两个液相和一个气相装卸阀门；阀门的水压

强度试验为罐体设计压力的 1.5 倍，阀门应分别在 0.1 MPa 和罐体设计压力的全开和全闭两种状态下进行严密性试验并合格，阀门结构可为球阀和直角截止阀，阀门应有产品合格证和有关性能检验报告。

2. 安全阀

罐车顶部必须设置全启式弹簧安全阀。液氨和液化石油气罐车的安全阀应为内置全启式弹簧安全阀。安全阀排气位置应为罐体上方，并设保护罩。

安全阀的开启压力应高于罐体设计压力，但不得高于罐体设计压力的 1.2 倍。安全阀的回座压力应不低于开启压力的 0.8 倍。

3. 紧急切断装置

罐车的液相和气相出口处，必须设置紧急切断装置，以便在管道破裂、阀门损坏或环境发生火灾时，进行紧急切断。

紧急切断装置应动作灵活，性能稳定可靠，便于检修。

4. 液面计、压力表、温度计、消除静电及消防灭火装置

罐体至少必须设有一套液面测量装置。液面测量装置必须灵敏、可靠，并具有足够的精度和牢固的结构。其露出罐外部应加以保护。

槽车不得使用玻璃板式液面计。

罐体上至少必须设有一套压力表（包括阀门）。

压力表的精度等级应不低于 1.5 级。表盘的刻度极限应为罐体设计压力的 2 倍左右，并在对应于介质温度 40℃和 50℃时的饱和蒸汽压处涂以红色标记。

罐体必须设有一套温度测量装置，以测量介质的液相温度。测量范围应为－40～60℃，并应在 40℃和 50℃处涂以红色标记。

罐车必须装设可靠的静电接地装置，接地链上端应与罐体和管道相连，下端触地。槽车进入装卸罐区，其接地链应该提起。

罐车应配备随车灭火器材。

二、罐车的使用与管理

1. 投用前的管理

（1）罐车投入使用前，应由罐车所属单位组织专人按产品合格证、质量证明书等技术文件及规定进行验收，在劳动部门办理《压力容器使用登记证》。铁路罐车向铁路锅炉压力容器安全监察部门登记，取得罐车安全运输许可证。汽车罐车向当地公安局车辆管理部门或交通监理部门申请办理准予运输使用的有关手续。

（2）罐车投入运行后，罐车所属单位应指定专职或兼职的技术人员进行管理并按本规程要求进行定期检验和修理，建立完整的技术档案（制造、使用、维修、检验、事故等记录）。

2. 充装和卸料作业

（1）罐车的充装单位应建立、健全充装管理制度，充装人员由经企业技术考核的合格者担任，充装、卸料作业时，操作人员和押运员不得离开现场。罐车每次充装都要按《液化气体铁路罐车安全管理规程》等有关规定的要求做详细充装记录。

（2）罐车充装前，充装单位必须有专人对罐车进行检查，凡有下列情况之一者，应事先进行妥善处理，使其能符合充装安全要求，否则严禁充装。

1）罐车未按期检验或检验不合格；

2）罐车的漆色、铭牌、字样、标记与所装介质不符，或字样、颜色、标记脱落不易识别；

3）外表腐蚀严重或有明显损坏、变形、罐体密封不良、附件等处有泄漏；

4）安全附件不全、损坏、失灵或不符合安全规定；

5）罐内残留介质种类、质量无法判明或罐内没有余压（新罐车或检修后罐车除外）；

6）液化石油气和液氨罐车罐内气体氧含量超过3%；

7）铁路罐车底架超过检修周期，汽车罐车无公安车辆管理或交通监理部门发给的有效检验证明和行驶证明；

8）汽车罐车罐体号码与车辆号码不符；

9）汽车罐车罐体与车辆之间的固定装置不牢靠或已损坏；

10）汽车罐车的司机和押运员无有效证件或无押运员。

（3）液氯、液态二氧化硫罐车充装前应用干燥空气进行密封性试验，检查合格后需将罐体内气体排净方可充装（干燥空气的标准为含水量小于或等于 80 mg/m³）。密封性试验压力为设计压力的 0.9 倍。

（4）罐车充装量必须严格按规定的充装量充装，严禁超装，并以质量计量为准。

（5）铁路罐车充装完毕后，应进行下列检查并认真填写罐车运输交接单：

1）关闭压力表座阀和紧急切断阀；

2）各密封面进行泄漏检查；

3）气、液相阀门加盲板；

4）检查封车压力（不得超过罐内介质温度下的饱和蒸汽压力）；

5）用轨道衡复检充装量。

（6）罐车卸料时应按以下要求进行：

1）卸料间必须对罐车的装载量、阀门和压力表等附件进行详细检查，无异常情况方可卸车，并详细填写卸车记录。

2）用户及时将料卸净，并按规定保留罐内有 0.05 MPa 以上余压，但余压最高不得超过当时环境温度下介质的饱和蒸汽压力。

3）液氨、液化石油气罐车卸料时，不得用空气压料，也不得用有可能引起罐体内温度迅速升高的其他方法卸料。液氨、液态二氧化硫罐车可用不高于 45℃温水加热升温或用不大于设计压力的干燥压缩空气压送。

4）罐车卸料完毕后，关闭紧急切断阀，并将气液相阀门加上盲板，罐车所有配件及卸车记录随车返回。

(7) 充装和卸料的设备管线应定期检查，装卸管线应选用相应压力等级的材料，并可靠连接。

(8) 充装卸料场所应符合有关防火、防爆规定的要求，并配备一定量的防毒面具等防护器材。作业时铁路线上要设置防护信号或标记，出现雷雨天气，附近有明火、易燃、有毒介质泄漏及其他不安全因素时，禁止装卸料作业。

(9) 罐车不得兼作储罐使用，也不得从罐车直接灌瓶。

(10) 汽车罐车装卸料时，应按指定位置停车，发动机熄火，并采取有效制动措施；接好接地线；正常装卸时不得随意起动车辆。

3. 运输

罐车在运输液化气体时，必须有押运人员监护，铁路罐车按铁道部的规定，应有两名押运员跟车监护。汽车罐车应有固定的驾驶员和押运员。

押运员在上岗工作前，必须经过安全技术培训并考试合格。

铁路罐车押运员的培训工作由铁道部和各铁路局锅炉压力容器安全监察机构统一进行，押运员经考试合格，取得《液化气体铁路罐车押运员证》，方可上岗工作。

汽车罐车的驾驶员和押运员必须经本单位安全技术管理部门培训合格并发给证书。经过培训考核合格，取得押运员资格证的押运员，应熟悉罐车运输的有关规定；懂得罐车结构及各安全附件的工作原理性能；懂得液化气体的物理化学性质；能熟练使用紧急切断等安全装置及随车灭火器材；能处理罐车充装、卸料及运输中出现的异常情况；押运中应携带必要的防护及检修工具。

汽车罐车的罐内有液体时，不得停放在车库内；运输途中停放时，驾驶员和押运员不得同时远离车辆；不得停放于人员稠密处；途中检修时，不准有明火作业。

罐车在运输中出现严重泄漏时，应采取措施紧急止漏，并报告公安等有关部门，设立警戒工区组织抢救，疏散周围人员。

4. 罐车的定期检验及检修

罐车的定期检验及检修，包括罐体和车辆底架的检修。罐体及其附件的大修全面检验间隔期不得超过六年，可与车辆大修同期进行；中修每年一次；小修每次充装前进行；新罐车使用一年后必须进行大修（全面检验）。

罐体的检验，必须由取得《压力容器许可证》的单位进行。

罐车在检验、修理前，罐内液化气体必须排空，并用氮气、水或水蒸气置换干净，严禁用空气置换。

第六节　压力管道安全技术

要点掌握：

压力管道的安全使用如何管理？

压力管道是化工生产中必不可少的重要部件，用以连接化工设备与机械，输送和控制流体介质，共同完成化工工艺过程。化工压力管道，内部介质多为有毒、易燃、具有腐蚀性的物料，由于腐蚀、磨损使管壁变薄，极易造成泄漏而引起火灾、爆炸事故。因此，在化工生产中，压力管道的安全与其他特种设备一样，具有极其重要的地位。

一、压力管道概述

1. 定义

压力管道是指利用一定的压力，用于输送气体或者液体的管状设备。其范围规定为最高工作压力大于或等于 0.1 MPa（表压）的气体、液化气体、蒸汽介质或者可燃、易爆、有毒、有腐蚀性、最高工作温度高于或者等于标准沸点的液体介质，且公称直径大于 25 mm 的管道。

2. 分类

按管道的设计压力可分为：低压管道（0.1 MPa≤p<1.6 MPa）、中压管道（1.6 MPa≤p<10 MPa）、高压管道（p≥10 MPa）。

按管道的材质可分为：碳钢管、合金钢管、铸铁管、有色金属管等。

3. 管路的管件、阀门及连接

化工管路包括管子、管件和阀门。管件的作用是连接管子，使管路改变方向，延长、分路、汇流缩小或扩大等。阀门的作用是控制和调节流量。管道的连接包括管子与管子、管子与阀门及管件和管子与设备的连接。

（1）管路的管件。管件的种类较多，改变流体方向的管件有45°、90°弯头和回弯管。连接管路支路的管件有各种三通、四通等。改变管路直径的管件有大小头等。连接两管的管件有外牙管、内牙管等。堵塞管路的管件有管塞、管帽等。

（2）阀门。阀门的种类较多，按其作用分有截止阀、止逆阀、减压阀及调节阀等；按阀门的形状和结构分有闸阀、旋塞阀、针行阀及蝶行阀等。截止阀又叫球形阀，用于调节流量，它启闭缓慢，是各种管道上常用的阀门。止逆阀又叫单向阀，当工艺管道只允许流体向一个方向流动时，就需要使用止逆阀。减压阀的作用是自动地将高压流体按工艺要求减压为低压流体，一般经减压后的压力要低于阀前压力的50%。通常用于蒸汽和压缩空气管道上。闸阀又称闸板阀，它是利用闸板的起落来开启和关闭阀门，并通过闸板的高度来调节流量。闸阀广泛应用于各种压力管道上，但由于其闭合面易磨损，故不宜用于腐蚀性介质的管道。旋塞阀又叫考克，是利用旋塞孔和阀体孔两者的重合程度来截止和调节流量的，它启闭迅速，经久耐用，但由于摩擦面大，受热后旋塞膨胀，难以转动，不能精确调节流量，故只适用于压力小于1.0 MPa和温度不高的管道上。针形阀的结构与球行阀相似，只是将工艺阀盘做成锥形，阀盘与阀座接触面积大，密封性能好，易于启闭，特别适用于高压操作和精度调节流量的管道上。

（3）管路的连接。常用的管路连接方式有三种：法兰连接、螺纹连接和焊接。无缝钢管一般采用法兰连接或管子间的焊接；水煤气管只用螺纹连接；玻璃钢管大多采用活套法兰连接。小口径管道和低压管道一般采用螺纹连接，其形式又分为固定螺纹连接和卡套连接两种。大口径管道、高压管道和需要经常拆卸的管道常用法兰连接。用法兰连接管路时，必须加上垫片，以保证连接处的严密性。

二、压力管道的安全使用管理

真实案例

某化肥厂 1990 年 11 月大修时更换合成塔内筒。1991 年 4 月 26 日氨合成塔二出管道 U 形弯管（即废热锅炉进口弯管）突然爆裂，压力为 28 MPa 的高压合成气体喷出着火，将离爆破管口 22.4 m 的调度室南面门窗玻璃震碎、烧毁，着火气体喷入室内，调度室平房顶部即刻烧毁坍塌，室内 5 名值班长、2 名调度员当场被烧死。合成塔二出管道碳钢 U 形弯头一段爆裂为三块，有两道焊缝开裂。

事故原因系在施工过程中，未经原设计单位认可，未作技术论证，无现场设计施工技术资料，仅凭经验，边设计，边施工，错用了 20 号碳钢管道及弯头所致。

压力管道的使用单位，应对其安全管理工作全面负责，防止因其泄漏、破裂而引起中毒、火灾或爆炸事故。

1. 贯彻执行《压力管道安全管理与监察规定》及压力管道的技术规范、标准，建立、健全本单位的压力管道安全管理制度。

2. 压力管道及其安全设施必须符合国家有关规定。

3. 应有专职或兼职专业技术人员负责压力管道安全管理工作；压力管道工作的操作人员和压力管道的检验人员必须经过安全技术培训。

4. 按规定对压力管道进行定期检验，并对其附属的仪器仪表、安全保护装置、测量调控装置等定期校验和检修。

5. 建立压力管道技术档案，并到单位所在地（市）级质量技术监督行政部门登记。

6. 对输送可燃、易爆或有毒介质的压力管道，应建立巡回线检查制度，制订应急措施和救援方案，根据需要建立抢救队伍，并定期演练。

7. 对事故隐患应及时采取措施进行整改，重大事故隐患应以书面形式报告主管部门和质量技术监督行政部门。

8. 按有关规定及时、如实向主管部门和当地质量技术监督行政等有关部门报告压力管道事故，并协助做好事故调查和善后处理工作，认真总结经验教训，采取相应措施，防止事故重复发生。

三、压力管道安全技术

压力管道泄漏而引起火灾、爆炸事故在化工行业常有发生，其原因主要是由于介质腐蚀、磨损使管壁变薄。因此，防止压力管道事故，应着重从防腐入手。

1. 管道的腐蚀及预防

工业管道的腐蚀以全面腐蚀最多，其次是局部腐蚀和特殊腐蚀。遭受腐蚀最为严重的装置通常为换热设备、燃烧炉的配管。工业管道的腐蚀一般易出现在以下部位，需特别予以关注：

（1）管道的弯曲、拐弯部位，流线型管段中有液体流入而流向又有变化的部位；

（2）在排液管中经常没有液体流动的管段易出现局部腐蚀；

（3）产生汽化现象时，与液体接触的部位比与蒸汽接触的部位更易遭受腐蚀；

（4）液体或蒸汽管道在有温差的状态下使用，易出现严重的局部腐蚀；

（5）埋设管道外部的下表面容易产生腐蚀。

防止管道腐蚀应从三个方面入手：

（1）设计足够强度的管道，管道设计应根据管内介质的特性、流速、压力、管道材质、使用年限等，计算出介质对管材的腐蚀速率，在此基础上选取适当的腐蚀裕度；

（2）合理选择管材，即依据管道内部介质的性质，选择对该种介质具有耐腐蚀性能的管道材料；

（3）采用合理防腐措施，如采用涂层防腐、衬里防腐、电化学防腐及使用缓蚀剂等。其中用得最为广泛的涂层防腐，涂料涂层防腐最常见。

2. 管道的绝热

工业生产中，由于工艺条件的需要，很多管道和设备都要保温、保冷和加热保护，均属于管道和设备的绝热。

（1）保温保冷。管道、设备在控制或保持热量的情况下应予保温、保冷；为了减少介质因为日晒或外界温度过高而引起蒸发的管线、设备应予保温；对于温度高于 65℃ 的管道、设备，如果工艺不要求保温，但为避免烫伤，在操作人员可能触及的范围内也应保温。为了减少低温介质因为日晒或外界温度过高而引起冷损失的管线、设备应予保冷。

（2）加热保护。对于连续或间断输送具有下列特性的流体的管道，应采取加热保护：凝固点高于环境温度的流体管道；流体组分中能形成有害于操作的冰或结晶；含有 H_2S、HCl、Cl_2 等气体，能出现冷凝或形成水合物的管道；在环境温度下黏度很大的介质。加热保护的方式有蒸汽伴管、夹套管及电热带三种。

（3）绝热材料。无论是管道保温、保冷，还是加热保护，都离不开绝热材料。材料的导热系数越小、单位体积的质量越大、吸水性越低，其绝热性能就越好。此外，材质稳定，不可燃，耐腐蚀，有一定的强度也是绝热材料所必备的条件。工业管道常用的绝热材料有毛毡、石棉、玻璃棉、石棉水泥、岩棉及各种绝热泡沫塑料等。

第七节　泵的操作安全技术

要点掌握：

泵的安全操作步骤有哪些？

泵是输送液体的机械，其种类虽然多种多样，但基本上可以分为容积泵、叶片泵、喷射泵三种类型。容积泵、叶片泵和喷射泵分别依靠工作室容积的间歇改变、工作叶轮的旋转运动和工作液体的能量，达到输送液体的目的。容积泵又称往复泵，叶片泵则包括离心泵和轴流泵。这一节只介绍用得较多、易发生故障的往复泵和离心泵。

一、往复泵操作安全

1. 安全操作

（1）泵在启动前必须全面检查，检查的重点是：盘根箱的密封性、润滑和冷却系统状况、各阀门的开关情况、泵和管线各连接部位的密封情况等。

（2）盘车数周，检查是否有异常声响或阻滞现象。

（3）具有空气室的往复泵，应保证空气室内有一定体积的气体，应及时补充损失的气体。

（4）检查各安全防护装置是否完好、齐全，各种仪表是否灵敏。

（5）为了保证额定的工作状态，对蒸汽泵通过调节进汽管路阀门改变双冲程数；对动力泵则通过调节原动机转数或其他装置。

（6）泵启动后，应检查各传动部件是否有异声，泵负荷是否过大，一切正常后方可投入使用。

（7）泵运转时突然出现不正常，应停泵检查。

（8）结构复杂的往复泵必须按制造厂家的操作规程进行启动、停泵和维护。

2. 故障处理

往复泵的故障原因及处理方法列于表4—5。

表4—5　　往复泵的故障原因及处理方法

故障	原因	处理方法
不吸水	吸入高度过大 底阀的过滤器被堵或底阀本身有毛病 吸入阀或排出阀泄漏得太厉害 吸入管路阻力太大 吸入管路漏气严重	降低吸入高度 清理过滤器或更换底阀 修研或更换吸入阀或排出阀 清理吸入管，吸入管减少弯头或加大弯头曲率半径，更换成较粗的管线 处理好漏处
流量低	泵缸活塞磨损 吸入或排出阀漏 吸入管路漏气严重	更换活塞或活塞环 更换吸入、排出阀 处理漏处
压头不足	泵缸活塞环及阀漏 动力不足，转动部分有故障（动力泵） 蒸汽不足，蒸汽部分漏气（蒸汽泵）	更换活塞环、修研或更换阀 处理转动部分故障、加大电动机 提高蒸汽压力、处理蒸汽漏处
蒸汽耗量大	蒸汽缸活塞环漏气 盘根箱漏气	更换蒸汽缸活塞环 更换盘根
有异常响声	冲程数超过规定数 阀的举高过大 固定螺母松动 泵内掉入杂物 吸入空气室空气过多排出，空气室空气太少	调整冲程数 修理阀 紧固螺母 停泵检查，取出杂物 调整空气室的空气量

续表

故障	原因	处理方法
零件发热	润滑油不足 摩擦面不干净	检查润滑油油质和油量，更换新油 修研或清洗摩擦面

二、离心泵操作安全

1. 安全操作

(1) 开泵前，检查泵的进排出阀门的开关情况，泵的冷却和润滑情况，压力表、温度计、流量表等是否灵敏，安全防护装置是否齐全。

(2) 盘车数周，检查是否有异常声响或阻滞现象。

(3) 按要求排气和灌注。如果是输送易燃、易爆、易中毒介质的泵，在灌注、排气时，应特别注意勿使介质从排气阀内喷出。如果是易腐蚀介质，勿使介质喷到电动机或其他设备上。

(4) 应检查泵及管路的密封情况。

(5) 启动泵后，检查泵的转动方向是否正确。当泵达到额定转数时，检查空负荷电流是否超高。当泵内压力达到工艺要求后，立即缓慢打开出口阀。泵开启后，关闭出口阀的时间不能超过 3 min。因为泵在关闭排出阀运转时，叶轮所产生的全部能量都变成热能使泵变热，时间一长有可能把泵的摩擦部位烧毁。

(6) 停泵时，应先关闭出口阀，使泵进入空转，然后停下电动机，关闭泵入口阀。

(7) 泵运转时，应经常检查泵的压力、流量、电流、温度等情况，应保持良好的润滑和冷却，应经常保持各连接部位、密封部位的密封性。

(8) 如果泵突然发出异声、振动、压力下降、流量减小、电流增大等不正常情况时，应停泵检查，找出原因后再重新开泵。

(9) 结构复杂的离心泵必须按制造厂家的要求启动、停泵和维护。

2. 故障处理

离心泵的故障原因及处理方法列于表 4—6。

表 4—6　　离心泵的故障原因及处理方法

故障	原因	处理方法
泵启动后不供液体	气未排净，液体未灌满泵 吸入阀门不严密 吸入管或盘根箱不严密 转动方向错误或转速过低 吸入高度大 盘根箱密封管闭塞 过滤网堵塞	重新排气、灌泵 修研或更换吸入阀 更换填料，处理吸入管漏处 改变电动机接线，检查处理电动机 检查吸入管，降低吸入高度 检查清洗密封管 检查清理过滤网
启动时泵的负荷过大	排出阀未关死或内漏 从平衡装置引出液体的管道堵塞 叶轮平衡盘装得不正确 电动机短相	开泵前关闭排出阀，修研或更换排出阀 检查和清洗平衡管 检查和清除不正确的装配 检查电动机接线和熔丝
在运转过程中流量减小	转速降低 有气体进入吸入管或进入泵内 压力管路中阻力增加 叶轮堵塞 密封环、叶轮磨损	检查电动机 检查入口管，消除漏处 检查所有阀门、管路、过滤器等可能堵塞之处，并加以清理 检查和清洗叶轮 更换磨损的零部件
在运转过程中压头降低	转速降低 液体中含有气体 压力管破裂 密封环磨损或损坏，叶轮损坏	检查电动机，消除故障 检查和处理吸入管漏处，压紧或更换盘根，将气排出 关小排出阀，处理排气管漏处 更换密封环或叶轮

续表

故障	原因	处理方法
电动机过热	转数超过额定值 泵的流量大于许可流量而压头低于额定值 电动机或泵发生机械损坏	检查电动机，消除故障 关小排出阀门 检查、修理或更换损坏的零部件
发生振动或异声	机组装配不当 叶轮局部堵塞 机械损坏，泵轴弯曲，转动部分咬住，轴承损坏 排出管和吸入管紧固装置松动 吸入高度太大，发生汽蚀现象	重新装配、调整各部间隙 检查、清洗叶轮 检查或更换损坏的零部件 加固紧固装置 停泵，采取措施降低吸入管高度

第八节　压缩机安全操作技术

要点掌握：

压缩机的操作应遵守什么安全原则？

压缩机可分为往复式压缩机、离心式压缩机和轴流式压缩机三个基本类型。往复式压缩机依靠活塞的往复运动达到对气体压缩的目的。离心式压缩机由蜗壳、叶轮、机座等组成，依靠离心力的作用压缩气体，达到输送气体的目的。轴流式压缩机也称轴流风机，是通过旋转的叶片对气体产生推升力，使气体沿着轴向流动，产生压力，达到输送气体的目的。

一、压缩机操作中的危险因素

1. 机械伤害

压缩机的轴、联轴器、飞轮、活塞杆、传动带轮等裸露运动部件可造成对人体的伤害。零部件的磨蚀、腐蚀或冷却、润滑不良及操作失误，超温、超压、超负荷运转，均有可能引起断轴、烧瓦、烧缸、烧填料、零部件损害等重大机械事故。这不仅造成机械设备损坏，对操作者和附近的人也会构成威胁。

2. 爆炸和着火

输送易燃、易爆介质的压缩机，在运转或开停车的过程中极易发生爆炸和着火事故，这是因为气体在压缩过程中温度和压力升高，使其爆炸下限降低，爆炸危险性增大；同时，温度和压力的变化，易发生泄漏。处于高温、高压的可燃介质一旦泄漏，体积会迅速膨胀并与空气形成爆炸性气体，加上泄漏点漏出的气体流速很高，极易在喷射口产生静电火花而导致着火爆炸。

3. 中毒

输送有毒介质的压缩机，由于泄漏、操作失误、防护不当等，易发生中毒事故。另外，在生产过程中对废气、废液的排放管理不善或违反操作规程进行不合理排放；操作现场通风、排气不好等，也易发生中毒。

4. 噪声危害

压缩机在运转时会产生很强的噪声。如空气鼓风机、煤气鼓风机、空气透平机等的工业噪声级常可达到 92～110 dB，大大超过国家规定的噪声级标准，对操作者有很大危害。

5. 高温与中暑

压缩机操作岗位环境温度一般比较高，特别是夏季，受太阳辐射热的影响，常产生高温、高湿度、强热辐射的特殊气候条件，影响人体的正常散热功能，引起体温调节障碍而中暑。

二、压缩机操作应遵守的安全原则

1. 时刻注意压缩机的压力、温度等各项工艺指标是否符合要求。如有超标现象应及时查找原因，及时处理。

2. 经常检查润滑系统，使之通畅、良好。所用润滑油的牌号必须符合设计要求。润滑油必须严格实行三级过滤制度，充分保证润滑油的质量。属于循环使用的润滑油，必须定期分析化验，并定期补加新油或全部更换再生，使润滑油的闪点、黏度、水分、杂质、灰分等各项指标保持在规定范围之内。采用循环油泵供油的，应注意油箱的油压和油位；采用注油泵自动注油的，则应注意各注油点的注油量。

3. 气体在压缩过程中会产生热量，这些热量是靠冷却器和汽缸夹套中的冷却水带走的。必须保证冷却器和水夹套的水畅通，不得有堵塞现象。冷却器和水夹套必须定期清洗，冷却水温度不应超过 40℃。如果压缩机运转时，冷却水突然中断，应立即关闭冷却水入口阀，而后停机令其自然冷却，以防设备很热时，放进冷却水使设备骤冷发生炸裂。

4. 应随时注意压缩机各级出入口的温度。如果压缩机某段温度升高，则有可能是压缩比过大、活门坏、活塞环坏、活塞托瓦磨损、冷却或润滑不良等原因造成的，应立即查明原因，做相应的处理。如不能立即确定原因，则应停机全面检查。

5. 应定时（每 30 min）把分离器、冷却器、缓冲器分离下来的油水排掉。如果油水积蓄太多，就会带入下一级汽缸。少量带入会污染汽缸、破坏润滑，加速活塞托瓦、活塞环、汽缸的磨损；大量带入则会造成液击，毁坏设备。

6. 应经常注意压缩机各运动部件的工作状况。如有不正常的声音、局部过热、异常气味等，应立即查明原因，作相应的处理。如不能准确判断原因，应紧急停车处理。待查明原因，处理好后方可开车。

7. 压缩机运转时，如果汽缸盖、活门盖、管道连接法兰、阀门法兰等部位漏气，需停机卸掉压力后再行处理。严禁带压松紧螺栓，以防受力不均、负荷较大导致螺栓断裂。

8. 在寒冷季节，压缩机停车后，必须把汽缸水夹套和冷却器中的水排净或使水在系统中强制循环，以防汽缸、设备和管线冻裂。

9. 压缩机开车前必须盘车。压缩可燃气体的压缩机开车前必须进行置换，分析合格后方可开车。

第九节　起重机械安全技术

要点掌握：

起重吊运的基本安全要求是什么？

一、起重机械概述

起重机械是用来对物料进行起吊、运输、装卸和安装等作业以及对人员进行垂直运送的机械设备。起重机械以间歇、重复的工作方式，通过起重吊钩或其他吊具升起、下降或同时升降与运移重物。起重机械也是危险性较大，容易发生事故的特种设备，必须对其进行严格的安全管理。

1. 定义

起重机械是指用于垂直升降或垂直升降并水平移动重物的机电设备，其范围包括为额定起重量大于或等于 0.5 t 的升降机；额定起重量大于或者等于 1 t，且提升高度大于或者等于 2 m 的起重机和承重形式固定的电动葫芦等。

2. 化工行业常用的起重机械

化工行业常用的起重机械主要用于工艺生产中物料的输送及设备修理时的吊装、拆卸。大量应用的是小型起重机械，如千斤顶、手拉葫芦、电动葫芦等；应用的大型起重机械主要有桥式起重机（也称“天车”）、臂架型起重机（如起重车、吊车）、升降机、电梯等。在化工设备安装和检修中，常用的是塔式起重机、桅杆式起重机等。

3. 起重机械的主要参数

(1) 额定起重量。指起重机械在各种情况和规定的使用条件下，安全作业所允许的起吊物料连同可分吊具或索具质量的总和。单位为吨。

(2) 幅度。指旋转臂架型起重机的回转中心线与空载吊具铅直中心线之间的水平距离。单位为米。

(3) 跨度。指桥架型起重机支承中心线（如运行轨道轴线）之间的水平距离。单位为米。

(4) 起升高度和下降深度。起升高度是指起重机械水平停车面至吊具允许最高位置的垂直距离。下降深度是指起重机械水平停车面至停车面以下吊具允许最低位置的垂直距离。单位为米。

(5) 起重力矩。指幅度和相应的起吊载荷的乘积。单位为N·m。这个参数综合了起重量和幅度两个因素，比较全面、准确地反映了臂架型起重机的起重能力和工作过程中的抗倾覆能力。

(6) 工作速度。包括起升速度、运行速度、变幅速度和回转速度。其中起升、运行、变幅速度的单位为 m/min，回转速度的单位为 rad/min。

二、起重机械的安全装置

起重机械对安全影响较大的零部件主要有滑轮和滑轮组、吊钩、钢丝绳、卷筒、减速装置及制动装置等。为保证起重机械的自身安全及操作人员的安全，各种类型的起重机械均设有安全防护装置，常见的防护装置有超载保护装置、缓冲器、极限位置限制器、防碰撞、防偏斜装置等。

1. 超载限制器

超载限制器是一种超载保护装置，其功能是当起重机超载时，使起升动作不能实现，从而避免过载。超载保护装置按其功能可分为自动停止型、报警型和综合型几种。根据 GB6067—85《起重机械安全规程》的规定：额定起重量大于 20 t 的桥式起重机、大于 10 t 的门式起重机、装卸机、铁路起重机及门座起重机等均应设置超载限制器。

2. 力矩限制器

力矩限制器是臂架式起重机的超载保护装置，常用的有电子式和机械式。当臂架式起重机的起重力矩大于允许极限时，会造成臂架折弯或折断，甚至还会造成起重机整机失稳而倾覆或倾翻。因此，履带式起重机、塔式起重机应设置力矩限制器。

3. 缓冲器

设置缓冲器的目的是吸收起重机或起重小车的运行动能，减缓运行到终点的起重机或主梁上的起重小车对止挡体的冲击力。因此，缓冲器应设置在起重机或起重小车与止挡体相碰撞的位置。在同一轨道上运行的起重机之间以及在同一起重机桥架上双小车之间，也应设置缓冲器。

4. 极限位置限制器

上升极限位置限制器是用于限制取物装置的起升高度，动力驱动的起重机，其起升机构均应装设上升极限位置限制器，以防止吊具起升到上极限位置后继续上升，拉断起升钢丝绳；下降极限位置限制器是用来限制取物装置下降至最低位置时，能自动切断电源，使起升机构下降允许停止；运行极限位置限制器的功能是限制起重机或小车的运动范围，凡有轨道运行的各种类型起重机，均应设置运行极限位置限制器。

5. 防碰撞装置

当起重机运行到危险距离范围内时，防碰撞装置便发出警报，进而切断电源，使起重机停止运行，避免起重机之间的相互碰撞。

6. 防偏斜装置

大跨度的门式起重机和装卸桥应设置偏斜限制器、偏斜指示器或偏斜调整装置等，来保证起重机支架在运行中不出现超偏现象，即通过机械和电气的联锁装置，将超前或滞后的支架调整到正常位置，以防桥架被扭坏。跨度大于或等于 40 m 的门式起重机和装卸桥应设置偏斜调整和显示装置。

7. 夹轨器和锚定装置

夹轨器的工作原理是利用夹钳夹紧轨道头部的两个侧面，通过结合面的夹紧力将起重机固定在轨道上；锚定装置是将起重机与轨道基础固定，通常在轨道上每隔一段距离设置一个。露天工作的轨道式起重机，必须安装可靠的防风夹轨器或锚定装置，以防被大风吹走或吹倒而造成严重事故。

8. 其他安全装置

其他安全装置主要包括：联锁保护装置、幅度指示器、水平仪、防止吊臂后倾装置、极限力矩限制、回转定位装置、风级风速报警器。

三、起重机械事故及原因分析

真实案例

1989 年 7 月，扬子石油化工检修公司运输队在聚乙烯车间安装电动机。工作时，班长用钢丝绳拴绑 4 只 5 t 滑轮并一只 16 t 液化千斤顶及两根钢丝绳，然后打手势给吊车司机起吊。当吊车作抬高吊臂的操作时，一只 5 t 的滑轮突然滑落，砸在吊车下的班长头上，经抢救无效死亡。

事故原因系班长在指挥起吊工作前，未按起重安全规程要求对起吊工具进行安全可靠性检查，并且违反“起吊重物下严禁站人”的安全规定。

从事故统计资料看，吊物坠落、机体倾翻、挤压碰撞和触电，是起重机械最主要的事故类型。

1. 吊物坠落

吊物坠落造成的伤亡事故占起重伤害事故的比例最高，其中因吊索具有缺陷（如钢丝绳拉断、平衡梁失稳弯曲、滑轮破裂导致钢丝绳脱槽等）导致的事故最为严重；其次是吊装时捆扎方法不妥（如吊物重心不稳、绳扣结法错误等）造成的事故；再次是因超载而导致的事故。

2. 机体倾翻

一种情况是由于操作不当（如超载、臂架变幅或旋转过快等）、支架未找平或地基沉陷等原因使倾翻力矩增大，导致起重机倾翻；另一种情况是由于安全防护设施缺失或失效，在坡度或风载荷作用下，使起重机沿路面或轨道滑动而导致倾翻。

3. 挤压碰撞

一种情况是由于吊装作业人员在起重机和结构物之间作业时，因机体运行、回转挤压导致的事故，这种情况占挤压碰撞事故的比例最高；其次，由于吊物或吊具在吊运过程中晃动，导致操作者被高处坠落物击伤造成的事故；再次，被吊物件在吊装过程中或摆放时倾倒造成的事故。

4. 触电

绝大多数发生在使用移动式起重机的作业场所，且多发生在起重机外伸、变幅、回转过程中。尤其在建筑工地或码头上，起重臂或吊物意外触碰高压架空线路的机会较多，容易发生触电事故，或由于与高压带电体距离过近，感应带电而引发触电事故。此外，司机与维修人员在进入桥式起重机驾驶室前爬梯时，因触及动力线路而伤亡。

四、起重吊运的基本安全要求

1. 每台起重机械的司机，都必须经过专门培训，考核合格并持有操作证才准予上岗操作。

2. 司机接班时，应检查制动器、吊钩、钢丝绳和安全装置。发现性能不正常，应在操作前排除。

3. 开车前，必须鸣铃或报警。确认起重机上或周围无人时，才能闭合主电源。闭合主电源前，应使所有控制器手柄置于零位。

4. 流动式起重机，工作前应按说明书的要求平整停机场地，牢固可靠地打好支架。

5. 操作应按指挥信号进行。起重指挥人员发出的指挥信号必须明确，符合标准。动作信号必须在所有人员退到安全位置后发出。听到紧急停车信号，无论是何人发出，都应立即执行。

6. 工作中突然断电时，应将所有的控制器手柄扳回零位；在重新工作前，应检查起重机动作是否都正常。

7. 吊重物接近或达到额定起重量时，吊运前应检查制动器，并用小高度（200～300 mm）、短行试吊后，再平稳地吊运；吊运液态金属、有害液体、易燃、易爆物品时，也必须先进行小高度、短行程试吊。

8. 不得在有载荷的情况下调整起升、变幅机构的制动器。起重机运行时，不得利用限位开关停车；对无反接制动机能的起重机，除特殊紧急情况外，不得打反车制动。

9. 吊运重物不得从人员头顶通过，吊臂下严禁站人。操作中接近人员时，应给予断续铃声或报警。

10. 重物不得在空中悬停时间过长，且起落速度要平稳，非特殊情况下不得紧急制动和急速下降。

11. 吊运重物时不准落臂；必须落臂时，应先把重物放在地上。吊臂仰角很大时，不准将被吊的重物骤然落下，防止起重机向一侧翻倒。

12. 吊重物回转时，动作要平稳，不得突然制动。回转时，重物重量若接近额定起重量，重物距地面的高度不应太高，一般在 0.5 m 左右。

13. 在厂房内吊运货物应走指定通道。在没有障碍物的线路上运行时，吊物（吊具）底面应吊离地面 2 m 以上；有障碍物需要穿越时，吊物（吊具）底面应高出障碍物顶面 0.5 m 以上。

14. 无下降极限位置限制器的起重机，吊钩在最低工作位置时，卷筒上的钢丝绳必须保证有设计规定的安全圈数。

15. 有下列情况之一时，司机不应进行操作：

（1）超载或物体质量不清楚，如吊拔起重量或拉力不清的埋置物体，或斜拉斜吊等；

（2）信号不明确；

（3）捆绑、吊挂不牢或不平衡，可能引起滑动；

（4）被吊物上有人或浮置物；

（5）结构或零件有影响安全工作的缺陷或损伤，如制动器或安全装置失灵、吊钩螺母防松动装置损坏、钢丝绳损伤达到报废标准；

（6）工作场地昏暗，无法看清场地、被吊物情况和指挥信号；

（7）重物棱角处与捆绑钢丝绳之间未加衬垫；

（8）钢水（铁水）包装得过满。

第十节　化工机械设备安全检修

要点掌握：

1. 化工设备检修前的安全教育要点有哪些？
2. 动火、设备内作业安全要点有哪些？

在化工生产中，设备状况与企业生产效益密切相关，优质、高产、低耗、节能和安全都离不开完好的设备。设备维护保养不善，使用不当，必然要发生各种各样的事故，导致计划打乱乃至停产；或因为跑、冒、滴、漏损失资源，污染环境，恶化劳动条件。甚至由于腐蚀、疲劳、蠕变等造成设备破裂、爆炸，人员伤亡，财产损失。化工生产中的炉、塔、釜、器、机、泵以及罐、槽、池等大多是非定型设备，种类繁多，规格不一。要求操作人员和检修人员具有丰富的知识和技术，熟练掌握不同设备的结构、性能和特点。

化工生产的危险性决定了化工设备检修的危险性。化工设备和管道中大多残存着易燃易爆有毒的物质，化工抢修及检修又离不开动火、动土、进罐入塔等作业，故客观上具备了发生火灾、爆炸、中毒、化工灼烧等事故的条件，稍有疏忽就会发生重大事故。据统计资料表明，国际国内化工单位发生的事故中，停车检修作业或在运行中抢修作业中发生的事故占有相当大的比例。

化工设备的检修应由操作人员和检修人员交接配合，共同完成。因此，化工操作人员掌握设备检修的相关安全知识和技术是十分必要的。

一、检修前的准备

1. 成立检修指挥部

大修、中修时，为了加强停车检修工作的集中领导和统一计划，确保停车检修的安全顺利进行，检修前要成立检修指挥部。企业主要负责人为总指挥，主管设备、生产技术、人事保卫、物资供应及后勤服务等的负责人为副总指挥，工作人员为机动、生产、劳资、供应、安全、环保、后勤等部门的代表。针对装置检修项目及特点，指挥部成员应明确分工，分片包干，各司其职，各负其责。

2. 制订检修方案

无论是全厂性停车大检修、系统或车间的检修，还是单项工程或单个设备的检修，在检修前均须制订装置停车、检修、开车方案及其安全措施。

安全检修方案主要内容应包括：检修时间、设备名称、检修内容、质量标准、工作程序、施工方法、起重方案、采取的安全技术措施；并明确施工负责人、检修项目安全员、安全措施的落实人等。方案中除了以上内容外，还应包括设备置换、吹洗、盲板抽堵流程示意图等。尤其要制定合理工期，确保检修质量。检修方案及检修任务书必须得到审批，全厂性停车大检修、系统或车间的大、中修，以及生产过程中的抢修，应由总工程师（副总工程师）或厂长或机动设备部门主管审批；单项工程或单个设备的检修，由机动设备部门审批。审批部门对检修过程中的安全负责。

3. 检修前的安全教育

检修前，检修指挥部负责向参加检修的全体人员（包括外单位人员、临时工作人员等）进行检修技术方案交底，使其明确检修内容、步骤、方法、质量标准、人员分工、注意事项、存在的危险因素和由此而采取的安全技术措施等，达到分工明确、责任到人。同时，还要组织检修人员到检修现场，了解和熟悉现场环境，进一步核实安全措施的可靠性。检修人员经安全教育并考试合格取得《安全（作业）合格证》后才能准许持证参加检修。安全教育内容主要包括：

（1）需检修部位的工艺生产特点、应注意的安全事项以及检修过程中可能存在或出现的不安全因素及对策；

（2）检修规程、安全制度、化工生产禁令；

（3）检修作业项目、任务、检修方案和检修安全措施；

（4）检修中已发生过的重大事故案例；

（5）检修各工种所使用的个体防护用具的正确使用和佩戴方法；

（6）检修人员必须遵守所在生产车间的安全规定，严禁乱动生产车间不需检修的生产设备、管道、阀门、仪表电气等；

（7）特种作业人员除学习上述安全内容外，还需进行本工种的专业安全教育培训。

4. 检修前的检查

装置停车检修前，应由检修指挥部统一组织，对停车前的准备工作进行一次全面的检查。检查内容主要包括检修方案、检修项目及相应的安全措施、检修机具和检修现场等。

二、装置停车后的安全处理

化工装置在停车后应进行盲板抽堵、设备吹扫、置换等工作。停车和吹扫置换工作进行的好坏，直接关系到装置的安全检修。因此，装置停车后的处理对于安全检修工作有特殊的意义。

1. 盲板抽堵作业

检修设备和运行系统隔离的最保险的方法是将与检修设备相连的管道、管道上的阀门、伸缩接头可拆部分拆下，然后在管路侧的法兰上装设盲板。如果不可拆卸或拆卸十分困难，则应在和检修设备相连的管道法兰接头之间插入盲板。

抽堵盲板属于危险作业，须办理《盲板抽堵安全作业证》方可作业；高处抽堵盲板还应办理《高处安全作业证》。作业时应做好以下安全工作：

（1）制作盲板。根据阀门或管道的口径制作合适的盲板。按HG23013—1999《厂区盲板抽堵作业安全规程》执行。

（2）现场管理。在易燃易爆场所作业时，作业地点30 m内不得有动火作业。工作照明应该使用防爆灯具，并应使用防爆工具。禁止使用铁器敲打管线、法兰等。在室内进行抽堵盲板作业时，必须打开门窗，或用符合安全要求的通风设备强制通风。在高处抽堵盲板作业时，确认安全可靠后方准登高抽堵。

（3）泄压排尽。抽堵盲板前应仔细检查管道和检修设备的压力是否下降至规定值，余液是否排尽。在有毒气体的管道、设备上抽堵盲板时，非刺激性气体的压力应小于26.66 kPa；刺激性气体的压力应小于6.67 kPa；气体温度应低于60℃。若温度、压力超过上述规定时，应有特殊的安全措施，并办理特殊的审批手续。

（4）器具和监护。抽堵可燃介质的盲板时，应使用铜质或其他撞击时不产生火花的工具。若必须用铁质工具时，应在其接触面上涂以石墨、黄油等不产生火花的介质。作业时应戴好隔离式防毒面具，并站在上风向。抽堵盲板应有专人监护，作业复杂、危险性大的场所，还应有消防队、医务人员到场。如涉及整个生产系统，生产调度人员和厂生产部门负责人必须在场。

（5）登记核查。抽堵盲板应有专人负责做好登记核查工作，以防漏抽、漏堵。抽堵多个盲板时，应按盲板位置图及盲板编号，由施工总负责人统一指挥作业。

2. 置换作业

为保证检修动火和设备内作业的安全，设备检修前内部的易燃、有毒气体应进行置换；酸碱等腐蚀性液体应该中和；为保证罐内作业安全和防止设备腐蚀，经过酸洗或碱洗后的设备，还应进行中和处理。

易燃、有毒有害气体的置换，大多采用蒸汽、氮气等惰性气体作为置换介质。也可采用“注水排气法”将易燃有害气体压出，达到置换要求。设备经惰性气体置换后，若需要进入其内部工作，则事先必须用空气置换惰性气体，以防窒息。

(1) 可靠隔离。被置换的设备，管道与运行系统相连处，除关紧连接阀门外，还应加上盲板，达到可靠隔离要求，并卸压和排余液。

(2) 制订方案。置换前应制订置换方案，绘制流程图。根据置换和被置换介质的密度不同，选择置换介质进入点和被转换置换介质的排出点，确定取样分析部位，以免遗漏、防止出现死角。操作人员须严格按照方案执行。

(3) 置换要求。用注水排气法置换气体时，一定要保证设备内被水充满，所有易燃气体被全部排出。故一般应在设备顶部最高位置的接管口有水溢出，并外溢一段时间后，方可动火，严禁注水未满的情况下动火。用惰性气体置换时，设备内部易燃，有毒气体的排出，除合理选择排出点位置外，还应将排除气体引至安全场所。所需的惰性气体用量一般为被置换介质容积的 3 倍以上。对被置换介质有滞留的性质或者其密度和置换介质相近时，还应注意防止置换的不彻底或者两种介质相混合的可能。因此，置换作业是否符合安全要求，不能根据置换时间的长短或置换介质用量判断，而是依据气体分析化验结果是否合格。

(4) 取样分析。在置换过程中应按照置换流程图上标明的取样分析点取样分析。

3. 设备清扫和清洗

经过置换等作业方法清除的沉积物，应用蒸汽、热水或碱液等进行蒸煮、溶解、中和等方法将沉积的可燃、有毒物质清除干净。

（1）人工揩擦或铲刮。对某些设备内部的沉积物可用人工揩擦铲刮的方法清除。进行此项作业时，设备应符合设备内作业安全规定。若沉积物是可燃物或酸性容器壁上的污物和残酸，则应用木质、铜质、铝质等不产生火花的铲、刷、钩等工具。若是有毒的沉积物，应做好个人防护，必要时戴好防毒面具后作业。应及时清扫并妥善处理铲刮下来的沉积物。

（2）用蒸汽或高压热水清扫。油罐的清扫通常采用蒸汽或高压喷射的方法清洗掉罐壁上的沉积物，但必须防止静电火花引起燃烧、爆炸。采用的蒸汽一般宜用低压饱和蒸汽，蒸汽和高压热水管道应用导线和槽罐连接起来并接地。用蒸汽或热水清扫后，入罐前应让其充分冷却，防止烫伤。油类设备管道的清洗可以用氢氧化钠溶液，用量为每千克水加入 80～120 g 氢氧化钠，用此浓度的碱液清洗几遍或通入蒸汽煮沸，然后将碱液放去，用水洗涤。溶解固体氢氧化钠时，应将碱片或碱碎块分批多次逐渐加入清水中，同时缓慢搅动，待全部碱块均加入溶解后，方可通蒸汽煮沸。绝不能先将碎碱块放入设备或管道内再加水。对汽油桶一类的油类容器，可以用蒸汽吹洗。

（3）化学清洗。为检修安全和防止设备的腐蚀、过热，对设备管道内的泥垢、油垢、水垢和铁锈等沉积物和附着物可以用化学清洗的方法除去。常用的有碱洗法，如在氢氧化钠溶液、磷酸钠、碳酸钠内加入适量的表面活性剂；酸洗法，如用盐酸加缓蚀剂、柠檬酸等有机酸清洗；还可用碱洗和酸洗交替等方法进行清洗。对氧化铁类沉积物的清洗：如果设备内部有油垢时，先碱洗，然后清水洗涤，接着进行酸洗。对氧化铁、铜及氧化铜类沉积物清洗：沉积物中除氧化铁外还杂有铜或氧化铜等物质，仅用酸洗法不能清除，应先用氨溶液除去沉积物中的铜分，然后进行酸洗；因为铜和铜的氧化物污垢和铁的氧化物大都呈现层叠状积附，故交替使用氨水和酸类进行清洗；如果铜或铜的氧化物污垢积附较多，在酸洗时一定要添加铜离子封闭剂，以防因铜离子的电极沉积引起腐蚀。对硫化铁沉积物的清洗：在石油化工装置中除硫化铁沉积物外，大都积附氧化铁、硫化铁类沉积物，这类沉积物中大多数是氧化铁、硫化铁以混合状态积附，其中还含有少量油分，沉积物较为坚硬，清洗时，先加热到300℃左右，时间为2～3 h，使沉积物裂化，除去油分，然后再酸洗；加热时应控制温度，防止设备管道过热；酸洗时有硫化氢气体产生，必须另设管道处理，防止中毒。对碳酸盐类水垢的清洗锅炉受热面上若结有碳酸盐水垢，可用盐酸加缓蚀剂的方法清洗。在配制酸洗液时应注意个人防护，酸洗液放入锅炉宜分两次，先灌入一半，若锅内作用不是很激烈，则再将另一半灌入。打开锅筒上的放空阀（或其他阀门）以便使酸洗过程中产生的气体排出。采用化学清洗后的废液应处理后方可排放。一般把废液稀释沉淀、过滤等，使污染物浓度降低到允许的排放标准后排放；或采用化学药品，通过中和、氧化、还原、凝聚、吸附以及离子交换等方法把酸性或碱性废液处理至符合排放标准后排放；或排入全厂性的污水处理系统，统一处理后排放。

三、检修中的特殊作业

1. 动火作业

动火作业是指在禁火区进行焊接与切割作业及在易燃易爆场所使用喷灯、电钻、砂轮等进行可能产生火焰、火花和赤热表面的临时性作业。动火作业分为特殊危险动火作业、一级动火作业和二级动火作业三类。动火作业应办理动火证审批手续，落实安全措施。

化工生产设备和管道中的介质大多是易燃易爆物质，检修动火具有很大危险性，加强火种管理是化工企业防火防爆的一个重要环节。

动火作业安全要点：

（1）审证。禁火区内动火应办理动火证的申请、审核和批准手续，明确动火的地点、时间、范围、动火方案、安全措施、现场监护人。没有动火证或动火手续不齐、动火证已过期不准动火；动火证上要求采取的安全设施没有落实之前也不准动火；动火地点或内容更改时应重办审证手续，否则也不准动火。进入设备内、高处进行动火作业，还要办理相关许可证。特殊危险动火作业和一级动火作业的《动火安全作业证》有效期为 24 h 以内，二级动火作业的《动火安全作业证》有效期为 120 h 以内。

（2）联系。动火前要和生产车间、工段联系，明确动火的设备、位置。由生产部门指定人员负责动火设备的置换、扫线、清洗或清扫工作，并做书面记录。由审证的安全保卫部门通知邻近车间、工段或部门，提出动火期间的要求，如动火期间关闭门窗，不要放料，不要放空等。

（3）拆迁。凡能拆迁到固定动火区或其他安全地方动火的作业不应在生产现场（禁火区）内进行，尽量减少禁火区内的动火工作量。

（4）隔离。动火设备应与其他生产系统可靠隔离，防止运行中的设备、管道内的物料泄漏入动火设备中，将动火地区与其他区域采用临时隔火墙等措施隔开，防止火星飞溅而引起事故。

（5）移去可燃物。将动火地点 10 m 范围以内的一切可燃物，如溶剂、润滑油、未清洗的盛放过易燃液体的空桶、木柜、竹箩等转移到安全场所。

（6）灭火措施。动火期间，动火地点附近的水源要保证充足，不能中断，动火现场准备好足够数量的适用灭火器具。在危险性大的重要地段动火时，消防车和消防人员应到现场。

（7）检查和监护。上述工作准备就绪后，根据动火制度的规定，厂、车间或安全保卫部门负责人到现场检查。对照动火方案中提出的安全措施，检查是否落实，并再次明确落实现场监护人和动火现场指挥，交代安全注意事项。

（8）动火分析。取样与动火间隔不得超过半小时，如果超过此间隔或动火作业中段时间超过半小时，必须重新取样分析。分析试样要保留到动火之后，分析数据应做记录，分析人员应在分析报告上签字。动火分析合格标准按 HG23011—1999《厂区动火作业安全规程》①执行。

（9）动火。动火作业应由经安全考试合格的持特种作业上岗证的人员担任。

（10）善后处理。动火结束后应清理现场，熄灭余火，做到不遗漏任何火种，切断动火作业所用的电源。

2. 动土作业

动土作业指挖土、打桩、地锚入土深度在 0.5 m 以上；地面堆放负重在 50 kg/m^2 以上；使用推土机、压路机等施工机械填土或平整场地的作业。

化工企业内外地下有用于动力、通信和仪表等不同用途、不同规格的电缆，有上水、下水、循环水、冷却水、软水和消防水等口径不一，材料各异的生产、生活用水管，还有煤气管、蒸汽管、各种化学物料管。电缆、管道纵横交错，编织成网。如果不明地下设施情况而进行动土作业，可能挖断电缆、击穿管道、土石塌方、人员坠落，造成人员伤亡或全厂停电等重大事故。因此，动土作业必须办理《动土安全作业证》，否则不准动土作业。

动土作业安全规程按 HG23017—1999《厂区动土作业安全规程》②执行。

注：① AQ 3022－2008《化学品生产单位动火作业安全规范》可代替 HG 23011。

② AQ 3023－2008《化学品生产单位运土作业安全规范》可代替 HC 23017。

3. 设备内作业

进入化工区域内的各类塔、球、釜、槽、罐、炉膛、锅筒、管道、容器以及地下室、阴井、地坑、下水道或其他封闭场所内进行的作业称为设备内作业，常称罐内作业。化工检修及维护中的设备内作业十分频繁，和动火一样是危险性很大的作业。事前应办理《设备内安全作业证》方可作业。

设备内作业安全要点：

（1）可靠隔离。进入设备内作业的设备必须和其他设备、管道可靠隔离，绝不允许其他系统中的介质进入检修的设备。

（2）切断电源。有搅拌机等机械装置的设备，进行设备内作业前应把传动带卸下，起动机械的电动机电源断开，如取下熔丝、拉下刀开关等，并上锁使其在检修中不能启动机械装置。还要在电源处挂上“有人检修，禁止合闸”的警示牌。

（3）清洗和置换。凡用惰性气体置换过的设备，进入前必须用空气置换出惰性气体，并对设备内空气中的含氧量进行测定，含氧量应在18%～21%的范围。对设备进行清洗，使设备内有毒气体、可燃气体浓度符合《化工企业安全管理制度》的规定。涂漆、除垢、焊接等作业过程中能产生易燃、有毒、有害气体，作业时应加强通风换气，并加强取样分析。

（4）设备外监护。设备内作业一般应指派两人以上作设备外监护。监护人应了解介质的理化性能、毒性、中毒症状和火灾、爆炸性；监护人应位于能经常看见设备内全部操作人员的位置，眼光不得离开操作人员；监护人除了向设备内作业人员递送工具、材料外，不得从事其他工作，更不准撤离岗位；发现设备内有异常时，应立即召集急救人员，设法将设备内受害人员救出。监护人应从事设备外的急救工作，如果没有人代替监护，即使在非常时候，监护人也不得自己进入设备内。凡进入设备内抢救的人员，必须根据现场的情况穿戴防护器具，绝不允许不采取任何个人防护措施，而冒险进入设备救人。

(5) 用电安全。设备作业照明，使用的电动工具必须使用安全电压，若有可燃性物质存在，还应符合防爆要求。悬吊行灯不能使导线承受张力时，必须用附属的吊具来悬吊。行灯的防护装置和电动工具的机架等金属部分，应该用三芯软线或导线等预先可靠接地。

(6) 个人防护。设备内作业前应使设备内及周围环境符合安全卫生要求。在不得已的情况下需戴防毒面具入罐作业，防毒面具务必在事前作严格检查，确保完好；并规定在罐内的停留时间，严密监护，轮换作业。当设备内空气中含氧量和有毒有害物质浓度均符合安全规定时，仍应正确穿戴相关劳动保护用品进入设备。

(7) 急救措施。根据设备的容积和形状、作业危险性大小和介质性质，作业前做好相应的急救准备工作。

(8) 升降机具。设备作业所用升降机具必须安全可靠。

(9) 防止疏漏。作业开始前有关部门负责人应检查各项安全措施的落实情况，在作业罐的明显位置挂上“罐内有人作业”字样的牌子。作业结束，清除杂物，把所有的工具材料、垫板、梯子等都搬出设备外，防止遗漏在罐内。

4. 高处作业

距坠落基准面 2 m 及其以上，有可能坠落的高处进行的作业；距坠落基准面 2 m 以下，但在作业地段坡度大于 45°的斜坡下面，或附近有坑、井和有风雨袭击、机械振动的地方以及有转动机械或有堆放物易伤人的地段进行的作业，均称为高处作业。高处作业要办理《高处安全作业证》[①]，方可作业。

高处作业应执行 HG23014—1999《厂区高处作业安全规程》，高处作业安全要点如下：

注：① AQ 3025－2008《化学品生产单位高处作业安全规范》可代替 HG 23014。

(1) 作业人员。患有精神病、癫痫病、高血压、心脏病等疾病的人不准参加高处作业。工作人员饮酒、精神不振时禁止登高作业，患深度近视眼病的人员也不宜从事高处作业。

(2) 作业条件。高处作业均须先搭脚手架或采取其他防止坠落的措施后方可进行。在没有脚手架或者没有栏杆的脚手架上工作，高度超过 1.5 m 时，必须使用安全带或采取其他可靠的安全措施。

(3) 现场管理。高处作业现场应设有围栏或其他明显的安全界标。除有关人员外，不准其他人在作业地点的下面通行或逗留。进入高处作业现场的所有工作人员必须戴好安全帽。高处作业应与地面保持联系，根据现场情况配备必要的联络工具，并指定专人负责联系。

(4) 防止工具材料坠落。高处作业时一律应用工具袋。较大的工具用绳拴牢在坚固的构件上，不准随便乱放。工作过程中除指定的、已采取防护围栏处或落料管槽可以倾倒废料外，严禁向下抛掷物料。

(5) 防止触电和中毒。脚手架搭建时应避开高压线。高处作业地点如靠近放空管，万一有毒有害气体排放，应按计划路线迅速撤离现场，并根据可能出现的意外情况采取应急安全措施。

(6) 注意结构的牢固性和可靠性。在槽顶、罐顶、屋顶等设备或建筑物、构筑物上作业时，除了临空一面装设安全网或栏杆等防护措施外，事先应检查其牢固可靠程度，防止失稳或破裂等可能出现的危险。严禁不采取任何安全措施，直接站在石棉瓦、油毛毡等易碎裂材料的屋顶上作业。若必须在此类结构上作业时，应架设人字梯或铺上木板以防止坠落。

第五章　化工生产工艺过程安全技术与管理

学习目标：

1. 熟悉氧化反应、还原反应、硝化反应、磺化反应、烷基化反应、氯化反应、电解反应、聚合反应、催化反应的安全技术要点；

2. 熟悉物料输送、加热、冷却、冷凝、冷冻、粉碎与筛分、熔融与混合过滤、蒸发与干燥、蒸馏的安全要点；

3. 掌握化工工艺参数中控制反应温度和压力的基本措施；

4. 掌握化工生产开车和停车安全要点。

第一节　典型化学反应的危险性及安全技术

要点掌握：

氧化、还原、硝化、磺化、烷基化、氯化、电解、聚合和催化的安全技术要点是什么？

化工生产过程可以看成是由原料预处理过程、反应过程和反应产物后处理过程三个基本环节构成的。其中，反应过程是化工生产过程的中心环节。各种化学品的生产过程中，以化学为主的处理方法可以概括为具有共同化学反应特点的典型化学反应，如氧化、还原、硝化、磺化、聚合等。

化学反应是有新物质形成的一种变化类型。在发生化学反应时，物质的组成和化学性质都发生了改变。化学反应以质变为其最重要的特征，还伴随着能量的变化。化学反应过程必须在某种适宜条件下进行。例如，反应物料应有适宜的组成、结构和状态，应在一定的温度、压强、催化剂以及反应器内的适宜流动状况下进行。

用于实现化学反应过程的设备，其结构形式与化学反应过程的类型和性质有密切的关系。设备内部常有各种各样的装置，如搅拌器、流体分配装置、换热装置、催化剂支承装置等。常见的反应设备有搅拌釜式反应器、固定床反应器、沸腾床反应器和管式反应器等。

由于化学反应过程物质变化多样，反应条件要求严格，反应设备结构复杂，所以其安全技术要求较高。本章重点讨论常见的危险性比较大的一些典型化学反应的基本安全技术，同时对化工生产中主要工艺参数的安全控制进行综述。

一、氧化反应的安全技术

氧化是指失去电子的作用或是指物质与氧的化合作用。氧化剂是指能氧化其他物质而自身被还原的物质，也就是在氧化还原反应中得到电子的物质。常见的氧化剂有氧气（或空气）、重铬酸钠、重铬酸钾、双氧水、氯酸钾、铬酸酐以及高锰酸钾等。

氧化反应在化学工业中的应用十分普遍。如硫酸、硝酸、醋酸、苯甲酸、苯酐、环氧乙烷、甲醛等基本化工原料的生产均是通过氧化反应制备的。硫黄氧化制备硫酸，其氧化反应过程为：

$$S + O_2 \longrightarrow SO_2$$

$$2SO_2 + O_2 \xrightarrow{V_2O_5} 2SO_3$$

$$SO_3 + H_2O \longrightarrow H_2SO_4$$

1. 氧化的危险性分析

真实案例

1995年5月18日下午2点，江阴市某化工厂当班生产副厂长王某组织8名工人接班，接班后氧化釜继续通氧氧化，当时釜内工作压力为0.75 MPa，温度为160℃。不久工人发现氧化釜搅拌器传动轴密封填料处发生泄漏，班长钟某在观察泄漏情况时，泄漏的物料溅到了眼睛，钟某随即离开现场去冲洗眼睛。之后工人刘某、星某在副厂长王某的指派下，用扳手直接去紧固搅拌轴密封填料的压盖螺栓来处理泄漏问题，而刘某、星某对螺母上紧了几圈后，物料继续泄漏，且螺栓已跟着转动，无法旋紧。经王某同意，刘某将手中的两只扳手交给在现场的工人陈某，自己去修理间取管钳，刘某离开操作平台45 s左右，刚到修理间前时，操作平台上就发生了爆燃，接着整个生产车间起火。当班工人除钟某、刘某离开生产车间之外，其余7人全部陷入火中，副厂长王某、工人李某当场烧死，陈某、星某在医院抢救过程中死亡，另有5人重伤。该厂320 m^2生产车间厂房屋顶和280 m^2的玻璃钢棚以及部分设备、原料等均被烧毁，直接经济损失为10.6万元。

（1）氧化反应初期需要加热，但反应过程又会放热，这些反应热如不及时移去，将会使温度迅速升高甚至发生爆炸。特别是在250～600℃高温下进行的气相催化氧化反应以及部分强放热的氧化反应，更需特别注意其温度控制，否则因温度失控会造成火灾爆炸危险。

（2）有的氧化过程，如氨、乙烯和甲醇蒸气在空气中的氧化，其物料配比接近于爆炸下限，倘若配比失调，温度控制不当，极易爆炸起火。

（3）被氧化的物质大部分是易燃易爆物质。如氧化制取环氧乙烷的乙烯、氧化制取苯甲酸的甲苯、氧化制取甲醛的甲醇等。

（4）氧化剂具有很大的火灾危险性。如氯酸钾、高锰酸钾、铬酸酐等，若遇点火源以及与有机物、酸类接触，皆能引起着火爆炸。有机过氧化物具有更大的危险性，不仅具有很强的氧化性，而且大部分是易燃物质，有的对温度特别敏感，遇高温则爆炸。

（5）部分氧化产品也具有火灾危险性。如环氧乙烷是可燃气体，36.7%的甲醛水溶液是易燃液体等。此外，氧化过程还可能生成危险性较大的过氧化物。如乙醛氧化生产醋酸的过程中有过醋酸生成，过醋酸是有机过氧化物，性质极不稳定，受高温、摩擦或撞击便会分解或燃烧。

2. 氧化的安全技术要点

（1）必须保证反应设备的良好传热能力。可以采用夹套、蛇管同时冷却，以及外循环冷却等方式；同时采取措施避免冷却系统发生故障，如在系统中设计备用泵和双路供电等；必要时应有备用冷却系统。为了加速热量传递，要保证搅拌器安全可靠运行。

（2）反应设备应有必要的安全防护装置。设置安全阀等紧急泄压装置；超温、超压、含氧量高限报警装置和安全联锁及自动控制等。为了防止氧化反应器在万一发生爆炸或着火时危及人身和系统安全，进出设备的物料管道上应设阻火器、水封等防火装置，以阻止火焰蔓延，防止回火。在设备系统中宜设置氮气、水蒸气灭火装置，以便能及时扑灭火灾。

（3）氧化过程中如以空气或氧气作氧化剂时，反应物料的配比应严格控制在爆炸范围之外。空气进入反应器之前，应经过气体净化装置，消除空气中的灰尘、水汽、油污以及可使催化剂活性降低或中毒的杂质，以保持催化剂的活性，减少着火和爆炸的危险。

（4）使用硝酸、高锰酸钾等氧化剂时，要严格控制加料速度、加料顺序，杜绝加料过量、加料错误。固体氧化剂应粉碎后使用，最好呈溶液状态使用。反应中要不间断搅拌，严格控制反应温度，绝不许超过被氧化物质的自燃点。

(5) 使用氧化剂氧化无机物时，如使用氯酸钾氧化生成铁蓝颜料时，应控制产品烘干温度不超过其燃点。在烘干之前应用清水洗涤产品，将氧化剂彻底清洗干净，以防止未完全反应的氯酸钾引起已烘干物料起火。有些有机化合物的氧化，特别是在高温下氧化，在设备及管道内可能产生焦状物，应及时清除，以防止局部过热或自燃。

(6) 氧化反应使用的原料及产品，应按有关危险品的管理规定，采取相应的防火措施，如隔离存放、远离火源、避免高温和日晒、防止摩擦和撞击等。如果是电介质的易燃液体或气体，应安装除静电的接地装置。

二、还原反应的安全技术

还原是指得到电子的作用或物质被夺去氧或得到氢的反应。本节主要讨论狭义的还原反应。

还原剂指能还原其他物质而自身被氧化的物质，也就是在氧化还原反应中失去电子的物质。还原反应在化学工业中的应用十分普遍。如通过还原反应可以制备苯胺、环已烷、硬化油、萘胺等化工产品。如硝基苯还原制备苯胺。苯胺应用很广，主要用于染料、药物、橡胶硫化促进剂等。还原反应式为：

$$4\,C_6H_5NO_2 + 9Fe + H_2O \longrightarrow C_6H_5NH_2 + 3Fe_3O_4$$

1. 还原的危险性分析

真实案例

1996年8月12日，山东省某化学工业集团总公司制药厂在生产山梨醇过程中发生爆炸事故。该制药厂新开发的山梨醇于7月15日开始投料生产。8月12日零时，山梨醇车间乙班接班，氢化岗位的氢化釜处在加氢反应过程中。氢化釜在加氢反应过程中，氢气不断地加入，调压阀处于常动状态（工艺条件要求氢化釜内的工作压力为4 MPa），由于尾气缓冲罐下端残糖回收阀处于常开状态（此阀应处于常关状态，在回收残糖时才开此阀，回收完后随即关好，气源是从氢化釜调压出来的氢气），氢气被送3号高位槽后，经槽顶呼吸管排到室内。因房顶全部封闭，又没有排气装置，致使氢气沿房顶不断扩散集聚，与空气形成爆炸混合气，达到了爆炸极限。

（1）还原过程都有氢气存在，氢气的爆炸极限为4.1%～75%，特别是催化加氢还原，大都在加热、加压条件下进行。如果操作失误或因设备缺陷有氢气泄漏，极易与空气形成爆炸性混合物，如遇火源就会爆炸。高温高压下，氢对金属有渗碳作用，易造成腐蚀。

（2）还原反应中所使用的催化剂雷氏镍吸潮后在空气中有自燃危险，即使没有点火源存在，也能使氢气和空气的混合物着火爆炸。

（3）固体还原剂保险粉、硼氢化钾（钠）、氢化铝锂等都是遇湿易燃危险品。其中保险粉遇水发热，在潮湿空气中能分解析出硫，硫蒸气受热具有自燃的危险，同时，保险粉自身受热到190℃也有分解爆炸的危险。硼氢化钾（钠）在潮湿空气中能自燃，遇水或酸分解，放出大量氢气，同时产生高热，可使氢气着火而引起爆炸事故。以上还原剂如遇氧化剂会猛烈反应，产生大量热量，也有发生燃烧爆炸的危险。

（4）还原反应的中间体，特别是硝基化合物还原反应的中间体，亦有一定的火灾危险。如生产苯胺时，如果反应条件控制不好，可能生成燃烧危险性很大的环己胺。

2. 还原的安全技术要点

（1）由于有氢的存在，必须遵守国家爆炸危险场所安全规定。车间内的电气设备必须符合防爆要求，且不能在车间顶部敷设电线及安装电线接线；厂房通风要好，采用轻质屋顶，设置天窗或风帽，防止氢气积聚；加压反应的设备要配备安全阀，反应中产生压力的设备要装设爆破片；最好安装氢气浓度检测和报警装置。

（2）可能造成氢腐蚀的场合，设备、管道的选材要符合要求，并应定期检测。

（3）当用雷氏镍来活化氢气进行还原反应时，必须先用氮气置换反应器内的全部空气，并经过测定证实器内含氧量降到标准，才可通入氢气。反应结束后应先用氮气把反应器内的氢气置换干净，才可打开孔盖出料，以免外界空气与反应器内氢气相遇，在雷氏镍自燃的情况下发生着火爆炸。雷氏镍应当储存于酒精中。回收钯碳时应用酒精及清水充分洗涤，抽真空过滤时不能抽得太干，以免氧化着火。

（4）使用还原剂时应注意相应的安全问题。当保险粉用于溶解使用时，要严格控制温度，可以在开动搅拌的情况下，将保险粉分批加入水中，待溶解后再与有机物接触反应；应妥善储藏保险粉，防止受潮。当使用硼氢化钠（钾）作还原剂时，在工艺过程中调节酸、碱度时要特别注意，防止加酸过快，过多；硼氢化钾（钠）应储存于密闭容器中，置于干燥处，防水防潮并远离火源。在使用氢化锂铝作还原剂时，要特别注意必须在氮气保护下使用；氢化锂铝遇空气和水都能燃烧，氢化锂铝应浸没于煤油中储存。

（5）操作中必须严格控制温度、压力、流量等反应条件及反应参数，避免生成爆炸危险性很大的中间体。

（6）尽量采用危险性小、还原效率高的新型还原剂代替火灾危险性大的还原剂。例如：用硫化钠代替铁粉还原，可以避免氢气产生，同时还可消除铁泥堆积的问题。

三、硝化反应的安全技术

硝化通常是指在有机化合物分子中引入硝基（$-NO_2$）取代氢原子而生成硝基化合物的反应。常用的硝化剂是浓硝酸或混酸（浓硝酸和浓硫酸的混合物）。

硝化是染料、炸药及某些药物生产中的重要反应过程。通过硝化反应可生产硝基苯、TNT、硝化甘油、对硝基氯苯、苦味酸、1—氨基蒽醌等重要化工医药原料。如甘油硝化制取硝化甘油。硝化反应式为：

$$\begin{array}{l} CH_2-OH \\ | \\ CH-OH \\ | \\ CH_2-OH \end{array} + 3HNO_3 \xrightarrow{H_2SO_4} \begin{array}{l} CH_2-ONO_2 \\ | \\ CH-ONO_2 \\ | \\ CH_2-ONO_2 \end{array} + 3H_2O$$

1. 硝化的危险性分析

真实案例

1992 年 3 月 10 日，江苏省常熟市某化工厂间二硝基苯车间在生产间二硝基苯时，当班操作工发现正在进行硝化反应的二号 2 000 L 反应锅的搅拌器停转，相关人员布置机修工抢修。此时二号反应锅温度计显示 25℃（正常情况下温度应在 37℃至 40℃），硝基苯已滴加一格约 50 kg，硝基苯滴加阀已关闭，放空阀开启，冷却水在回流。约 1.5 h 后搅拌器修复，操作工人启动修复后的搅拌器后，发生了爆炸，造成 8 人死亡，7 人受伤，直接经济损失 84 万余元。

事故原因系二号反应锅搅拌器停转，反应物未经充分搅拌，留存了一定量未经反应的硝基苯、混酸及一定量的反应产物间二硝基苯，在搅拌器修复后突然发生剧烈化学反应，锅内温度瞬间急剧升高，正常冷却失效，引起爆炸。

(1) 硝化是一个放热反应，所以硝化需要在降温条件下进行。在硝化反应中，倘若稍有疏忽，如中途搅拌停止、冷却水供应不良、加料速度过快等，都会使温度猛增、混酸氧化能力增强，并有多硝基物生成，容易引起着火和爆炸事故。

(2) 常用硝化剂都具有较强的氧化性、吸水性和腐蚀性。它们与油脂、有机物，特别是不饱和的有机化合物接触即能引起燃烧。在制备硝化剂时，若温度过高或落入少量水，会使硝酸大量分解和蒸发，不仅会导致设备的强烈腐蚀，还可能引起爆炸事故。

(3) 被硝化的物质大多易燃，如苯、甲苯、甘油、氯苯等，不仅易燃，有的还有毒性，如使用或储存管理不当，很易造成火灾及中毒事故。

(4) 硝化产物大都有着火爆炸的危险性，如 TNT、硝化甘油、苦味酸等，当受热摩擦、撞击或接触点火源时，极易发生爆炸或着火。

2. 硝化的安全技术要点

(1) 硝化设备应确保严密不漏，防止硝化物料溅到蒸汽管道等高温表面上而引起爆炸或燃烧。同时严防硝化器夹套焊缝因腐蚀使冷却水漏入硝化物中。如果管道堵塞时，可用蒸汽加温疏通，千万不能用金属棒敲打或明火加热。

(2) 车间厂房设计应符合国家爆炸危险场所安全规定。车间内电气设备要防爆，通风良好；严禁带入火种；检修时尤其注意防火安全，报废的管道不可随便拿用，避免意外事故发生。必要时硝化反应器应采取隔离措施。

(3) 采用多段式硝化器可使硝化过程达到连续化，使每次投料少，减少爆炸中毒的危险。

(4) 配制混酸时，应先用水将浓硫酸稀释，稀释应在搅拌和冷却情况下将浓硫酸缓慢加入水中，以免发生爆溅。浓硫酸稀释后，在不断搅拌和冷却条件下加浓硝酸。应严格控制温度以及酸的配比，直至充分搅拌均匀为止。配制混酸时要严防因温度迅速升高而冲料或爆炸，更不能把未经稀释的浓硫酸与硝酸混合，以免引起突沸冲料或爆炸。

（5）硝化过程中一定要避免有机物质的氧化。仔细配制反应混合物并除去其中易氧化的组分；硝化剂加料应采用双重阀门控制好加料速度，反应中应连续搅拌，搅拌机应当有自动启动的备用电源，并备有保护性气体搅拌和人工搅拌的辅助设施，随时保持物料混合良好。

（6）往硝化器中加入固体物质，必须采用漏斗等设备使加料工作机械化，从加料器上部的平台上使物料沿专用的管子加入硝化器中。

（7）硝基化合物具有爆炸性，形成的中间产物（如二硝基苯酚盐，特别是铅盐）有巨大的爆炸威力。在蒸馏硝基化合物（如硝基甲苯）时，防止热残渣与空气混合发生爆炸。

（8）避免油从填料函落入硝化器中引起爆炸，硝化器搅拌轴不可使用普通机油或甘油作润滑剂，以免被硝化形成爆炸性物质。

（9）对于特别危险的硝化产物（如硝化甘油），则需将其放入装有大量水的事故处理槽中。在万一发生事故时，将物料放入硝化器附设的相当容积的紧急放料槽。

（10）分析取样时应当防止未完全硝化的产物突然着火，防止烧伤事故。

四、磺化反应的安全技术

磺化是在有机化合物分子中引入磺（酸）基—SO_3H 的反应。常用的磺化剂有发烟硫酸、亚硫酸钠、焦亚硫酸钠、亚硫酸钾、三氧化硫、氯磺酸等。

磺化是有机合成中的一个重要过程，在化工生产中的应用较为普遍。如苯磺酸、磺胺、快速渗透剂 T、太古油等重要化工医药原料。苯与硫酸直接磺化制备苯磺酸。苯磺酸主要用于经碱熔制苯酚，也用于制间苯二酚等。其磺化反应式为：

$$\text{C}_6\text{H}_6 + H_2SO_4 \longrightarrow \text{C}_6\text{H}_5SO_3H + H_2O$$

1. 磺化的危险性分析

真实案例

1989年1月13日，河北省某染料化工厂间氨基苯磺酸钠车间的磺化罐在生产过程中发生爆炸，3名工人在事故中死亡，7人受伤（其中4人重伤），该车间的一座三层楼房成为平地，直接经济损失约50万元。

事故原因是由于硝基苯的磺化在磺化罐中进行，硝基苯脱水后，经计量加入磺化罐。之后在开动搅拌的条件下，以每分钟滴入2 L的速度缓慢均匀地加入三氧化硫，然后保温磺化。磺化完毕的物料因下道工序的储罐有余料，磺化好的物料不能送往下道工序，1 h后磺化罐发生爆炸。其原因是硝基苯计量槽通往磺化罐的两道阀门都无法关严，而发生内漏引起。

（1）常用的磺化剂浓硫酸、三氧化硫、氯磺酸等都是氧化剂。特别是三氧化硫，一旦遇水生成硫酸，同时会放出大量的热，使反应温度升高造成沸溢、磺化反应导致燃烧反应而起火或爆炸；同时，由于硫酸极强的腐蚀性增加了对设备的腐蚀破坏作用。

（2）磺化反应是强放热反应，若在反应过程温度超高，可导致燃烧反应，造成爆炸或起火事故。

（3）苯、硝基苯、氯苯等可燃物与浓硫酸、三氧化硫、氯磺酸等强氧化剂进行的磺化反应非常危险，因其已经具备了可燃物与氧化剂作用发生放热反应的燃烧条件。对于这类磺化反应，操作稍有疏忽都可能造成反应温度升高，使磺化反应变为燃烧反应，引起着火或爆炸事故。

2. 磺化的安全技术要点

（1）使用磺化剂必须严格防水、防潮，严格防止接触各种易燃物，以免发生火灾爆炸；经常检查设备管道，防止因腐蚀造成穿孔泄漏，引起火灾和腐蚀伤害事故。

（2）保证磺化反应系统有良好的搅拌和有效的冷却装置，以及时移走反应热，避免温度失控。

（3）严格控制原料纯度（主要是含水量）、投料操作时顺序不能颠倒，速度不能过快，以控制正常的反应速度和反应热，以免正常冷却失效。

（4）反应结束，注意放料安全，避免烫伤及腐蚀伤害。

（5）磺化反应系统应设置安全防爆装置和紧急放料装置，一旦温度失控，立即紧急放料，并进行紧急冷处理。

五、烷基化反应的安全技术

烷基化亦称为烃化，是在有机化合物分子的氮、氧、碳等原子上引入烷基（R—）的反应。常用的烷基化剂有烯烃、卤代烷、硫酸烷酯和饱和醇类等。苯胺和甲醇用于制备N，N—二甲基苯胺。

$$C_6H_5NH_2 + 2CH_3OH \xrightarrow{H_2SO_4} C_6H_5N(CH_3)_2 + 2H_2O$$

1. 烷基化的危险性分析

（1）被烷基化的物质以及烷基化剂大都具有着火爆炸危险。如苯是中闪点易燃液体，闪点－11℃，爆炸极限1.2%～8%；苯胺是毒害品，闪点70℃，爆炸极限1.3%～11.0%；丙烯是易燃气体，爆炸极限1%～15%；甲醇是中闪点易燃液体，闪点11℃，爆炸极限5.5%～44%。

（2）烷基化过程所用的催化剂易燃。例如三氯化铝是遇湿易燃物品，有强烈的腐蚀性，遇水（或水蒸气）会发热分解，放出氯化氢气体，有时能引起爆炸，若接触可燃物则易着火。三氯化磷遇水（或乙醇）会剧烈分解，放出大量的热和氯化氢气体。氯化氢有极强的腐蚀性和刺激性，有毒，遇水及酸（硝酸、醋酸）会发热、冒烟，有发生起火爆炸的危险。

（3）烷基化的产品亦有一定的火灾危险性。

（4）烷基化反应都在加热条件下进行，若反应速度控制不当，可引起跑料，造成着火或爆炸事故。

2. 烷基化的安全技术要点

（1）车间厂房设计应符合国家爆炸危险场所安全规定。应严格控制各种点火源，车间内电气设备要防爆，通风良好。易燃易爆设备和部位应安装可燃气体监测报警仪，设置完善的消防设施。

（2）妥善保存烷基化催化剂，避免与水、水蒸气以及乙醇等物质接触。

（3）烷基化产品存放时需注意防火安全。

（4）烷基化反应操作时应注意控制反应速度。例如，保证原料、催化剂、烷基化剂等的正常加料顺序、加料速度，保证连续搅拌等，避免发生剧烈反应引起跑料，造成着火或爆炸事故。

六、氯化反应的安全技术

氯化是指以氯原子取代有机化合物中氢原子的反应。根据氯化反应条件的不同，有热氯化、光氯化、催化氯化等，在不同条件下，可得到不同产品。工业生产通常采用天然气（甲烷）、乙烷、苯、萘、甲苯及戊烷等原料进行氯化，制取溶剂、各种杀虫剂等产品。如氯仿、四氯化碳、氯乙烷、苯酚、1—氯萘等产品。天然气（甲烷）氯化生产氯仿和四氯化碳等产品。

$$CH_4 + 3Cl_2 \longrightarrow CHCl_3 + 3HCl$$

$$CH_4 + 4Cl_2 \longrightarrow CCl_4 + 4HCl$$

1. 氯化的危险性分析

真实案例

江苏省某化工公司的1号生产厂房由硝化工段、氟化工段和氯化工段三部分组成。由前两个工段生产的2，4—二硝基氟苯，在一定温度下通入氯气反应生成最终产品2，4—二氯氟苯。

2006年7月27日15:10，首次向氯化反应塔塔釜投料。17:20通入导热油加热升温；19:10塔釜温度上升到130℃，此时开始向氯化反应塔塔釜通氯气；20:15操作工发现氯化反应塔塔顶冷凝器没有冷却水，于是停止向釜内通氯气，关闭导热油阀门。28日4:20在冷凝器仍然没有冷却水的情况下，又开始通氯气，并开导热油阀门继续加热升温；7:00停止加热；8:00塔釜温度为220℃，塔顶温度为430℃；8:40氯化反应塔发生爆炸。据估算，氯化反应塔物料的爆炸当量相当于406 kgTNT，爆炸半径约为30 m，造成1号厂房全部倒塌，死亡22人，受伤29人，其中3人重伤。

（1）氯化反应的各种原料、中间产物及部分产品都具有不同程度的火灾危险性。

（2）氯化剂具有极大的危险性。氯气为强氧化剂，能与可燃气体形成爆炸性气体混合物；能与可燃烃类、醇类、羧酸和氯代烃等形成二元混合物，极易发生爆炸。氯气与烯烃形成的混合物，在受热时可自燃；与二硫化碳混合，会出现自行突然加速过程而增加爆炸危险；与乙炔的反应极为剧烈；有氧气存在时，甚至在−78℃的低温也可发生爆炸。三氯化磷、三氯氧磷等遇水会发生快速分解，导致冲料或爆炸。漂白粉、光气等均具有较大的火灾危险性。有些氯化剂还具有较强的腐蚀性，损坏设备。

（3）氯化反应是放热反应，有些反应温度高达500℃，如温度失控，可造成超压爆炸。某些氯化反应会发生自行加速过程，导致爆炸危险。在生产中如果出现投料配比差错，投料速度过快，极易导致火灾或爆炸性事故。

（4）液氯气化时，高热使液氯剧烈气化，可造成内压过高而爆炸；工艺、操作不当使反应物倒灌至液氯钢瓶，则可能与氯发生剧烈反应引起爆炸。

2. 氯化的安全技术要点

（1）车间厂房设计应符合国家爆炸危险场所安全规定。应严格控制各种点火源，车间内电气设备要防爆，通风良好。易燃易爆设备和部位应安装可燃气体监测报警仪，设置完善的消防设施。

（2）最常用的氯化剂是氯气。在化工生产中，氯气通常液化储存和运输。常用的容器有储罐、气瓶和槽车等。储罐中的液氯进入氯化器之前必须先进入蒸发器使其气化。在一般情况下不能把储存氯气的气瓶或槽车当储罐使用，否则有可能使被氯化的有机物质倒流进气瓶或槽车，引起爆炸。一般情况下，氯化器应装设氯气缓冲罐，以防止氯气断流或压力减小时形成倒流。氯气本身的毒性较大，须避免其泄漏。

（3）液氯的蒸发气化装置，一般采用汽水混合作为热源进行升温，加热温度一般不超过 50℃。

（4）氯化反应是一个放热过程，氯化反应设备必须具备良好的冷却系统；必须严格控制投料配比、进料速度和反应温度等，必要时应设置自动比例调节装置和自动联锁控制装置。尤其在较高温度下进行氯化，反应更为剧烈。例如在环氧氯丙烷生产中，丙烯预热至 300℃左右进行氯化，反应温度可升至 500℃，在这样的高温下，如果物料泄漏就会造成燃烧或引起爆炸；若反应速度控制不当，正常冷却失效，温度剧烈升高亦可引起事故。

（5）反应过程中存在遇水猛烈分解的物料如三氯化磷、三氯氧磷等，不宜用水作为冷却介质。

（6）氯化反应几乎都有氯化氢气体生成，因此所用设备必须防腐蚀，设备应保证严密不漏，且应通过增设吸收和冷却装置除去尾气中的氯化氢。

七、电解反应的安全技术

电解是电流通过电解质溶液或熔融电解质时，在两个电极上所引起的化学变化。电解在工业上有着广泛的作用。如氢气、氯气、氢氧化钠、双氧水、高氯酸钾、二氧化锰、高锰酸钾等许多基本工业化学产品的制备都是通过电解来实现的。如电解氯化钠可得到氢气、氯气、氢氧化钠。

$$2NaCl+2H_2O \xrightarrow{电解} 2NaOH+H_2\uparrow+Cl_2\uparrow$$

1. 食盐水电解的危险性分析

真实案例

2003 年 6 月 3 日，某化工厂电解车间氯气系统发生爆炸，造成氯气进口部分的管道、氯气水封和水雾捕集器等不同程度损坏，停产 28 h，所幸无人员伤亡。

6 月 3 日 5:10，该厂电解车间检修，当日 20:00 开车生产，氯氢处理工段于 17:30 开启罗茨风机，20:05 开启氯气 3# 泵，20:10 送直流电生产，20:35 电流升至 8 000 A。此时，氯氢处理工段氯气压力为 0.16 MPa，氢气压力为 0.026 MPa，运行平稳，20:40 氢处理工段当班班长启动氯水泵（此泵为洗涤三氯化氮用），在开进口阀门后的瞬间，氯气系统发生爆炸。

事故原因系电解工段部分盐水总管被盐阻塞，使盐水流通不畅。在送电时，电解槽隔膜疏松，电解液流大，盐水补充跟不上，使部分电解槽水位偏低，液封高度不够，使氢气进入阳极室，随氯气一起进入氯气系统，造成氯气总管内氢量增大。在送直流电 30～40 min 后，氯内含氢较高，有可能在氯氢处理工段积聚，并达到了爆炸极限范围。电流升至8 000 A时，氢处理工段班长方启动氯水泵（此泵应在送直流电前开），氯水冲击容器壁（塑料材质）引起静电火花，产生了激发能量（氢最小燃能量为0.019 mJ），与达到爆炸极限的氢气和空气的混合气体相遇引发爆炸。

（1）氯气泄漏的中毒危险；

（2）氢气泄漏及氯氢混合的爆炸危险；

（3）杂质反应产物的分解爆炸危险；

（4）碱液灼伤及触电危险。

2. 食盐水电解的安全技术要点

（1）保证盐水质量。盐水中如含有铁杂质，能够产生第二阴极而放出氢气。盐水中带入铵盐，在适宜条件 pH<4.5 时，铵盐和氯作用可生成氯化铵，氯作用于浓氯化铵溶液还可生成黄色油状的三氯化氮。三氯化氮是一种爆炸性物质，与许多有机物接触或加热至90℃以上或被撞击，即发生剧烈的分解爆炸。因此，盐水配制必须严格控制质量，尤其是铁、钙、镁和无机铵盐的含量，应尽可能采用盐水纯度自动分析装置，这样可以观察盐水成分的变化，随时调节碳酸钠、苛性钠、氯化钡和丙烯酸铵的用量。

（2）盐水液面高度应适当。在操作中向电解槽的阳极室内添加盐水，如盐水液面过低，氢气有可能通过阳极网渗入到阳极室内与氯气混合；若电解槽盐水装得过满，在压力下盐水会上涨。因此，盐水添加不可过少或过多，应保持一定的安全高度。采用盐水供应器应间断供给盐水，以避免电流的损失，防止盐水导管被电流腐蚀。

（3）阻止氢气与氯气混合。氢气是极易燃烧的气体，氯气是氧化性很强的有毒气体，一旦两种气体混合极易发生爆炸。当氯气中含氢量达到5%以上，则随时可能在光照或受热情况下发生爆炸。造成氯气和氢气混合的原因主要有：阳极室内盐水液面过低；电解槽氢气的出口堵塞引起阳极室压力升高；电解槽的隔膜吸附质量差；石棉绒质量不好，在安装电解槽时破坏隔膜，造成隔膜局部脱落或者送电前注入的盐水量过大将隔膜冲坏等，这些都可能引起氯气中含氢量增高。此时应对电解槽进行全面检查，将单槽氯含氢浓度以及总管氯含氢浓度控制在规定值内。

（4）严格遵守电解设备的安装要求。由于电解过程中有氢气存在，故有着火爆炸的危险。所以电解槽应安装在自然通风良好的单层建筑物内，厂房应有足够的防爆泄压面积。

（5）掌握正确的应急处理方法。在生产中，当遇突然停电或其他原因突然停车时，高压阀不能立即关闭，以免电解槽中氯气倒流而发生爆炸。应在电解槽后安装放空管，及时减压，并在高压阀门上安装单向阀，有效地防止跑氯，避免污染环境和带来火灾危险。

八、聚合反应的安全技术

聚合反应是将若干个分子结合为一个组成相同、分子量较大的化合物的反应。按照聚合的方式可分为个体聚合、悬浮聚合、溶液聚合、乳液聚合以及缩合聚合。聚合反应广泛应用于塑料及合成树脂工业中。如合成聚氯乙烯等各种合成橡胶以及乳胶、化学纤维等重要化学品的生产都离不开聚合反应。

$$nCH_2{=\!=}\underset{}{\overset{\overset{\large Cl}{|}}{C}}{-}H \longrightarrow \left[CH_2{-}\underset{\underset{\large Cl}{|}}{CH} \right]_n$$

1. 聚合的危险性分析

真实案例

1990年1月27日1:30，湖南省某化工厂聚氯乙烯车间1号聚合反应釜13 m^3搪瓷釜，设计压力为（8±0.2）

$\times 10^2$ kPa。该釜加料完毕后，18:40 达到指示温度，开始聚合；聚合反应过程中，由于其间反应激烈，注加稀释水等操作以控制反应温度。28 日早 6:50，釜内压力降到 3.42×10^2 kPa，温度 51℃，反应已达 12 h。取样分析釜内气体氯乙烯、乙炔含量后，根据当时工艺规定可向氯乙烯柜排气，到 8:00，釜内压力为 1.7×10^2 kPa。白班接班后，继续排气到 8:53，釜内压力降至 1.5×10^2 kPa，即停止排气，开动空气压缩机向 3 号沉析槽压入空气出料。9:10 3 号沉析槽泡沫太多，已近满量，沉析岗位人员怕跑料，随即通知聚合岗位（工段）操作人员把出料阀门关闭，以便消除沉析槽泡沫，而后再启动空气压缩机用压缩空气压料，但由于出料管线被沉积树脂堵塞，此时釜内压力虽已达到 4.22×10^2 kPa，物料仍然压不过来，空气压缩机被迫停机。当时聚合岗位（工段）操作人员林某赶到干燥工段找回当班班长廖某（代理值班长）共同处理，当林某和廖某刚回到 1 号釜旁即发生釜内爆炸，将人孔盖螺栓冲断，釜盖飞出，并冒出火光及窒息性气味的浓烟。

爆炸事故造成 2 人死亡，2 人轻伤，直接经济损失 25 万元，车间停产 3 个月之久。

（1）个体聚合是指在没有其他介质的情况下，用浸于冷却剂中的管式聚合釜（或在聚合釜中设盘管、列管冷却）进行的一种聚合方法。如高压下乙烯的聚合，甲醛的聚合等。个体聚合的主要危险性是由于聚合热不易传导散出而导致危险。例如在高压聚乙烯生产中，每聚合 1 kg 乙烯会放出 3.8 MJ 的热量，倘若这些热能未能及时移去，则每聚合 1%的乙烯，即可使釜内温度升高 12～13℃，待升到一定温度时，就会使乙烯分解，强烈放热，有发生暴聚的危险。

(2) 溶液聚合是指选择一种溶剂，使单体溶成均相体系，加入催化剂或引发剂后，生成聚合物的一种聚合方法。溶液聚合只适于制造低分子量的聚合体，该聚合体的溶液可直接用作涂料。如氯乙烯在甲醇中聚合，醋酸乙烯酯在醋酸乙酯中聚合。溶液聚合一般在溶剂的回流温度下进行，可以有效地控制反应温度，同时可借助溶剂的蒸发来排散反应热。这种聚合方法的主要危险性是在聚合和分离过程中，易燃溶剂容易挥发和产生静电火花。

(3) 悬浮聚合是指在机械搅拌下用分散剂（如磷酸镁、明胶）使不溶的液态单体和溶于单体中的引发剂分散在水中，悬浮成珠状物而进行聚合的反应。如苯乙烯、甲基丙烯酸甲酯、氯乙烯的聚合等。这种聚合方法若工艺条件控制不好，极易发生溢料，可能导致未聚合的单体和引发剂遇到火源而引发着火和爆炸事故。

(4) 乳液聚合是指在机械搅拌或超声波振动下，用乳化剂（如肥皂）使不溶于水的液态单体在水中被分散成乳液而进行聚合的反应。如丁二烯与苯乙烯的共聚，以及氯乙烯、氯丁二烯的聚合等。乳液聚合常用无机过氧化物（如过氧化氢）作引发剂，聚合速度较快。若过氧化物在水中的配比控制不好，将导致反应速度过快，反应温度太高而发生冲料。同时，在聚合过程中有可燃气体产生。

(5) 缩合聚合是指具有两个或两个以上官能团的单体化合成为聚合物，同时析出低分子副产物的聚合反应。如已二酸、苯二甲酸酐以及甘油缩合聚合生产聚酯，精双酚 A 与碳酸二苯酯缩合聚合生产聚碳酸酯等。缩合聚合是吸热反应，但由于反应温度过高，也会导致系统的压力增加，甚至引起爆裂，泄漏出易燃易爆的单体。

(6) 聚合物的单体大多是易燃易爆物质，如乙烯、丙烯等。聚合反应又多在高压下进行，因此，单体极易泄漏并引起火灾、爆炸。

(7) 聚合反应的引发剂为有机过氧化物，其化学性质活泼，对热、振动和摩擦极为敏感，易燃易爆，极易分解。

(8) 聚合反应多在高压下进行，多为放热反应，若反应条件控制不当就会发生爆聚，使反应器压力骤增而发生爆炸。用过氧化物作为引发剂时，如配料比控制不当就会产生暴聚；高压下乙烯聚合、丁二烯聚合以及氯乙烯聚合具有极大的危险性。

(9) 聚合的反应热量如不能及时导出，如搅拌发生故障、停电、停水、聚合物黏壁而造成局部过热等，均可使反应器温度迅速增加，导致爆炸事故。

2. 聚合的安全技术要点

(1) 反应器的搅拌和温度应有控制和联锁装置，设置反应抑制剂添加系统，出现异常情况时能自动启动抑制剂添加系统，自动停车。高压系统应设爆破片、导爆管等，要有良好的静电接地系统。

(2) 严格控制工艺条件，保证设备的正常运转，确保冷却效果，防止暴聚。冷却介质要充足，搅拌装置应可靠，还应采取避免黏壁的措施。

(3) 控制好过氧化物引发剂在水中的配比，避免冲料。

(4) 设置可燃气体检测报警仪，以便及时发现单体泄漏，采取对策。

(5) 特别重视所用溶剂的毒性及燃烧爆炸性，加强对引发剂的管理。电气设备采取防爆措施，消除各种火源。必要时，对聚合装置采取隔离措施。

(6) 乙烯高压聚合反应，压力为 100～300 MPa、温度为 150～300℃、停留时间为 10 s 至数分钟。操作条件下乙烯极不稳定，能分解成碳、甲烷、氢气等。乙烯高压聚合的防火安全措施有：添加反应抑制剂或加装安全阀来防止暴聚反应；采用防粘剂或在设计聚合管时设法在管内周期性地赋予流体以脉冲，防止管路堵塞；设计严密的压力、温度自动控制联锁系统；利用单体或溶剂气化回流及时清除反应热。

（7）氯乙烯聚合反应所用的原料除氯乙烯单体外，还有分散剂（明胶、聚乙烯醇）和引发剂（过氧化二苯甲酰、偶氮二异庚腈、过氧化二碳酸等）。主要安全措施有：采取有效措施及时除去反应热，必须有可靠的搅拌装置；采用加水相阻聚剂或单体水相溶解抑制剂来减少聚合物的黏壁作用，减少人工清釜的次数，减小聚合岗位的毒物危害；聚合釜的温度采用自动控制。

（8）丁二烯聚合反应，聚合过程中接触和使用酒精、丁二烯、金属钠等危险物质，不能暴露于空气中；在蒸发器上应备有联锁开关，当输送物料的阀门关闭（此时管道可能引起爆炸）时，该联锁装置可将蒸汽输入切断；为了控制猛烈反应，应有适当的冷却系统，冷却系统应保持密闭良好，并需严格地控制反应温度；丁二烯聚合釜上应装安全阀，同时连接管安装爆破片，爆破片后再连接一个安全阀；聚合生产系统应配有纯度保持在99.5%以上的氮气保护系统，在危险可能发生时立即向设备充入氮加以保护。

九、催化反应的安全技术

催化反应是在催化剂的作用下所进行的化学反应，可分为单相催化反应和多相催化反应两种。单相催化反应中催化剂和反应物处于同一个相。多相催化反应中催化剂和反应物处于不同的相。

催化剂是指在化学反应中能改变反应速度而本身的组成和质量在反应前后保持不变的物质。常用的催化剂主要有金属、金属氧化物和无机酸等。工业上绝大多数化学反应都是催化反应。

1. 催化反应的危险性分析

真实案例

某年8月的一天上午6:12，美国石油公司印第安纳州怀亭炼厂大型催化重整装置发生一连串内部爆震。主要爆炸出现在反应器和高压分离器内，完全毁坏了这些设备，裂片（尤其是反应器的）散落在356 m宽的范围。有的裂片刚好落在重整装置北面的罐区，引起许多罐着火，最后扩及16.2 hm（1 hm = 10^4 m^2），造成63个罐，以及大约201 915 m^3原油和各种油品完全毁掉，1块60 t重的碎片落在1个汽油罐上，将其严重击损，并使罐中的汽油着火、飞溅。其他管线、换热器、1个分离罐和1座吸收塔也发生了爆炸。

（1）在多相催化反应中，催化作用发生于两相界面及催化剂的表面上，这时温度、压力较难控制。若散热不良、温度控制不好，很容易发生超温爆炸或着火事故。

（2）在催化过程中，若选择催化剂不正确或加入不适量，易形成局部反应剧烈。

（3）催化过程中有的产生硫化氢，有中毒和爆炸危险；有的催化过程产生氢气，着火爆作的危险性更大，尤其在高压下，氢的腐蚀作用可使金属高压容器脆化，从而造成破坏性事故；有的产生氯化氢，氯化氢有腐蚀和中毒危险。

（4）原料气中某种杂质含量增加，若能与催化剂发生反应，可能生成危害极大的爆炸危险物。如在乙烯催化氧化合成乙醛的反应中，由于催化剂体系中常含大量的亚铜盐，若原料气中含乙炔过高，则乙炔会与亚铜反应生成乙炔铜。乙炔铜为红色沉淀，自燃点260～270℃，是一种极敏感的爆炸物，干燥状态下极易爆炸；在空气作用下易氧化成暗黑色，并易于起火。

2. 常见催化反应的安全技术要点

（1）催化加氢反应一般是在高压下有固相催化剂存在的情况下进行的，这类过程的主要危险性有：由于原料及成品（氢气、氨、一氧化碳等）大都易燃、易爆、有毒，高压反应设备及管道易受到腐蚀，操作不当亦会导致事故发生。因此，需特别注意防止压缩工段的氢气在高压下泄漏，产生爆炸。为了防止因高压致使设备损坏，造成氢气泄漏达到爆炸浓度，应有充足的备用蒸汽或惰性气体，以便应急，室内通风应当良好，宜采用天窗排气；冷却机器和设备用水不得含有腐蚀性物质；在开车或检修设备、管线之前，必须用氮气吹扫，吹扫的气体应当排至室外，以防止窒息或中毒；由于停电或无水而停车的系统，应保持余压，以免空气进入系统。无论在什么情况下，对处于压力下的设备不得拆卸检修。

（2）催化裂化在生产过程中主要由反应再生系统、分馏系统以及吸收稳定系统三个系统组成，这三个系统是紧密相连、相互影响的整体。在反应器和再生器间，催化剂悬浮在气流中，整个床层温度应保持均匀，避免局部过热造成事故。两器压差保持稳定，是催化裂化反应中最主要的安全问题，两器压差一定不能超过规定的范围，目的就是要使两器之间的催化剂沿一定方向流动，避免倒流，造成油气与空气混合发生爆炸；可降温循环用水应充足，应备有单独的供水系统。若系统压力上升较高时，必要时可启动气压放空火炬，维持系统压力平衡；催化裂化装置关键设备应当备有两路以上的供电，当其中一路停电时，另一路能在几秒钟内自动合闸送电，保持装置的正常运行。

（3）催化重整所用的催化剂有钼铬铝催化剂、铂化剂、镍催化剂等。在装卸催化剂时，要防破碎和污染，未再生的含碳催化剂卸出时，要预防自燃超温烧坏；加热炉是热的来源，在催化剂重整过程中，加热炉的安全和稳定非常重要，应采用温度自动调节系统；催化重整装置中，对于重要工艺参数，如温度压力、流量、液位等均应采用安全报警，必要时采用联锁保护装置。

第二节　化工单元操作的危险性及安全技术

要点掌握：

物料输送、加热、冷却、冷凝与冷冻、粉碎与筛分、熔融与混合、过滤、蒸发与干燥、蒸馏的安全要点是什么？

化工单元操作指各种化学品生产过程中具有共同物理变化特点的通用物理操作，例如物料输送、传热、蒸馏、粉碎、冷冻等。任何化学产品的生产都离不开化工单元操作，其在化工生产中的应用十分普遍。

一、物料输送

在化工生产过程中，经常需将各种原材料、中间体、产品以及副产品和废弃物，由前一个工序输往后一个工序，或由一个车间输往另一个车间，或者输往储运地点。这些输送过程在现代化工业企业中，是借助于各种输送机械设备实现的。由于所输送物料的形态不同，危险特性不同，采用的输送设备各异，因而保证其安全运行的操作要点及注意事项也不相同。

1. 固体块状物料和粉状物料输送

块状物料与粉状物料的输送，在实际生产中多采用传送带输送机、螺旋输送器、刮板输送机、链斗输送机、斗式提升机以及气力输送（风送）等形式。

2. 液态物料输送

真实案例

1995 年 11 月 4 日 21:50，某市造漆厂树脂车间工段 B 反应釜加料口突然发生爆炸，并喷出火焰，烧着了加料口的帆布套，并迅速引燃堆放在加料口旁的2 176 kg松香，松香被火熔化后，向四周及一楼流散，使火势顷刻间扩大。当班工人一边用灭火器灭火，一边向消防部门报警。市消防队于22:10接警后迅速出动，经过消防官兵的奋战，于23:30将大火扑灭。

这起火灾烧毁厂房756 m^2，仪器仪表240台，化工原料产品186 t以及设备、管道等，造成直接经济损失120.1万元。事故原因系在树脂生产过程中，按规定投料前要用200号溶剂汽油清洗反应釜，然后把汽油全部排完，但在实际操作中，操作人员仅靠肉眼观察判断汽油是否全部排完，且观察者与操作者不在一处，留有排放不净的汽油。本次爆炸为B反应釜内可燃气体受热加温到引燃温度，被引燃后冲出加料口而蔓延成灾。

化工生产中被输送的液态物料种类繁多，性质各异，温度、压力又有高低之分，因此，所用泵的种类较多。通常可分为：离心泵、往复泵、旋转泵（齿轮泵、螺杆泵）、流体作用泵等四类。其中，离心泵在化工生产中应用最为普遍。

（1）离心泵的安全要点。避免物料泄漏引发事故、避免空气吸入导致爆炸、防止静电引起燃烧、避免轴承过热引起燃烧和防止绞伤。

（2）往复泵、旋转泵的安全要点。往复泵和旋转泵（齿轮泵、螺杆泵）用于流量不大，扬程较高或对扬程要求变化较大的场合，齿轮泵一般用于输送油类等黏性大的液体。

往复泵和旋转泵，均属于正位移泵，开车时必须将出口阀门打开，严禁采用关闭出口管路阀门的方法调节流量，否则，将使泵内压力急剧升高，引发爆炸事故。一般采用安装回流支路调节流量。

(3) 流体作用泵的安全要点。流体作用泵是依靠压缩气体的压力，或运动着的流体本身进行流体的输送。如常见的酸蛋、空气升液器、喷射泵。这类泵无活动部件且结构简单，在化工生产中有着特殊的用途，常用于输送腐蚀性流体。

酸蛋、空气升液器等是以空气为动力的设备，必须有足够的耐压强度，良好的接地装置。输送易燃液体时，不能采用压缩空气压送，要用氮、二氧化碳等惰性气体代替空气，以防止空气与易燃液体的蒸汽形成爆炸性混合物，遇点火源造成爆炸事故。

3. 气体物料输送

(1) 气体输送设备的分类。气体输送设备在化工生产中主要用于输送气体、产生高压气体或使设备产生真空，由于各种过程对气体压力变化的要求不同，因此，气体输送设备可按其终压（出口压力）或压缩比的大小分为四类：

通风机：终压不大于 14.7 kPa（表压），压缩比为 1～1.15；

鼓风机：终压为 14.7～300 kPa（表压），压缩比不大于 4；

压缩机：终压为 300 kPa（表压）以上，压缩比大于 4；

真空泵：造成真空的气体输送设备，终压为大气压，压缩比根据所造成的真空度而定，一般较大。

(2) 气体物料输送的安全要点。气体与液体不同之处是具有可压缩性，当气体压强发生变化，其体积和温度也随之变化。因此，对气体物料的输送必须特别重视在操作条件下气体的燃烧爆炸危险。

①通风机和鼓风机

A. 保持通风机和鼓风机转动部件的防护罩完好，避免人身伤害事故。

B. 必要时安装消声装置，避免通风机和鼓风机对人体产生的噪声伤害。

②压缩机

A. 保证散热良好。压缩机在运行中不能中断润滑油和冷却水，否则，将导致高温，引发事故。

B. 严防泄漏。气体在高压条件下，极易发生泄漏，应经常检查阀门、设备和管道的法兰、焊接处和密封等部位，发现泄漏应及时修理更换。

C. 严禁空气与易燃性气体在压缩机内形成爆炸性混合物。必须彻底置换压缩机系统中空气后，方能启动压缩机。在压送易燃气体时，进气吸入口应该保持一定的余压，以免造成负压吸入空气。

D. 防止静电。管内易燃气体流速不能过高，管道应良好接地，以防止产生静电引起事故。

E. 预防禁忌物的接触。严禁油类与氧压机的接触，一般采用含甘油10%左右的蒸馏水作润滑剂。严禁乙炔与压缩机铜制部件接触。

F. 避免操作失误。经常检查压缩机调节系统的仪表，避免因仪表失灵发生错误判断，操作失误引起压力过高，发生燃烧爆炸事故，避免因操作失误使冷却水进入汽缸，发生水锤，引发事故。

③真空泵

A. 严格密封。输送易燃气体时，确保设备密封，防止负压吸入空气引发爆炸事故。

B. 输送易燃气体时，尽可能采用液环式真空泵。

二、加热

加热是指将热能传给较冷物体而使其变热的过程。加热是促进化学反应和完成蒸馏、蒸发、干燥、熔融等单元操作的必要手段。加热的方法一般有直接火加热，水蒸气或热水加热，载体加热以及电加热等。

1. 直接火加热

直接火加热是指采用直接火焰或烟道气加热的方法，其加热温度可达到1 030℃。主要以天然气、煤气、燃料油、煤等作燃料，采用的设备有反应器、管式加热炉等。

（1）直接火加热的主要危险性。利用直接火加热处理易燃、易爆物质时，危险性非常大，温度不易控制，可能由于局部过热而烧坏设备。由于加热不均匀易引起易燃液体蒸汽的燃烧爆炸，所以，在处理易燃易爆物质时，一般不采用此方法。若由于生产工艺的需要亦可能采用，操作时必须注意安全。

（2）直接火加热的安全要点

1）将加热炉门同加热设备间用砖墙完全隔离，不使厂房内存在明火。炉膛构造应采用烟道气辐射方式加热，避免火焰直接接触设备，以防止因高温烧穿加热锅和管子。

2）加热锅内残渣应经常清除，以免局部过热引起锅底破裂。

3）加热锅的烟囱、烟道等灼热部位，要定期检查、维修。

4）容量大的加热锅发生漏料时，应将锅内物料及时转移。

5）使用煤粉为燃料的炉子，应防止煤粉爆炸，在制粉系统上安装爆破片。煤粉漏斗应保持一定储量，不许倒空，避免因空气进入形成爆炸性混合物。

6）使用液体或气体燃烧的炉子，点火前应吹扫炉膛，排除可能积存的爆炸性混合气体，以免点火时发生爆炸。

2. 水蒸气、热水加热

对于易燃、易爆物质，采用水蒸气或热水加热，温度容易控制，比较安全，其加热温度可达到 100～140℃。在处理与水会发生反应的物料时，不宜用水蒸气或热水加热。

（1）水蒸气、热水加热的主要危险性。利用水蒸气、热水加热易燃、易爆物质相对比较安全，存在的主要危险在于设备或管道超压爆炸，升温过快引发事故。

（2）水蒸气、热水加热的安全要点

真实案例

1995 年 1 月 13 日，陕西省某化肥厂发生再生器爆炸事故，造成 4 人死亡，多人受伤。

陕西省某化肥厂铜氨液再生由回流塔、再生器和还原器组成。用蒸汽对再生器下部的加热器试漏，技术员徐某和陶某戴着面具进入再生器检查，因温度高，利用消防车向再生器充水降温，在未对再生器内采样分析的情况下，车间主任李某决定用 0.12 MPa 蒸汽第三次试漏，并 4 人一起进入，李某用哨声对外联系关停蒸汽，工艺主任王某在人孔处监护。17:40 再生器内混合气发生爆炸。除一人负重伤从器内爬出外，其余三人均死在器内，人孔处王某被爆炸气浪冲击到氨洗塔平台死亡。生产副厂长赵某、安全员蔡某和机械员魏某均被烧伤。

事故原因系在再生器系统清洗、置换不彻底的情况下，用蒸汽对再生器下部的加热器试漏（等于用加热器加热），使残留和附着在器壁等部件上的铜氨液（或沉积物）解析或分解，析出的一氧化碳、氨气等可燃气与再生器内空气形成混合物达到爆炸极限范围，遇再生器内试漏作业产生的机械火花（不排除内衣摩擦静电火花）引起爆炸。

1）应定期检查蒸汽夹套和管道的耐压强度，装设压力计和安全阀，以免容器或管道炸裂。

2）加热操作时，要严密注意设备的压力变化，通过排气等措施，及时调节压力，以免在升温过程中发生超压爆炸事故。

3）加热操作时，应保持适宜的升温速度，不能过快，否则可能失去控制，使加热温度超过工艺要求的温度上限，发生冲料、过热燃烧等事故。

4）高压水蒸气加热的设备和管道应很好保温、避免烤着易燃物品以及产生烫伤事故。

3. 载体加热

当采用水蒸气、热水加热难以满足工艺要求时，可采用矿物油、有机物、无机物作为载体加热，其加热温度一般可达到230～540℃，最高可达1 000℃。所采用载热体的种类很多，常用的有机油、锭子油；二苯混合物（73.5％二苯醚和26.5％联苯）；熔盐（7％硝酸钠、40％亚硝酸钠和53％硝酸钾）、金属熔融物等。

（1）载体加热的主要危险性。无论采用哪一类载体加热，都具有一定的危险性。载体加热的主要危险性在于载热体物质本身的危险特性，在操作中必须充分重视。

（2）载体加热的安全要点

1）油类作载体加热时，若用直接火通过充油夹套加热，且在设备内处理有燃烧、爆炸危险的物质，则需将加热炉门与反应设备用砖墙隔绝，或将加热炉设于车间外面，将热油输送到需要加热的设备内循环使用。油循环系统应严格密闭，不准热油泄漏，要定期检查和清除油锅、油管上的沉积物。

2）使用二苯混合物作载体加热，特别注意不得混入低沸点杂质（如水等），也不准混入易燃易爆杂质，否则在升温过程中极易产生爆炸危险。因此，必须杜绝加热设备的内胆或加热夹套内的水渗漏，在加热系统进行水压试验、检修清洗时严禁混入水。还要妥善存放二苯混合物，严禁混入杂质。

3）使用无机物作为载体加热，操作时特别注意在熔融的硝酸盐浴中，如加热温度过高，或硝酸盐漏入加热炉燃烧室中，或有机物落入硝酸盐浴内，均能发生燃烧或爆炸。水、酸类物质流入高温盐浴或金属浴中，会产生爆炸。采用金属浴加热，操作时还应防止金属蒸汽对人体的危害。

4. 电加热

电加热即采用电炉或电感加热。是比较安全的一种加热方式，一旦发生事故，迅速切断电源即可。

（1）电加热的主要危险性。电加热的主要危险是电炉丝绝缘受到破坏，受潮后线路的短路以及接点不良而产生电火花电弧，电线发热等引燃物料；物料过热分解产生爆炸。

(2) 电加热的安全要点

1) 用电炉加热易燃物质时，应采用封闭式电炉。电炉丝与被加热的器壁应有良好的绝缘，以防短路击穿器壁，使设备内易燃的物质漏出，产生着火、爆炸。

2) 用电感加热时应保证设备安全可靠。如果电感线圈绝缘破坏、受潮发生漏电、短路、产生电火花、电弧，或接触不良发热，均能引起易燃、易爆物质着火、爆炸。

3) 注意被加热物料的危险特性，严禁物料过热分解发生爆炸。热敏性物料不应选择电加热。

4) 加强通风以防止形成爆炸性混合物。加强检查维护，及时发现问题，及时处理。

三、冷却、冷凝与冷冻

1. 冷却、冷凝

(1) 冷却、冷凝操作概述。冷却是指使热物体的温度降低而不发生相变化的过程；冷凝则指使热物体的温度降低而发生相变化的过程，通常指物质从气态变成液态的过程。

在化工生产中，实现冷却、冷凝的设备通常是间壁式换热器，常用的冷却、冷凝介质是冷水、盐水等。一般情况，冷水所达到的冷却效果不低于0℃；浓度约为20%盐水的冷却效果为－15℃～0。

冷却、冷凝操作安全在化工生产中易被人们所忽视。实际上它很重要，若出现问题会严重影响生产安全。

(2) 冷却、冷凝的安全要点

真实案例

2001年1月5日某公司大化肥装置氨冷器氨侧压力降到120 kPa左右，水侧流量无指示。经分析氨冷器在上次停运后，水侧的积水没有及时排掉，由于氨侧压力控制较低，温度过低导致水结冰并冻裂1根水管。

2002年9月5日发生的运行事故（第二次事故）现象同上，但其原因是由于空分装置膨胀机跳车，导致整个合成氨全部跳车，在合成工序倒换冰机时造成氨冷器出口压力过低，而此时气氨压力调节阀处于自调状态，因阀门动作滞后，压力一直下降，引起水侧温度跟着降到冰点，操作人员未及时发现，最终导致氨冷器冻堵事故。

1）根据被冷却物料的温度、压力、理化性质以及所要求冷却的工艺条件，正确选用冷却剂和冷却设备。

2）严格检查冷却设备的密闭性，不允许物料窜入冷却剂中，也不允许冷却剂窜入被冷却的物料中（特别是酸性气体）。

3）冷却操作时，冷却介质不能中断，否则会造成积热量积聚，系统温度压力骤增，引起爆炸。

4）开车前首先清除冷凝器中的积液，然后通入冷却介质，最后通入高温物料。停车时，应首先停止通入被冷却的高温物料，再关闭冷却系统。

5）有些凝固点较高的物料，被冷却后变得黏稠甚至凝固，在冷却时要注意控制温度，防止物料卡住搅拌器或堵塞设备及管道，造成事故。

6）不凝缩可燃气体排空时，应充惰性气体保护。

7）检修冷却、冷凝器时必须彻底清洗、置换。

2. 冷冻

（1）冷冻操作概述。冷冻是指将物料的温度降到比周围环境温度更低的操作。冷冻操作的实质是借助于某种冷冻剂（如氟利昂、氨、乙烯、丙烯等）蒸发或膨胀时直接或间接地从需要冷冻的物料中取走热量来实现的。适当选择冷冻剂和操作过程，可以获得由摄氏零度至接近于绝对零度的任何程度的冷冻。凡冷冻温度范围在－100℃以上的称为一般冷冻（冷冻），而冷冻温度范围在－100℃以下的则称为深度冷冻（深冷）。

在化工生产中，通常采用冷冻盐水（氯化钠、氯化钙、氯化镁等盐类的水溶液）间接制冷。冷冻盐水在被冷冻物料与冷冻剂之间循环，从被冷冻物料中吸取热量，然后将热量传给制冷剂。间接制冷所用的主要设备有压缩机、冷凝器、节流阀和蒸发器等。

（2）冷冻的主要危险性。冷冻过程的主要危险来自于冷冻剂的危险性、被冷冻物料潜在的危险性以及制冷设备在恶劣操作条件下的危险性。

（3）冷冻的安全要点

1）冷冻剂的种类较多，但是目前尚无一种理想的冷冻剂能够满足所有的安全技术条件。选择冷冻剂应从技术、经济、安全等角度去综合考虑，常见的冷冻剂有：氨、氟利昂（氟氯烷）、乙烯、丙烯。目前化工生产中使用最广泛的冷冻剂是氨。

A. 氨的危险特性。氨具有强烈的刺激性臭味，在空气中含量超过 30 mg/m^3 时，长期作业会对人体产生危害。氨属于易燃、易爆物质，其爆炸极限为 15.7％～27.4％，当空气中氨浓度达到其爆炸下限时，遇到点火源即产生爆炸危险。氨的温度达130℃时，开始明显分解，至 890℃时全部分解。含水的氨，对铜及铜的合金具有强烈的腐蚀作用。因此，氨压缩机不能使用铜及其合金的零件。

B. 氟利昂的危险特性。最常用的氟利昂冷冻剂是氟利昂－11（CCl_3F）和氟利昂－12（CCl_2F_2），它们是一种对心脏毒作用强烈而又迅速的物质，受高热分解，放出有毒的氟化物和氯化物气体。若遇高热，容器内压增大，有开裂和爆炸的危险。氟利昂应储存于阴凉、通风仓间内。仓内温度不宜超过 30℃。远离火种、热源，防止阳光直射。应与易燃物、可燃物分开存放，搬运时轻装轻卸，防止钢瓶及附件破损。氟利昂对大气臭氧层的破坏极大，目前世界各国已限制生产和使用。

C. 乙烯、丙烯的危险特性。乙烯和丙烯均为易燃液体，闪点都很低，其爆炸极限分别为2.75%～34%、2%～11.1%，与空气混合后遇点火源极易发生爆炸。乙烯和丙烯积聚静电的能力很强，在使用过程中注意导出静电，同时，它们对人的神经有麻醉作用，丙烯的毒性是乙烯的2倍。

2）氨冷冻压缩机的安全要点

A. 电气设备采用防爆型。

B. 在压缩机出口方向，应在汽缸与排气阀之间设置一个能使氨通到吸入管的安全装置，以防压力超高。为避免管路爆裂，在旁通管路上不应有任何阻气设施。

C. 易于污染空气的油分离器应设于室外。压缩机要采用低温不冻结且不与氨发生化学反应的润滑油。

D. 制冷系统压缩机、冷凝器、蒸发器以及管路，应有足够的耐压程度且气密性良好，防止设备、管路裂纹、泄漏。同时要加强安全阀、压力表等安全装置的检查、维护。

E. 制冷系统因发生事故或停电而紧急停车时，应妥善对被冷冻物料的排空处理。

F. 装冷料的设备及容器，应注意对低温材质的选择，防止低温脆裂。

G. 避免含水物料在低温下冻结堵塞管线，造成增压而引起爆炸事故。

四、粉碎与筛分

1. 粉碎

（1）粉碎操作概述。通常将大块物料变成小块物料的操作称为破碎，将小块物料变成粉末的操作称为研磨。粉碎在化工生产中主要有三个方面的应用：为满足工艺要求，将固体物料粉碎或研磨成粉末，以增加其接触面积来缩短化学反应时间，提高生产效率；使某些物料混合更均匀，分散度更好；将成品粉碎成一定粒度，满足用户的需要。

粉碎的方法有：挤压、撞击、研磨、劈裂等。根据被粉碎物料的物理性质和形状大小，以及所需的粉碎度来选择进行粉碎的方法。对于特别坚硬的物料，挤压和撞击有效，对韧性物料用研磨较好，而对脆性物料则用劈裂为宜。实际生产中，通常将以上四种方法结合使用，如挤压与研磨、挤压与撞击等。常用的粉碎设备有：腭式、圆锥式破碎机；滚碎机、锤式粉碎机；球磨机、环滚研磨机及气流粉碎机等。

（2）粉碎的安全要点。粉碎操作最大的危险性是可燃粉尘与空气形成爆炸性混合物，遇点火源发生粉尘爆炸事故，须注意如下安全事项：

真实案例

1981年7月15日，新化县某厂非法生产炸药，导致原料发生剧烈化学反应，产生大量气体和热量而发生爆炸，炸死11人，重伤2人，轻伤2人，炸毁电动机、粉碎机各2台，直接经济损失1.1万余元。

事故原因系该厂擅自由生产导火线转为生产铵锑炸药，违反高温季节停止生产炸药的常规，并将铵锑炸药的生产工序由原来的三次粉碎增加到四次。

1）保持操作室通风良好，以减少粉尘含量。

2）在粉碎、研磨时料斗不得卸空，盖子要盖严。

3）消除粉末输送管道的粉末沉积。

4）注意设备的润滑，防止摩擦发热。对研磨易燃易爆物料的设备要通入惰性气体保护。

5）可燃物研磨后，应先行冷却，然后装桶，以防发热引起燃烧。

6）发现粉碎系统中粉末阴燃或燃烧时，须立即停止送料，并采取措施断绝空气来源，必要时通入二氧化碳或氮气等惰性气体保护，但不宜使用加压水流或泡沫扑救，以免可燃粉尘飞扬，引起事故扩大。

7）粉碎操作应定期清洗机器，避免由于粉碎设备高速运转、挤压、产生高温，使机内存留的原料熔化后结块堵塞进出料口，形成密闭体发生爆炸事故。

2. 筛分

（1）筛分操作概述。筛分即用具有不同尺寸筛孔的筛子将固体物料依照所规定的颗粒大小分开的操作。通过筛分将固体颗粒按照粒度（块度）大小分级，选取符合工艺要求的粒度。筛分所用的设备是筛子，筛子分为固定筛和运动筛两类。

（2）筛分的安全要点。筛分最大的危险性是可燃粉尘与空气形成爆炸性混合物，遇点火源发生粉尘爆炸事故，操作者无论进行人工筛分还是机械筛分，都必须注意以下安全问题。

1）在筛分操作过程中，粉尘如具有可燃性，须注意因碰撞和静电而引起燃烧、爆炸。

2）如粉尘具有毒性、吸水性或腐蚀性，须注意呼吸器官及皮肤的保护，以防引起中毒或皮肤伤害。

3）要加强检查，注意筛网的磨损和避免筛孔堵塞、卡料，以防筛网损坏和混料。

4）筛分设备的运转部分应加防护罩，以防绞伤人体。

5）振动筛会产生大量噪声，应采取隔离等消声措施。

五、熔融与混合

1. 熔融

（1）熔融操作概述。熔融是指将固体物料通过加热使其熔化为液态的操作。如将氢氧化钠、氢氧化钾、萘、磺酸钠等熔融之后进行化学反应；将沥青、石蜡和松香等熔融之后便于使用和加工。熔融温度一般为 150～350℃，可采用烟道气、油浴或金属浴加热。

（2）熔融的安全要点。从安全技术角度出发，熔融的主要危险决定于被熔融物料的危险性、熔融时的黏稠程度、中间副产物的生成、熔融设备、加热方式等方面。因此，操作时应从以下方面考虑其安全问题。

1）避免物料熔融时对人体的伤害；

2）注意熔融物中杂质的危害；

3）降低物质的黏稠程度；

4）防止溢料事故；

5）选择适宜的加热方式和加热温度；

6）熔融设备；

7）熔融过程的搅拌。

2. 混合

（1）混合操作概述。混合是指用机械或其他方法使两种或多种物料相互分散而达到均匀状态的操作。包括液体与液体的混合、固体与液体的混合、固体与固体的混合。在化工生产中，混合的目的是为了加速传热、传质和化学反应（如硝化、磺化等）。也用以促进物理变化，制取多种混合体，如溶液、乳浊液、悬浊液、混合物等。

用于液态的混合装置有机械搅拌、气流搅拌。机械搅拌装置包括桨式搅拌器、螺旋桨式搅拌器、涡轮式搅拌器、特种搅拌器。气流搅拌装置是用压缩空气、蒸汽以及氮气通入液体介质中促进鼓泡，以达到混合目的的一种装置。用于固态糊状的混合装置有捏和机、螺旋混合器和干粉混合器。

（2）混合的安全要点

真实案例

1995 年 3 月 24 日，江苏省某化工集团股份有限公司大众化工厂保险粉车间后道混合包装岗位的混合桶发生爆炸，造成 6 人死亡，5 人受伤。

事故原因系混合桶物料不合格并分解放热，使物料温度升高，分解加剧，加上混合桶严重超载，堵塞排气孔，使分解放出的二氧化硫气体在桶内压力急剧升高，导致混合桶爆破。

混合操作是一个比较危险的过程。易燃液态物料在混合过程中发生动蒸发，产生大量可燃蒸汽，若泄漏，将与空气形成爆炸性混合物；易燃粉状物料在混合过程中极易造成粉尘漂浮而导致粉尘爆炸。对强放热的混合过程，若操作不当也具有极大的火灾爆炸危险。须注意以下安全事项：

1）混合易燃、易爆或有毒物料时，混合设备应很好密闭，并通入惰性气体保护。

2）混合可燃物料时，设备应很好接地，以导除静电，并在设备上安装爆破片。

3）混合设备不允许落入金属物件。

4）利用机械搅拌进行混合的操作，其桨叶必须具备足够的强度。

5）不可随意提高搅拌器的转速，尤其搅拌非常黏稠的物质。否则，极易造成电动机超负荷、桨叶断裂及物料飞溅等。

6）混合过程中物料放热时，搅拌不可中途停止。否则，会导致物料局部过热，可能产生爆炸。因此，在安装机械搅拌的同时，还要辅助以气流搅拌，或增设冷却装置。危险物料的气流搅拌混合，尾气应该回收处理。

7）进入大型机械搅拌设备检修时，其应切断电源并将开关加锁，以防设备突然启动造成重大人身伤亡。

六、过滤

1. 过滤操作概述

过滤是指借助重力、真空、加压及离心力的作用，使含固体微粒的液体混合物或气体混合物，通过具有许多细孔的过滤介质，将固体悬浮微粒截留，使之从混合物中分离的单元操作。

过滤操作依其推动力可分为重力过滤、加压过滤、真空过滤、离心过滤；按操作方式分为间歇过滤和连续过滤。一个完整的悬浮溶液的过滤过程应包括过滤、滤饼洗涤、去湿和卸料等几个阶段。常用的液—固过滤设备有：板框压滤机、转筒真空过滤机、圆形滤叶加压叶滤机、三足式离心机、刮刀卸料离心机、旋液分离器等。常用的气—固过滤设备有：降尘室、袋滤器、旋风分离器等。

2. 过滤的安全要点

真实案例

1985 年 11 月，辽宁省沈阳市某化工厂发生一起离心机伤人事故，造成一名操作工重伤。

事故分析：该厂红矾车间一名操作工接班后不久，检查发现离心机排出的母液中含有固体物料，于是切断电源准备处理，但未待离心机停稳就用铁锹去刮，结果铁锹刮到离心机上，由于惯性作用人被抛出，造成操作工的胃和十二指肠破裂。

过滤的主要危险来自于所处理物料的危险特性，悬浮液中有机溶剂的易燃易爆特性或挥发性，气体的毒害性或爆炸性，有机过氧化物滤饼的不稳定性。因此，操作时必须注意：

（1）在有爆炸危险的生产中，最好采用转鼓等真空过滤机。

（2）处理有害或有爆炸性气体时，采用密闭式的加压过滤机操作，并以压缩空气或惰性气体保持压力。在取滤渣时，应先释放压力，否则会发生事故。

（3）离心过滤机超负荷运转，工作时间过长，转鼓磨损或腐蚀、启动速度过高均有可能导致事故的发生。当负荷不均匀时，运转会发生剧烈振动，不仅磨损轴承，还能使转鼓撞击外壳而发生事故。转鼓高速运转也可能由外壳中飞出造成重大事故。

（4）离心过滤机无盖或防护装置不良时，工具或其他杂物有可能落入其中，并以很大速度飞出伤人。杂物留在转鼓边缘也可能引起转鼓振动而造成其他危险。

（5）开停离心过滤机时，不要用手帮助开机器，以防发生事故。操作过程力求加料均匀。

（6）清理器壁必须待过滤机完全停稳后，否则，铲勺会从手中飞脱，伤人。

（7）有效控制各种点火源。

七、蒸发与干燥

1. 蒸发

（1）蒸发操作概述。蒸发是指借加热作用使溶液中的溶剂不断气化，以提高溶液中溶质的浓度，或使溶质析出的物理过程。蒸发过程的实质就是一个传热过程。

蒸发设备即蒸发器，它主要由加热室和蒸发室两部分组成。常见的蒸发器种类有循环型和单程型两种。循环型蒸发器由于其结构的差异使循环的速度不同，有很多种形式，其共同特点是使溶液在其中作循环运动，物料在加热室内的滞料量大，高温下停留的时间较长，不宜处理热敏性物料。单程型蒸发器又称膜式蒸发器，按溶液在其中的流动方向和成膜原因不同，可分为不同的形式，其共同的特点是溶液只通过加热室一次即可达到所需的蒸发浓度，特别适宜于处理热敏性物料。

（2）蒸发的安全要点。蒸发操作的安全技术要点就是控制好蒸发的温度，防止物料产生局部过热及分解导致的事故。根据蒸发物料的特性，选择适宜的蒸发压力、蒸发器形式和蒸发流程是十分关键的。

1）被蒸发的溶液，皆具有一定的特性。如溶质在浓缩过程中可能有结晶、沉淀和污垢生成。这些将导致传热效率的降低，并产生局部过热，促使物料分解、燃烧和爆炸。因此，对加热部分需经常清洗。

2）对热敏性物料的蒸发，须考虑温度控制问题。为防止热敏性物料的分解，可采用真空蒸发，以降低蒸发温度。或者尽量缩短溶液在蒸发器内停留时间和与加热面的接触时间，可采用单程型蒸发器。

3）由于溶液的蒸发产生结晶和沉淀，这些物质又是不稳定的，则更应注意严格控制蒸发温度。

2. 干燥

（1）干燥操作概述。干燥是指利用干燥介质所提供的热能除去固体物料中的水分（或其他溶剂）的单元操作。干燥所用的干燥介质有空气、烟道气、氮气或其他惰性介质。

根据传热的方式不同，可以分为对流干燥、传导干燥和辐射干燥。所用的干燥器有厢式干燥器、气流干燥器、沸腾干燥器、转筒干燥器、喷雾干燥器；滚筒干燥器、真空盘架式干燥器；红外线干燥器、远红外线干燥器、微波干燥器。

（2）干燥的安全要点。干燥过程的主要危险有干燥温度、时间控制不当，造成物料分解爆炸，以及操作过程中散发出来的易燃易爆气体或粉尘与点火源接触而产生燃烧爆炸等。因此，干燥过程的安全技术主要是严格控制温度、时间及点火源。

真实案例

2003 年 3 月，上海市金山区某村，一非法私有企业，在干燥溴酸钾片剂中间体时，发生一起重大恶性爆炸事故，造成 11 人死亡，17 人受伤，房屋倒塌 3 户，严重损坏 15 户。

事故原因系溴酸钾是氧化剂，常温下尚安全，但属热敏性物质，若加热到370℃以上，即分解生成溴化钾并放出氧。实际分解过程中有初生态氧产生，初生态氧无配对电子，具有极强的氧化力，与片剂中间体中的淀粉等相混，在高温环境下发生猛烈氧化反应，导致爆炸。选择电热烘炉干燥是极其错误的，是导致爆炸的直接因素。

1）易燃易爆物料干燥时，干燥介质不能选用空气或烟道气，采用真空干燥比较安全，因为在真空条件下易燃液体蒸发速度快，干燥温度可适当控制低一些，防止了由于高温引起物料局部过热和分解，大大降低了火灾及爆炸的危险性。注意真空干燥后消除真空时，一定要使温度降低后方能放入空气，否则，空气过早放入，会引起干燥物着火或爆炸。

2）易燃易爆及热敏性物料的干燥要严格控制干燥温度及时间。保证温度计、温度自动调节装置、超温超时自动报警装置以及防爆泄压装置的灵敏运转。

3）正压操作的干燥器应密闭良好，防止可燃气体及粉尘泄漏至作业环境中，并要定期清理墙壁积灰。干燥室不得存放易燃物。

4）干燥物料中若含有自燃点很低的物质和其他有害杂质，必须在干燥前彻底清除。

5）在操作洞道式、滚筒式干燥器时，须防止机械伤害，应设有联系信号及各种防护装置。

6）在气流干燥中，应严格控制干燥气流风速，并将设备接地，避免物料迅速运动相互激烈碰撞、摩擦产生静电。

7）滚筒干燥应适当调整刮刀与筒壁间隙，将刮刀牢牢固定。尽量采用有色金属材料制造的刮刀，以防止刮刀与滚筒壁摩擦产生火花。用烟道气加热的滚筒式干燥器，应注意加热均匀，不可断料，滚筒不可中途停止运转。如果断料或停转，应切断烟道气，并通入氮气保护。

八、蒸馏

1. 蒸馏操作概述

蒸馏是指利用均相液态混合物中各组分挥发度的差异，使混合液中各组分得以分离的操作。通过塔釜的加热和塔顶的回流实现多次部分汽化、多次部分冷凝，气液两相在传热的同时进行传质，使气相中的易挥发组分的浓度从塔底向上逐渐增加，使液相中的难挥发组分的浓度从塔顶向下逐渐增加。

蒸馏操作可分为间歇蒸馏和连续精馏。对挥发度差异大容易分离或产品纯度要求不高时，通常采用间歇蒸馏；对挥发度接近难于分离或产品纯度要求较高时，通常采用连续精馏。间歇蒸馏所用的设备为简单蒸馏塔。连续精馏采用的设备种类较多，主要有填料塔和板式塔两类。根据物料的特性，可选用不同材质和形状的填料，选用不同类型的塔板。塔釜的加热方式可以是直接火加热、水蒸气直接加热、蛇管、夹套及电感加热等。

蒸馏按操作压力又可分为常压蒸馏、减压蒸馏、加压蒸馏。处理中等挥发性（沸点为100℃左右）物料采用常压蒸馏较为适宜；处理低沸点（沸点低于30℃）物料采用加压蒸馏较为适宜；处理高沸点（沸点高于150℃）物料易发生分解、聚合及热敏性物料，则应采用减压蒸馏。

2. 蒸馏的安全要点

蒸馏涉及加热、冷凝、冷却等单元操作，是一个比较复杂的过程，其危险性较大。蒸馏过程的主要危险性有：易燃液体蒸汽与空气形成爆炸性混合物遇点火源发生爆炸；塔釜复杂的残留物在高温下发生热分解、自聚及自燃；物料中微量的不稳定杂质在塔内局部被蒸浓后分解爆炸，低沸点杂质进入蒸馏塔后瞬间产生大量蒸汽造成设备压力骤然升高而发生爆炸；设备因腐蚀泄漏引发火灾、因物料结垢造成塔盘及管道堵塞发生超压爆炸；蒸馏温度控制不当，有液泛、冲料、过热分解、超压、自燃及淹塔的危险；加料量控制不当，有沸溢的危险，同时造成塔顶冷凝器负荷不足，使未冷凝的蒸汽进入产品受槽后，因超压发生爆炸；回流量控制不当，造成蒸馏温度偏离正常，同时出现淹塔使操作失控，造成出口管堵塞发生爆炸。

在安全技术上，除应根据蒸馏的加热方法采取相应的安全措施外（见本章第二节），还应按物料的性质和工艺要求正确选择蒸馏方法、蒸馏设备及操作压力，严格遵守工艺规程。特别注意以下安全要点。

（1）常压蒸馏

1）在常压蒸馏中，易燃液体的蒸馏不能采用明火作热源，采用水蒸气或过热水蒸气加热较为安全。

2）蒸馏腐蚀性液体，应防止塔壁、塔盘腐蚀致使易燃液体或蒸汽逸出，遇明火或灼热炉壁产生燃烧。

3）蒸馏自燃点很低的液体，应注意蒸馏系统的密闭，防止因高温泄漏遇空气产生自燃。

4）对于高温的蒸馏系统，应防止冷却水突然漏入塔内。否则，水迅速气化致使塔内压力突然增高，而将物料冲出或发生爆炸。开车前应将塔内和蒸汽管道内的冷凝水放尽，然后使用。

5）在常压蒸馏系统中，还应注意防止管道被凝固点较高的物质凝结堵塞，使塔内压力增加而引起爆炸。

6）用直接火加热蒸馏高沸点物料时，应防止产生自燃点很低的树脂油状物，它们遇空气会自燃。还应防止因蒸干、残渣脂化结垢引起局部过热产生的着火、爆炸事故。油焦和残渣应经常清除。

7）塔顶冷凝器中的冷却水或冷冻盐水不能中断。否则，未冷凝的易燃蒸汽逸出后使系统温度增高，蹿出的易燃蒸汽遇明火还会引起燃烧。

（2）减压蒸馏

真实案例

2002 年 10 月 16 日，江苏某农药厂在试生产，在蒸馏釜操作中采用长时间减压蒸馏的方法，回收亚磷酸二甲酯残液中的亚磷酸。“逼干”蒸馏了 20 多个小时的残液蒸馏釜在关闭热蒸汽 1 h 后突然发生爆炸，伴生的白色烟气冲高 20 多米，爆炸导致厂房局部受损，4 名在现场附近作业的人员灼伤。

事故原因系由于降温减压操作不当，压力控制过高，特别是“逼干”釜经过了连续长时间的加热，蒸汽温度超过 170℃，致使相当一部分有机磷物质分解，使蒸馏釜内温度升高造成爆炸。

1）真空蒸馏设备的密闭性是很重要的。蒸馏设备中温度很高，一旦吸入空气，对于某些易爆物质（如硝基化合物）有引起爆炸或着火的危险。因此，减压蒸馏所用的真空泵应安装单向阀，防止突然停泵造成空气进入设备。

2）当易燃易爆物质蒸馏完毕，待蒸馏锅冷却，充入氮气后，再停止真空泵运转，以防空气进入热的蒸馏锅引起燃烧或爆炸。

3）减压蒸馏应注意其操作顺序，先打开真空活门，然后开冷却器活门，最后打开蒸汽阀门。否则，物料会被吸入真空泵，并引起冲料，使设备受压甚至产生爆炸。

4）易燃物质进行减压蒸馏的排气管，应通至厂房外，管道上应安装阻火器。

（3）加压蒸馏

1）加压蒸馏设备的气密性和耐压性十分重要，应安装安全阀和温度、压力调节控制装置，严格控制蒸馏温度与压力。

2）在蒸馏易燃液体时，应注意系统静电的消除。特别是苯、丙酮、汽油等不易导电液体的蒸馏，更应将蒸馏设备、管道良好接地。室外蒸馏塔应安装可靠的避雷装置。

3）蒸馏设备应经常检查、维修。

第三节　化工工艺参数的安全控制

要点掌握：

1. 准确控制反应温度的基本措施是什么？

2. 严格控制压力的基本措施是什么？

化工工艺参数主要指温度和压力，投料的速度、配比、顺序以及物料的纯度和副反应等。严格控制工艺参数，使之处于安全限度内，是化工装置防止发生火灾爆炸事故的根本要求。

一、准确控制反应温度

真实案例

1991 年 3 月 12 日，美国联合碳化物公司在得克萨斯州拉瓦卡港的海漂联合企业环氧乙烷 1 号再蒸馏釜发生爆炸起火事故，造成 1 人死亡，32 人受伤。工厂的乙烯、氯乙烯、乙二醇、乙二醇醚、乙二醇胺等装置停产。事故系由再蒸馏釜内环氧乙烷加料过量造成的。

温度是化工生产的主要控制参数之一，不同的化学反应过程都有其最适宜的反应温度。在进行化学反应装置设计时，按照一定的目标并考虑到多种因素设计了最佳的反应温度，这个工艺温度一定是一个稳定的定态温度，只有严格按照这个温度操作，才能获得最大的生产效益，并且安全可靠。因此，正确控制反应温度不仅是工艺的要求，也是化工生产安全所必需的。

温度控制不当存在的主要危险有：温度过高，可能引起剧烈反应，使反应失控发生冲料或爆炸；反应物有可能分解着火、造成压力升高，导致爆炸；有可能导致副反应，生成新的危险物或过反应物；有可能导致液化气体和低沸点液体介质急剧蒸发，引发超压爆炸。温度过低，有可能引起反应速度减慢或停滞，一旦反应温度恢复正常，因未反应物料积累过多导致反应剧烈引起爆炸；有可能使某些物料冻结，造成管路堵塞或破裂，致使易燃物泄漏引起燃烧、爆炸。

准确控制反应温度的基本措施就是及时地从反应装置中移去反应热。做到正确选择和维护换热设备，正确选择和使用传热介质，防止搅拌中断。

二、严格控制操作压力

压力是化工生产的基本参数之一。化工生产中为达到加速化学反应，提高平衡转化率等目的，普遍采用加压或负压操作，使用的反应设备大部分是压力容器。准确控制压力，是化工安全生产的迫切要求。加压或负压操作的主要危险有：加压能够强化可燃物料的化学活性，扩大爆炸极限的范围；久受高压作用的设备容易脱碳、变形、渗漏，以致破裂和爆炸；高压可燃气体若从设备、系统的连接薄弱处泄漏，极易导致火灾爆炸。压力过低，可能使设备变形；负压操作系统，空气容易渗入设备内与可燃物料形成爆炸性混合物。严格控制压力的基本措施在于保证受压系统中的所有设备和管道等的设计耐压强度和气密性符合要求；必须有安全阀等泄压设施。必须按照有关规定正确选择、安装和使用压力计，并保证其运行期间的灵敏性、准确性和可靠性。

三、精心控制投料的速度、配比和顺序

化工生产中，投料的速度、配比和顺序将影响反应进行的速度、反应的放热速率和反应产物的生成等。按照工艺规程，正确控制投料的速度、配比和顺序是安全生产的必然要求。

投料控制不当的主要危险性有：投料速度过快，使设备的导热速率随时间的变化率小于反应的放热速率随时间的变化率，出

现完全偏离定态的操作，温度失去控制，可能引起物料的分解、突沸而发生事故；投料速度过快还可能造成尾气吸收不完全，引起毒气和易燃气体外移，导致事故。投料速度过慢，往往造成物料积累，温度一旦适宜，反应便会加剧进行，使反应放热不能及时导出，温度及压力超过正常指标，造成事故。

投入物料配比十分重要，需精心控制。能形成爆炸混合物的生产，其配比必须严格控制在爆炸极限范围以外，否则将发生燃烧爆炸事故；催化剂对化学反应的速度影响很大，如果催化剂过量，可能发生危险。对于某些反应，若投料发生遗漏，可能生成热敏性物质，发生分解爆炸。投料过少，温度计接触不到料面，造成判断错误，也可能引发事故。随意采用补加反应物的方法来提高反应温度也是十分危险的。

某些反应的投料顺序要求十分严格，投料顺序颠倒也可能发生爆炸。

四、有效控制物料纯度和副反应

许多化学反应，由于反应物料中危险杂质的增加，导致副反应、过反应的发生而造成燃烧和爆炸。化工生产原料和成品的质量及包装的标准化是保证生产安全的重要条件。

物料纯度和副反应的有效控制是十分重要的。原料中某些杂质含量过高，生产过程中极易发生燃烧爆炸；循环使用的反应原料气中，如果其中的有害杂质、气体不清除干净，在循环过程中就会越积越多，最终可能导致爆炸；若反应进行得不完全，使成品中含有大量未反应的半成品，或发生过反应，生成不稳定的或化学活性较高的过反应物，均有可能导致严重事故的发生。

第四节　化工生产安全操作

要点掌握：

1. 开车前应检查的内容有哪些？

2. 试车和验收前应做好哪些检查工作？

3. 正式开车应做好哪些工作？

4. 装置停车后的安全处理有哪些环节？

一、化工装置的开车安全技术

1. 开车前检查

（1）检修的项目是否全部按计划完成，是否有漏项。

（2）要求进行测厚、探伤等检查的项目，是否按规定完成了；检修的质量是否符合规定。

（3）检查设备及管道内是否有人员、工具、手套等杂物遗留，在确认无误后，设备才能封盖，并恢复设备上的防护装置。

（4）检查检修现场是否做到“工完料净场地清”和所有通道都畅通的要求。

（5）对检修换下来的带有有毒、有害物质的旧设备、管线等杂物，要有专人负责进行安全处理，以防后患。

（6）有污染的工业垃圾，要在指定的地点销毁或堆放。

2. 试车验收

在检修项目全部完成和设备及管线复位后，要组织生产人员和检修人员共同参加试车和验收工作。根据规定分别进行耐压试验、气密试验、试运转、调试、负荷试车和验收工作。在试车和验收前应做好下列检查工作。

（1）盲板要按要求抽堵，并做好核实工作。

（2）各种阀门要正确就位，开关动作灵活好用，并核实是否在正确的开关状态。

（3）检查各种管件、仪表、孔板等是否齐全，是否正确复位。

（4）检查电动机及传动机械是否按原样接线，冷却及润滑系统是否恢复正常，安全装置是否齐全，报警系统是否完好。

（5）确认水、电、汽（气）符合开车要求，各种原料、材料、辅料的供应到位。

（6）保温、保压及清洗的设备符合开车要求。

各项检查无误后方可试车。试车合格后，按规定办理验收手续，并有齐全的验收资料。其中包括安装记录、缺陷记录、试验记录（如耐压、气密试验、空载试验、负荷试验等），主要零部件的探伤报告及更换清单。

试车合格、验收完毕后，在正式投产前应拆除临时电源及检修用的各种临时设施。撤除排水沟、井的封盖物。

3. 正式开车

（1）装置的开车必须严格执行开车操作规程（或开车方案）。

（2）危险性较大的生产装置开车，相关部门的人员应到现场。消防车、救护车处于应急状态。

（3）在接受易燃易爆物料之前，设备和管道必须进行气体置换。将排放系统与火炬联通并点燃火炬。

（4）应缓慢接受物料。注意排凝，防止管线及设备的冲击、振动。接受蒸汽加热时，要先预热、放水，逐步升温升压。各种加热炉必须按程序点火，严格按升温曲线升温。

（5）开车过程中要严密注意工艺的变化和设备的运行情况，发现异常现象应及时处理，情况紧急时应终止开车，严禁强行开车。

（6）开车过程中应保持与有关岗位和部门的联络。

（7）开车正常后检修人员才能撤离。厂有关部门要组织生产和检修人员全面验收，整理资料，归档备查。

二、化工装置停车的安全技术

化工装置在停车过程中，要进行降温、降压、降低进料量，一直到切断原料的进料。组织不好、指挥不当或联系不周、操作失误都容易发生事故。

正常停车按岗位操作法执行，较大系统的停车必须编写停车方案，做好检修期间的劳动组织、分工及进行检修动员等，并严格按照停车方案有秩序地停车。在停车操作中应注意：

1. 大型传动设备的停车，必须先停主机、后停辅机。

2. 系统降压、降温必须按要求的速率、先高压后低压的顺序进行。凡须保温、保压的设备，停车后要按时记录温度、压力的变化。

3. 把握好降量的速度，开关阀门的操作一般要缓慢进行。

4. 高温真空设备的停车，必须先清除真空，待设备内的介质温度降到自燃点以下后，方可与大气相通，以防止空气进入引起介质燃爆。

5. 设备卸压时，应对周围环境检查确认，注意易燃、易爆、有毒等危险化学物品的排放和扩散，防止造成事故。

6. 装置停车时，应尽可能倒空设备及管道内的液体物料，并送出装置，但不得就地排放或排入下水道中。可燃、有毒气体应排至火炬烧掉。

7. 加热炉的停炉操作，应按工艺规程中规定的降温曲线进行，并注意炉膛各处降温的均匀性。加热炉未全部熄灭或炉膛温度很高时，有引燃可燃气体的危险性。此装置不得排空和低点排凝，以免可燃气体飘进炉膛引起爆炸。

第六章　危害辨识、安全评价及事故应急救援

学习目标：

1. 了解危险、有害因素的辨识；
2. 了解重大危险源的概念；
3. 熟悉职业健康安全管理体系；
4. 熟悉我国安全生产事故调查与处理内容；
5. 掌握应急救援预案的主要内容和演练；
6. 掌握现场急救及逃生技能；
7. 了解安全评价知识。

第一节　危险、有害因素的辨识

要点掌握：

危险、有害因素辨识的方法有哪几种？

一、危险、有害因素的定义

通常对危险因素和有害因素并不加以区别而统称为危险。有害因素是指能对人造成伤亡或影响人的身体健康甚至导致疾病，对物（包括环境）造成突发性损害或慢性损害的因素。客观存在的危险、有害物质，能量超过一定限值（一般称临界值）的设备、设施和场所以及人的不安全行为都有可能成为危险、有害

因素。

二、危险、有害因素的产生

1. 人的不安全行为

(1) 人的失误。人员失误泛指不安全行为中产生不良后果的行为，即职工在职业活动过程中，违反劳动纪律、操作程序和方法等具有危险性的做法。在一定条件下，人员失误是引发危险、有害因素的重要因素。人员失误在生产过程中是不可避免的，具有偶然性和随机性，多数是不可预见的意外行为。但其发生规律和失误率，通过长期大量的观测、统计和分析是可以加以预测和防范的。

(2) 人的不安全行为。由于工作态度不正确、知识不足、操作技能低下、健康或生理欠佳、劳动条件（包括设施条件、工作环境、劳动强度和工作时间等）不良所导致的不安全行为，这些行为是应该避免的。在国家标准《企业职工伤亡事故分类》(GB6441—1986) 中将不安全行为归纳为13大类。见表6—1。

表6—1　　人的不安全行为分类

分类号	分　类
7.01	操作错误、忽视安全、忽视警告
7.02	造成安全装置失效
7.03	使用不安全设备
7.04	手代替工具操作
7.05	物体（指成品、半成品、材料、工具、切屑和生产用品等）存放不当，
7.06	冒险进入危险场所
7.07	攀坐不安全位置（如平台护栏、汽车挡板、吊车吊钩）
7.08	在起吊物下作业、停留
7.09	机器运转时进行加油、修理、检查、调整、焊接、清扫等工作
7.10	有分散注意的行为
7.11	在必须使用个人防护用品用具的作业或场合中，忽视其使用
7.12	不安全装束
7.13	对易燃、易爆等危险物品处理错误

2. 物的不安全状态

（1）故障。故障是指系统、设备元件等在运行过程中由于性能（包括安全性能）低下而不能实现预定功能（包括安全功能）的现象，包括生产、控制、安全装置和辅助设施等故障。在生产过程中，故障的发生具有随机性、渐进性和突发性，故障的发生是一种随机事件。造成故障发生的原因多种多样，如设计原因、制造原因、使用原因、设备老化原因、检查和维修保养不当等。但通过长期的经验积累可以得到故障发生的一般规律。通过定期检查、维护保养和分析总结，可使多数故障在预定期内得到控制。因此，应掌握各种故障发生规律和故障率，以防止故障发生，造成严重后果。

（2）不安全状态。不安全状态是指系统发生故障并导致事故发生的危险有害因素，这些因素是应该消除的。国家标准《企业职工伤亡事故分类》（GB6441—1986）中将物的不安全状态分为4大类。见表6—2。

表 **6—2**　　物的不安全状态分类

分类号	分　类
6.01	防护、保险、信号等装置缺乏或有缺陷
6.02	设备、设施、工具、附件有缺陷
6.03	个人防护用品、用具——防护服、手套、护目镜及面罩、呼吸器官护具、听力护具、安全带、安全帽、安全鞋等缺少或有缺陷
6.04	生产（施工）现场环境不良

3. 管理缺陷

人的不安全行为及物的不安全状态是导致事故发生的直接原因，事故的间接原因有可能存在于管理的缺陷。比如：技术和设计有缺陷；安全管理制度及安全操作规程不健全；没有按规定对工人进行安全教育和技术培训，或未经工种考试合格就上岗操作；劳动组织不合理；安全防护设施缺少或有缺陷；个人防护用品缺少或有缺陷；生产场所环境不良；对现场工作缺乏检查或指导错误；对事故隐患整改不力，没有或不认真实施事故防范措施等。

4. 客观环境因素

客观环境因素也会引起设备故障和人员失误。比如：温度、湿度、风雨雪、视野、照明、振动、噪声、通风换气、色彩等环境因素。

三、危险、有害因素的辨识

应遵循科学性、系统性、全面性、预测性的原则，对生产经营过程的一切常规活动和非常规活动（如临时性抢修、周期性维护、装置启动或关停期间）、对工作场所存在的所有物质和设施设备、对所有接近工作场所的人员（包括合同方和来访参观者）的活动进行危险有害因素的辨识。

1. 危险、有害因素辨识的方法

危险、有害因素的辨识是事故预防、安全评价、重大危险源监督管理、建立应急救援体系和职业健康安全管理体系的基础。常用的辨识方法可分为以下两大类。

（1）直观经验分析法。直观经验分析法包括类比法和对照经验法，适用于有可供参考的先例或可以借鉴以往经验的系统，但不能用于没有可供参考先例的新系统。

1）类比法。类比法是利用相同或相似工程系统或作业条件的经验和安全生产事故的统计资料，类推、分析评价对象的危险和有害因素。

2）对照经验法。对照经验法是对照有关标准、法规、检查表或依靠人的观察和分析能力，借助于经验和判断能力，直观地判断评价对象的危险和有害因素。

（2）系统安全分析方法。该类方法是应用系统安全工程的某些方法进行危险和有害因素的辨识。该方法常用于复杂的、没有事故经验的新开发系统。常用的系统安全分析方法有事件树

(ETA)、事故树（FTA)、故障类型和影响分析（FMEA）等方法。

2. 设备或装置的危险和有害因素的辨识

(1) 工艺设备装置的危险和有害因素的辨识要点

1）设备本身是否能满足生产工艺的要求。包括特种设备的设计、生产、安装、使用和检测，是否具有相应的资质或许可证；标准设备是否由有资质的专业生产厂制造。

2）设备是否有相应的安全附件或安全防护装置。如温度表、压力表、液位计、安全阀、阻火器及防爆装置等。

3）设备是否有指示性安全技术措施。如故障报警、超限报警及状态异常报警等各种报警装置。

4）设备是否有紧急停车装置。如自动联锁装置等。

5）设备是否有在检修时不能自行运行、不能自动反向运转的安全装置。

(2) 电气设备的危险和有害因素的辨识要点。电气设备危险和有害因素的辨识必须与工艺要求和生产环境状况紧密结合来进行。

1）电气设备是否在属于有火灾爆炸危险、粉尘、潮湿或腐蚀等环境下工作。如在这些环境下工作，电气设备是否能满足相应的要求。

2）电气设备是否具有国家指定机构的安全认证标志。

3）电气设备是否属于国家规定的淘汰产品。

4）有电负荷等级对电力设施的要求。

5）是否有电气火花引燃源。

6）漏电保护、触电保护、短路保护、过载保护、绝缘、电气隔离、屏护、电气安全距离等是否可靠。

7）是否根据作业环境和条件选择安全电压，安全电压和设施是否符合规定。

8）设备的防静电、防雷措施是否可靠有效。

9）设备的事故照明、消防和应急救援等应急用电是否可靠。

10）设备的自动控制系统、紧急停车装置及冗余装置是否可靠。

（3）特种设备的危险和有害因素的辨识要点。锅炉、压力容器和压力管道等属于特种设备。为了确保特种设备的使用安全，国家对这些设备的设计、制造、安装和使用等各个环节实行国家劳动安全监察，并相应制定了比较完善的标准、规程及规定等。如《特种设备安全监察条例》《蒸汽锅炉安全技术监察规程》《热水锅炉安全技术监察规程》《压力容器安全监察规程》《特种设备质量监督与安全监察规程》等。在进行此类危险和有害因素辨识时，可以对照相应的规程进行查对，仔细辨识危险和有害因素。锅炉、压力容器主要的危险和有害因素主要有三大类，在辨识时应特别重视。

1）锅炉、压力容器内具有一定温度的带压工作介质；

2）锅炉、压力容器上承压元件失效；

3）锅炉、压力容器上所安装的安全防护装置失效。

承压元件失效或安全防护装置失效，就可能使锅炉、压力容器内的介质失控，导致事故的发生。如果泄漏的物质是易燃、易爆或有毒物质，不仅可以造成热（或冷）伤害，还有可能引发火灾、爆炸、中毒、腐蚀或环境污染。所以，在进行危险和有害因素辨识时必须认真仔细，以防遗漏。

3. 作业环境的危险和有害因素的辨识

（1）危险和有害物质的辨识要点

1）危险和有害物质的辨识。危险和有害物质的辨识应从其理化性质、稳定性、化学反应活性、燃烧爆炸危险性、毒性及对健康危害等方面进行分析与辨识。危险和有害物质的这些物质特性可以从危险化学品安全技术说明书中获取。危险化学品安全技术说明书中包括化学品及企业的标识、成分或组成信息、危险性概述、急救措施、消防措施、泄漏应急处理、操作处置与储存、接触控制和个体防护、理化特性、稳定性和反应性、毒理学信息、生态学信息、废弃处置、运输信息、法规信息、其他信息16个部分的内容。

2）在对危险和有害物进行辨识时，可将危险和有害物质分为9类。分别是易燃易爆物质、有害物质、刺激性物质、腐蚀性物质、有毒性物质、致癌致变及致畸物质、造成缺氧的物质、麻醉物质、氧化剂。

3）在国家标准《化学品分类和危险性公示通则》（GB13690—2009）中，按物质理化危险性分为16类。

（2）温湿度的危险和有害因素的辨识要点

1）温湿度的危害

a. 高温、高湿的环境会引起中暑，加快对有毒物质的吸收，导致操作失误率升高，易发生事故，低温可引起冻伤。

b. 温度发生急剧变化时，因热胀冷缩的原因，会造成材料变形或热应力过大，从而导致材料破坏，在低温环境下，金属会发生晶形转变，甚至引起破裂而引发事故。

c. 高温、高湿环境会加速材料的腐蚀速度。

d. 高温环境会增大火灾危险性。

2）温湿度的危险和有害因素的辨识要点

a. 生产过程中的热源位置、发热量、有无表面绝热层、表面温度、热源与操作者的距离。

b. 是否采取了防暑降温措施、防冻保温措施，有无安装空调。

c. 是否采用了全面或局部的通风换气措施。

d. 是否有作业环境温度、湿度的调节或控制措施。

4. 手工操作的危险和有害因素的辨识

（1）手工操作可导致的伤害。在进行推、拉、搬、举及运送重物等与手工操作有关的工作时，可导致的伤害有挫伤、擦伤、割伤、肌肉损伤、椎间盘损伤、韧带损伤、神经损伤及疝气等。

(2) 手工操作的危险和有害因素的辨识要点

1) 推、拉、搬、举及运送重物时超出负荷。

2) 拿取或操纵重物时远离身体躯干。

3) 超负荷的负重运动。如搬、举重物时距离过长，运送重物的距离过长。

4) 负荷有突然运动的风险。

5) 不良的工作姿势或身体运动。如躯干扭转、弯曲、伸展时拿取东西。

6) 手工操作的时间及频率不合理。

7) 工作的节奏及速度安排不合理。

8) 休息及恢复体力的时间不够充足。

5. 建筑和拆除过程的危险和有害因素的辨识

(1) 建筑过程的危险和有害因素的辨识要点

1) 高处坠落危险；

2) 物体打击和挤压伤害；

3) 机械伤害；

4) 电击及触电伤害；

5) 火灾或爆炸危险；

6) 交通事故；

7) 起重机械伤害；

8) 职业病及传染性疾病等。

(2) 拆除过程的危险和有害因素的辨识要点。在拆除过程中，除考虑建筑过程中所述几点外，还应重点考虑拆除工作未按计划和程序进行所导致的建筑物、构筑物的突然倒塌所带来的危害。

6. 储存、运输过程的危险和有害因素的辨识

在进行原料、半成品及成品的储存和运输过程中，有很多是易燃、可燃的危险品，一旦发生事故，往往会造成重大的经济损失和社会影响。因此，国家对危险化学品储运有相当严格的要

求。可按危险化学品的运输分类进行危险和有害因素的辨识。

(1) 爆炸品储运危险和有害因素的辨识要点

1) 爆炸品的危险特性

a. 敏感易爆炸；

b. 遇热危险性；

c. 机械作用危险性；

d. 静电火花危险性；

e. 火灾危险性；

f. 毒害性；

g. 光照易分解性；

h. 吸湿性。

2) 爆炸品储存的危险、有害因素的辨识要点

a. 单个仓库中的储存量是否符合最大允许储存量的要求；

b. 是否符合分类存放的要求；

c. 爆炸品储存单位是否具备资质。

3) 爆炸品运输的危险和有害因素的辨识要点

a. 是否按安全要求进行装卸作业；

b. 是否具备公路、铁路、水上运输的安全要求；

c. 爆炸品运输单位是否具备相应运输资质；

d. 爆炸品运输人员是否具备相应资质、知识及能力。

(2) 易燃液体储运过程危险和有害因素的辨识要点

1) 易燃液体的危险特性

a. 易燃、易爆性；

b. 静电危险性；

c. 高流动扩散性；

d. 受热膨胀、易挥发性。

2) 易燃液体储存的危险、有害因素的辨识要点

a. 整装易燃液体的储存，从储存状况、储存技术条件、储罐区及堆垛的防火要求等方面的辨识。

b. 散装易燃液体的储存，从防泄漏、防流散、防静电、防雷击、防腐蚀、装卸作业等方面的辨识。

3）易燃液体运输过程危险和有害因素的辨识。易燃液体的运输应从装卸作业、管道输送、公路运输、铁路运输、水路运输等方面进行辨识。

（3）有毒物品储运过程中危险和有害因素的辨识要点

1）有毒品的危险特性

a. 氧化性；

b. 遇水、遇酸分解性；

c. 遇高热、明火、撞击会发生燃烧爆炸；

d. 闪点低、易燃；

e. 遇氧化剂发生燃烧爆炸。

2）有毒品储存危险和有害因素的辨识要点

a. 是否针对有毒品所具有的危险特性采取了相应的措施；

b. 是否采取了隔离存放的措施；

c. 有毒品的包装及封口是否有泄漏危险；

d. 储存的温度、湿度是否适合；

e. 作业中操作人员是否会出现失误；

f. 作业环境空气中的有毒物品浓度是否存在危险。

3）有毒品运输过程的危险和有害因素辨识。在对有毒品运输过程中的危险和有害因素辨识时，可以从装配原则、装卸操作、公路运输、铁路运输、水路运输、人员资质等方面进行辨识。

第二节 重大危险源的辨识

要点掌握：

什么是重大危险源？

目前重大危险源辨识的标准及依据主要是《危险化学品重大危险源辨识》（GB 18218—2009）和安监管协调字〔2004〕56 号文件《关于开展重大危险源监督管理工作的指导意见》。

一、重大危险源的定义

危险化学品重大危险源是指长期地或临时地生产、加工、使用或储存危险化学品，且危险化学品的数量等于或超过临界量的单元。单元是指一个（套）生产装置、设施或场所，或同属一个生产经营单位的且边缘距离小于 500 m 的几个（套）生产装置、设施或场所。临界量是指对于某种或某类危险化学品规定的数量，若单元中危险化学品数量等于或超过该数量，则该单元定为重大危险源。

二、重大危险源的分类

按国家标准《危险化学品重大危险源辨识》（GB 18218—2009）和安监管协调字〔2004〕56 号文件《关于开展重大危险源监督管理工作的指导意见》，将重大危险源分为九个大类。

①储罐区（储罐）；

②库区（库）；

③生产场所；

④压力管道；

⑤锅炉；

⑥压力容器；

⑦煤矿（井工开采）；

⑧金属非金属地下矿山；

⑨尾矿库。

三、重大危险源的辨识

重大危险源的辨识通常是根据危险、有害物质的种类及其限量来确定，应从是否存在一旦发生泄漏可能导致火灾、爆炸和中毒等重大危险的物质出发进行分析。生产过程中的危险、有害因素往往不是单一的，且各危险、有害因素之间又是相互关联的，辨识时不能顾此失彼，遗漏隐患，应确定不同危险、有害因素的相关关系、相关程度和危及范围。

1. 储罐区（储罐）重大危险源的确定

储罐区或单个储罐重大危险源，系指存在按标准所列类别的危险物品，且储存量达到或超过其临界量的储罐区或单个储罐。

储存量达到或超过其临界量包括两种情况。

①储罐区（储罐）内有一种危险物品的储量达到或超过其临界量；

②储罐区内储存多种危险物品，且每一种危险物品的储量均未达到或超过其对应临界量，但满足下面公式：

$$\frac{q_1}{Q_1}+\frac{q_2}{Q_2}+\cdots+\frac{q_n}{Q_n}\geqslant 1$$

式中　q_1，q_2，…，q_n——每一种危险物品的实际储存量；

Q_1，Q_2，…，Q_n——相对应危险物品的临界量。

2. 库区（库）重大危险源的确定

库区或单个库房重大危险源，系指存在按标准所列类别的危险物品，且储存量达到或超过其临界量的库区或单个库房。

储存量达到或超过其临界量包括以下两种情况。

①库区（库）内有一种危险物品的储存量达到或超过其临界量。

②库区（库）内储存多种危险物品，且每一种危险物品的储存量均未达到或超过其对应临界量，但满足下面的公式：

$$\frac{q_1}{Q_1}+\frac{q_2}{Q_2}+\cdots+\frac{q_n}{Q_m}\geqslant 1$$

式中　q_1，q_2，…，q_n——每一种危险物品的实际储存量；

Q_1，Q_2，…，Q_n——相对应危险物品的临界量。

3. 压力管道重大危险源的确定

压力管道重大危险源系指符合以下条件之一的压力管道。

①工业管道重大危险源

a. 输送GB5044中，毒性程度为极度、高度危险气体、液体气体介质，且公称直径≥100 mm的管道。

b. 输送GB5044中，毒性程度为极度、高度危害液体介质；输送GB50160及GBJ16中，火灾危险性为甲、乙类可燃气体或甲类可燃液体介质，且公称直径≥100 mm，设计压力≥4 MPa的管道。

c. 输送其他可燃、有毒流体介质，且公称直径≥100 mm，设计压力≥4 MPa，设计温度≥400℃的管道。

②公用管道重大危险源。

中压和高压燃气管道，且公称直径≥200 mm的管道。

③长输管道重大危险源。

a. 输送有毒、可燃、易爆气体介质，且设计压力＞1.6 MPa的管道。

b. 输送有毒、可燃、易爆液体介质，输送距离≥200 km，且公称直径≥300 mm的管道。

4. 锅炉重大危险源的确定

锅炉重大危险源系指符合以下条件之一的锅炉。

①蒸汽锅炉。额定蒸汽压力＞2.5 MPa，且额定蒸发量≥10 t/h。

②热水锅炉。额定出水温度≥120℃，且额定功率≥14 MW。

5. 压力容器重大危险源的确定

压力容器重大危险源系指符合下列条件之一的压力容器。

①容器内介质毒性程度为极度、高度或中度危害的三类压力容器。

②易燃介质，最高工作压力≥0.1 MPa，且 $PV \geqslant 100$ MPa·m^3 的压力容器或压力容器群。

第三节　安全评价

要点掌握：

安全评价的作用是什么？

安全评价是以实现系统安全为目的，应用安全系统工程原理和方法，辨识与分析工程、系统、生产经营活动中的危险和有害因素，判断其发生事故和职业危害的可能性及其严重程度，并做出评价结论的活动。安全评价结论能够为制定防范措施和管理决策提供科学依据。

一、安全评价的作用

（1）可以迅速提高安全技术人员业务水平。通过系统安全评价的开发和应用，使安全技术人员学会各种系统分析和评价方法，可以迅速提高安全技术人员、操作人员和管理人员的业务水平和系统分析能力，提高安全技术人员和安全管理人员的素质，更好地加强安全生产。

（2）可以系统地进行安全管理。现代工业的特点是大规模、连续化和自动化，其生产过程日趋复杂，各个环节和工序之间相互联系、相互作用、相互制约。安全评价则是通过系统分析、评价，全面、系统、有机、预防性地处理生产系统中的安全问题，而不是孤立、就事论事地去解决生产系统中的安全问题，实现系统安全管理。

（3）可以用最少投资达到最佳安全效果。对系统的安全性进行定量分析、评价和优化技术，为安全管理和事故预测、预防提供科学依据。根据分析可以选择出最佳方案，使各个子系统之间达到最佳配合，从而用最少投资得到最佳的安全效果，大幅度地减少人员伤亡和设备损坏事故。

（4）可以有效减少系统事故和职业危害。预测、预防事故及职业危害的发生是现代安全管理的中心任务。对系统进行安全评价可以识别安全系统中存在的薄弱环节和可能导致事故和职业危害发生的条件；通过系统分析还能够找到发生事故和职业危害的真正原因，特别是可以查找出未曾预料到的被忽视的危险因素和职业危害；通过定量分析，预测事故和职业危害发生的可能性及后果的严重性，可以采取相应的对策措施，预防、控制事故和职业危害的发生。

二、安全评价的分类

由于安全评价对象、评价的阶段、评价的具体目标及要求不同，产生了不同类型的安全评价。

1. 根据评价对象的不同阶段分类

（1）安全预评价。安全预评价是在建设项目可行性研究阶段、工业园区规划阶段或生产经营活动组织实施之前，根据相关的基础资料，辨识与分析建设项目、工业园区、生产经营活动潜在的危险和有害因素，确定其与安全生产法律法规、规章、标准、规范的符合性，预测发生事故的可能性及其严重程度，提出科学、合理、可行的安全对策措施建议，做出安全评价结论的活动。

（2）安全验收评价。安全验收评价是在建设项目竣工后正式生产运行前或工业园区建设完成后，通过检查建设项目安全设施与主体工程同时设计、同时施工、同时投入生产和使用的情况，或工业园区内的安全设施、设备、装置投入生产和使用的情况，检查安全生产管理措施到位情况，检查安全生产规章制度健全情况，检查事故应急救援预案建立情况，审查确定建设项目、工业园区建设满足安全生产法律法规、规章、标准、规范要求的符合性，从整体上确定建设项目、工业园区的运行状况和安全管理情况，做出安全验收评价结论的活动。

（3）安全现状评价。安全现状评价是针对生产经营活动中、工业园区内的事故风险、安全管理等情况，辨识与分析其存在的危险和有害因素，审查确定其与安全生产法律法规、规章、标准、规范要求的符合性，预测发生事故或造成职业危害的可能性及其严重程度，提出科学、合理、可行的安全对策措施建议，做出安全现状评价结论的活动。

通常所称的专项安全评价是针对某一项活动或某一个场所，以及一个特定的行业、产品、生产方式、生产工艺或生产装置等所存在的危险和有害因素进行的一种安全评价。

2. 根据评价结果的量化程度分类

（1）定性安全评价。定性安全评价主要是根据经验、知识、观察及对发展变化规律的了解，对生产系统的工艺、设备、设施、环境、人员和管理等方面的状况进行定性的分析，找出系统中存在的危险和有害因素，进一步根据这些因素从技术上、管理上、教育上提出对策措施，加以控制，达到系统安全的目的。定性安全评价的结果是一些定性的指标，如是否达到了某项安全指标、事故类别和导致事故发生的因素等。安全检查法、专家现场询问观察法、安全检查表分析法、预先危险性分析、故障假设分析/检查表分析法、故障类型和影响分析、作业条件危险性评价法、危险可操作性研究等属于定性安全评价。

（2）定量安全评价。定量安全评价是运用统计数据、检测数据、同类和类似系统的数据指标或规律（数学模型），对生产系统的工艺、设备、设施、环境、人员和管理等方面的状况进行定量的计算评价。安全评价的结果是一些定量的指标，如事故发生的概率、事故的伤害（或破坏）范围、定量的危险性、事故致因因素的事故关联度或重要度等。事故树分析、事件树分析、模糊数学综合评价法、道化学火灾、爆炸指数评价法、蒙德火灾、爆炸、毒性指数评价法、化工厂危险程度分级、危险度评价法等属于定量安全评价。

3. 根据评价对象的内容分类

(1) 工厂设计的安全性评价。在设计阶段，对新建企业和应用新技术中的不安全因素进行评价，使其消除。

(2) 安全管理的有效性评价。主要是对安全管理组织机构的效能、事故的伤亡率、损失率、投资效益等进行的评价。

(3) 生产设备的可靠性评价。对机器设备、装置和部件的故障和人机系统设计，应用系统工程方法进行安全、可靠性的评价。

(4) 作业行为安全性评价。对人的不安全心理状态的发现和人体操作的可靠度，通过行为测定评价其安全性。

(5) 作业环境条件评价。评价作业环境对人的安全与健康的影响和工厂排放物对环境的影响。

(6) 化学物质的危险性评价。主要是对化学物质在加工生产、运输、储存中存在的物理化学危险性，或已发生的火灾、爆炸、中毒等安全问题进行的评价。

4. 根据评价性质分类

(1) 系统固有危险性评价。评价系统投入运行前已经存在的危险性，即评价系统的规划、设计、制造、安装等原始因素决定的危险性。根据固有危险性评价结果，可对系统危险性划分等级，考虑采取相应的对策措施，以达到可以接受的程度。

(2) 系统现实危险性评价。评价系统目前实际存在的危险性。通过评价掌握各类危险危险源的发布情况及安全管理状态，以便加强重点控制。

三、安全评价的程序

安全评价程序包括：前期准备，辨识与分析危险和有害因素，划分评价单元，定性、定量评价，提出安全对策措施建议，做出评价结论，编制安全评价报告。

四、常用安全评价方法

目前已开发了数十种安全评价方法，不同的安全评价方法具有不同的特点，其适用范围和应用条件也不尽相同。

（1）安全检查法（SR，Safety Review）。安全检查法是对设计、装置、操作、维修等进行详细检查，以识别所存在的危险性。安全检查法直观、现实、能及时发现并进行有效纠偏，防止事故的发生，是一种十分常用的评价方法。

（2）安全检查表分析法（SCA，Safety Checklist Analysis）。安全检查表分析法是事先将要检查的项目编制成表，用以检查装置、储运、操作、管理和组织措施等各方面的不安全因素，以评价系统安全状态的方法。

常见的安全检查表有否决型检查表、半定量检查表和定性检查表三种类型，正确选择指导性或强制性的安全检查表、科学编制安全检查表是安全检查表分析法的关键。

（3）预先危险性分析（PHA，Preliminary Hazard Analysis）。预先危险性分析也称初始危险分析，是一种起源于美国军用标准的安全计划的方法。该方法是在每项工作开始之前，特别是在设计的开始阶段，对危险物质和重要装置的主要区域等进行分析，包括设计、施工和生产前对系统中存在的危险性类别、出现条件和导致事故的后果进行概略地分析，其目的是识别系统中的潜在危险，确定其危险等级，防止危险发展成事故。

（4）故障假设分析/检查表分析法（WI/CA，What…If/Checklist Analysis）。故障假设分析/检查表分析法是由具有创造性的假设分析方法与安全检查表分析法组合而成的，它弥补了各自单独使用时的不足。

安全检查表分析法是一种以经验为主的方法，用它进行安全评价时，成功与否在一定程度上取决于检查表编制人员的经验水平。如果检查表编制得不完整，评价人员就很难对危险性状况做出有效的分析。而故障假设分析方法鼓励评价人员思考潜在的事故和后果，它弥补了检查表编制时可能存在的经验不足；安全检查表则使故障假设分析方法更系统化。

(5) 故障类型和影响分析（FMEA，Failure Mode Effects Analysis）。故障类型和影响分析是从元件、器件的故障开始，依次分析其影响及应采取的对策，最终目标要确定出构成系统的每一个元件可能发生的故障类型及其对人员、操作及整个系统的影响。

(6) 作业条件危险性评价法（LEC，Job Risk Analysis）。作业条件危险性评价法又叫格雷厄姆—金尼法，是一种简便易行的半定量评价方法，能够评价人们在具有潜在危险环境中作业的危险性。该方法以与系统风险率有关的三个因素指标之积来评价系统人员伤亡危险性的大小，并将所得作业条件危险性数值与规定的危险程度等级相比较，从而确定作业条件的危险程度。

(7) 危险可操作性研究（HAZOP，Hazard and Operability Study）。危险可操作性研究是由各种专业人员以关键词为引导，找出系统中工艺过程或状态的变化（即偏差），然后再继续分析造成偏差的原因、后果及可以采取的对策。通过可操作性研究的分析，能够探明装置及过程存在的危险，根据危险带来的后果，明确系统中的主要危险，必要时再利用故障树对主要危险继续分析评价。

(8) 故障树分析法（FTA，Fault Tree Analysis）。故障树分析法（事故树分析法）是通过编制故障树，即从结果到原因描述事故因果关系的有方向的逻辑树，以及对故障树进行演绎分析，来寻求导致结果事件（通称顶上事件）发生的原因事件及其影响的重要程度，为改进系统安全性提供重要信息的一种评价方法。它能对各种系统的危险性进行识别评价，既适用于定性分析，又能进行定量分析，是安全系统工程中重要的分析方法之一。故障树分析法不仅能分析出事故的直接原因，而且能深入提示事故的潜在原因，因此，在工程或设备的设计阶段、事故查询或编制新的操作方法时，都可以使用该方法对它们的安全性作出评价。

(9) 事件树分析（ETA，Event Tree Analysis）。事件树分析是用来分析普通设备故障或过程波动（称为初始事件）导致事故发生的可能性的方法，是从一个初始事件开始，交替考虑成功与失败的两种可能性，然后再以这两种可能性为新的初因事件，如此继续分析下去，直至找到最后的结果为止。事件树分析与故障树分析法刚好相反，是一种从原因到结果的自下而上的分析方法，是一种归纳逻辑树，能够看到事故发生的动态发展过程。事件树分析通常包括确定初始事件、找出与初始事件有关的环节事件、编制事件树和说明分析结果四个步骤。

(10) 模糊数学综合评价法（FCEM，Fuzzy Comprehensive Evaluation Method）。模糊数学综合评价法就是首先确立评价因素集，并对各个因素赋予相应的权重值，从而得出评价矩阵；再由相应的权重值与评价矩阵构成系统评价矩阵，由此求出系统的评价总分，将之与安全等级对照得出评价结论。

(11) 道化学火灾、爆炸指数评价法（DOW 化学法）。道化学（DOW）火灾、爆炸指数评价法是以物质系数为基础，同时考虑工艺过程中其他因素的影响，对工艺装置及所含物料的实际潜在火灾、爆炸和反应危险进行按步推算，最后计算出各个单元的“火灾、爆炸危险指数”，并根据指数的大小对各个单元的危险度分级；同时根据不同的等级提出相应的安全预防措施和建议。

道化学火灾、爆炸指数评价法是美国道化学公司自 1964 年最早提出的一种安全评价方法，经过 30 多年的实践总结，修改完善，目前使用的是道化学（第七版）评价法。

(12) 蒙德火灾、爆炸、毒性指数评价法（ICI 蒙德法）。英国帝国化学工业公司（ICI）蒙德（Mond）部于1974年在美国道化学火灾、爆炸指数评价法的基础上，开发出了另一种火灾爆炸指数安全评价法，称为ICI蒙德法。该方法与道化学火灾、爆炸指数评价法原理相同，都是基于物质系数法。在肯定道化学火灾、爆炸指数评价法的同时，又在其定量评价基础上做了重要改进和扩充，其中在考虑对系统安全的影响因素方面更加全面、更注意系统性，而且注意到在采取措施、改进工艺后根据反馈的信息修正危险性指数，突出了该方法的动态特性。

（13）化工厂危险程度分级（CRC，Chemical Risk Classification）。化工厂危险程度分级评价方法是以化工生产、储存过程中的物质指数、物量指数为基础，用工艺、设备、厂房、安全装置、环境、安全管理系统等系数修正后，通过计算分值对照标准得出化工厂固有危险等级和化工厂安全管理等级，最终确定化工厂实际危险等级。

（14）危险度评价法（RAM，Risk Assessment Method）。危险度评价法是借鉴日本劳动省“六阶段”的定量评价表，结合我国国家标准GB50160—1992《石油化工防火设计规范》（1999年修订版）、《压力容器中化学介质毒性危害和爆炸危险度分类》（HG20660—1991）等技术规范标准，编制了“危险度评价取值表”，该取值表规定了危险度由物质、容量、温度、压力和操作5个项目共同确定，其危险度分别按A=10分，B=5分，C=2分，D=0分赋值计分，由累计分值对照危险度分级表来确定单元的危险度。

五、安全评价报告

安全评价报告是进行安全评价工作时，安全评价人员记录安全评价过程和评价结果的文本，是具有法律效力的技术性文件。各类安全评价报告受国家各级安全生产监督管理局及中央各部、委安全（监）局的监管和审批，并实行备案管理制度，安全评价是国家进行安全生产管理的重要内容。

1. 安全评价报告编制的依据

安全评价报告分为安全预评价报告、安全验收评价报告、安全现状评价报告及专项安全评价报告等。安全评价报告的编制主要依据行业、部门颁发的相关导则、细则，如安监管危化〔2007〕255 号《危险化学品建设项目安全评价细则（试行）》《安全评价通则》（AQ8001—2007）《安全预评价导则》（AQ8002—2007）《安全验收评价导则》（AQ8003—2007））《安全现状评价导则》（安监管规划字〔2004〕36 号）等。

2. 安全评价报告及安全评价结论

（1）安全评价报告的内容。不同类型的安全评价，其评价报告的内容不尽相同。如安全现状评价报告主要包括：评价项目概述，评价程序和评价方法，危险、有害因素分析，定性、定量化评价及计算，事故原因分析与重大事故的模拟，对策措施与建议，评价结论等内容。

（2）安全评价结论的要点。不同类型的安全评价，其评价结论应有不同的描述。安全预评价结论应简要列出主要危险、有害因素评价结果，指出评价对象应重点防范的重大危险有害因素；明确应重视的安全对策措施建议；明确评价对象潜在的危险和有害因素在采取安全对策措施后，能否得到控制以及受控的程度如何；给出评价对象从安全生产角度是否符合国家有关法律法规、标准、规章、规范的要求。安全验收评价结论应列出评价对象存在的所有危险和有害因素种类及其危险危害程度；说明评价对象是否具备安全验收的条件；对达不到安全验收要求的评价对象，明确提出整改措施建议。安全现状评价结论应综合定性、定量评价的结果，明确指出被评价对象当前的安全状态水平；提出可接受安全程度的对策措施意见。

3. 安全评价报告书的结构

（1）封面。封面内容依次为：委托单位名称；评价项目名称；报告名称（安全预评价报告、安全验收评价报告或安全现状评价报告等)；安全评价机构名称；安全评价机构资质证书编号；评价报告完成日期。

（2）安全评价机构资质证书影印件。

（3）著录项。一般分两页布置。第一页为安全评价机构法定代表人著录项，第二页为评价项目组成员著录项，评价人员和技术专家均应亲笔签名。

（4）前言。简述项目的概况、由来和意义，以及评价的主要依据、范围和目的。

（5）目录。指安全评价报告的目录。

（6）正文。指安全评价报告全文。

（7）附件。包括安全评价过程中制作的图表文件；建设项目存在的问题与改进建议汇总表及反馈结果；评价过程中专家意见及建设单位证明材料。

（8）附录。包括与建设项目有关的批复文件（影印件），建设单位提供的原始资料目录，与建设项目相关的数据资料目录；法定的检测检验报告；以及符合性评价的数据、资料和预测性计算过程等。

第四节　事故调查与处理

要点掌握：

报告安全事故应当包括哪些内容?

事故报告与调查处理是事故管理的重要内容，主要是指对已发生事故的分析、处理等一系列管理活动。工作内容主要有事故报告、事故应急救援、事故调查、事故分析、事故责任人的处理和事故赔偿等。

为了规范生产安全事故的报告和调查处理，落实生产安全事故责任追究制度，防止和减少生产安全事故，国务院发布第493号令《生产安全事故报告和调查处理条例》，条例明确了生产经营活动中发生的造成人身伤亡或者直接经济损失的生产安全事故的报告和调查处理的相关要求。

安全生产工作的根本目的和最终目标就是为了防止和减少生产安全事故。避免事故发生的有效方法是危险预知、风险评估以及风险控制。

一、事故概述

事故：造成死亡、疾病、伤害、损坏或其他损失的意外情况。

生产安全事故：生产经营活动中发生的造成死亡、疾病、伤害、损坏或其他损失的意外情况。

责任事故：因有关人员的过失而造成的事故。

非责任事故：因自然原因造成的人力不可抗拒的事故，或在技术改造、发明创造、科学实验活动中，因科学技术条件限制无法预测而发生的事故。

事故具有因果性、必然性、偶然性、潜在性、再现性、规律性、预测性等基本特性，掌握事故的基本特性有助于科学预防和控制事故。

因果性：事故是一系列原因综合作用的结果。

必然性：只要存在着发生的条件，事故终究将要发生。

偶然性：相同条件下，事故可能发生，可能不发生；相同事故的后果存在巨大的差异。

潜在性：事故发生的条件常常隐藏在许多表面现象之下。

再现性：同样的事故可能不断重复发生。

规律性：事故是一种客观现象，其内部各因素之间有着必然的联系。

预测性：对未来的某段时间、某个范围内发生事故的可能性大小及造成的后果是可以预测的。

人类一直在探索总结事故发生的原因，至今，事故致因理论主要包括因果连锁论、人机轨迹交叉理论以及能量意外释放理论，这些理论从不同的角度总结了事故发生的原因。总之，人的不安全行为和物的不安全状态是导致事故的根本原因，人的不安全行为和物的不安全状态可能是由于管理缺陷所导致。据统计，既没有不安全状态，也没有不安全行为的事故（不可抗力）所占比例仅为1.9%。可见，事故是可以预防的，避免事故发生的有效方法是：对生产经营过程中存在的危险有害因素进行辨识，对其带来的危险进行评价，并对产生的风险进行科学有序的控制。

二、安全生产事故的分级

依据2007年6月1日实施的《生产安全事故报告和调查处理条例》第三条规定，生产安全事故造成的人员伤亡或者直接经济损失，事故一般分为以下等级：

①特别重大事故，是指造成30人以上死亡，或者100人以上重伤（包括急性工业中毒），或者1亿元以上直接经济损失的事故；

②重大事故，是指造成10人以上30人以下死亡，或者50人以上100人以下重伤，或者5 000万元以上1亿元以下直接经济损失的事故；

③较大事故，是指造成3人以上10人以下死亡，或者10人以上50人以下重伤，或者1 000万元以上5 000万元以下直接经济损失的事故；

④一般事故，是指造成3人以下死亡，或者10人以下重伤，或者1 000万元以下直接经济损失的事故。

三、事故报告制度

企业发生事故后，必须及时向相关部门如实报告。发生事故不报告，甚至故意隐瞒事故真相，有关责任人将受到法律制裁。

事故发生后，事故现场有关人员应当立即向本单位负责人报告；单位负责人接到报告后，应当于1 h内向事故发生地县级以上人民政府安全生产监督管理部门和负有安全生产监督管理职责的有关部门报告；安监及相关职能部门根据事故等级在 2 h 内完成逐级上报工作。情况紧急时，事故现场有关人员可以直接向事故发生地县级以上人民政府安全生产监督管理部门和负有安全生产监督管理职责的有关部门报告。

报告事故应当包括下列内容：

①事故发生单位概况；

②事故发生的时间、地点以及事故现场情况；

③事故的简要经过；

④事故已经造成或者可能造成的伤亡人数（包括下落不明的人数）和初步估计的直接经济损失；

⑤已经采取的措施；

⑥其他应当报告的情况。

四、事故调查

1. 事故调查的原则

（1）事故调查必须以事实为依据，以科学为手段，在充分调查研究的基础上科学、公正、求是地给出事故调查结论。

（2）事故调查必须遵循“四不放过”的原则，即事故原因不查清不放过、事故责任者和群众没有受到教育不放过、事故责任者没有受到追究不放过、没有采取相应的预防改进措施不放过。

（3）依靠专家与科学技术手段。

（4）第三方的原则。

（5）不干涉、不阻碍的原则。

2. 事故调查的内容

主要了解发生事故的具体时间和具体地点；检查现场，做好详细记录；统计受害人数、伤害程度；分析事故原因；向事故当事人及现场人员了解事故事前的生产情况（包括作业人员的任务、分工及工艺条件、设备完好情况等）；了解受害者情况、经济损失情况等。

3. 事故调查程序

（1）成立事故调查小组。

（2）事故调查物资准备。

（3）事故现场处理。

（4）事故现场勘察与物证获取。

（5）其他有关事故资料的收集。

（6）事故分析。

（7）编写事故调查报告。

真实案例

2007 年 3 月 18 日 18 时许，山西省晋城市城区西上庄办事处苗匠联办煤矿发生特大瓦斯燃烧事故，致使井下 21 名矿工死亡。事故发生后投资人王某未积极采取有效救助措施，对该起事故隐瞒不报，还安排有关人员封锁事故消息，并安排吴某将矿上的其他外地民工遣散，将遇难矿工家属集中到河南省焦作市私下协商赔偿事宜。对煤监局工作人员查问是否发生事故予以否认，还将开采有关物品掩埋。

苗某违反国家对爆炸物品管理规定，非法购买爆炸物，非法开采矿产资源，违章冒险作业，在事故发生后，不报、谎报事故情况，贻误事故抢救，情节严重。被告人王某被判处无期徒刑，剥夺政治权利终身，并处罚金 100 万元，其他获刑人员 22 名，期限为 1.5 年至 20 年不等。

五、事故处理

有关监察机关应当按照人民政府的批复，依照法律、行政法规规定的权限和程序，对事故发生单位和有关人员进行行政处罚，对负有事故责任的国家工作人员进行处分。事故发生单位应当按照负责事故调查的人民政府的批复，对本单位负有事故责任的人员进行处理。负有事故责任的人员涉嫌犯罪的，依法追究其刑事责任。

六、事故赔偿

企业职工因工作遭受事故伤害或者患职业病后，无论企业是否参加了工伤保险，职工的伤亡赔偿、医疗费用、工伤待遇等均按照国家《工伤保险条例》处理。如果企业参加了社会工伤保险，按照要求交纳了工伤保险金，上述费用将由保险公司支付；如果没有参加工伤保险，则由企业按照工伤保险标准支付各种费用。

第五节　事故应急救援

要点掌握：

应急救援预案的主要内容有哪些？

事故应急救援是指在应急响应过程中，为消除、减少事故危害，防止事故扩大或恶化，最大限度地降低事故造成的损失或危害而采取的救援措施或行动。其基本任务是：控制危险源；抢救受害人员；指导群众防护，组织群众撤离；排除现场灾患，消除危险后果。《中华人民共和国安全生产法》及《危险化学品安全管理条例》对事故应急救援和应急措施做出了明确的规定。

《生产经营单位安全生产事故应急预案编制导则》（AQ/T9002—2006）由国家安全生产监督管理总局于2006年9月20日发布，2006年11月1日起正式实施。本标准适用于中华人民共和国领域内从事生产经营活动的单位，标准规定了生产经营单位编制安全生产事故应急预案的程序、内容和要素等基本要求。生产经营单位结合本单位的组织结构、管理模式、风险种类、生产规模等特点，可以对应急预案框架结构等要素进行调整。

一、应急救援预案的基本要求

1. 科学性

科学地制订出系统、完整的应急预案。

2. 实用性

符合实际情况，具有可操作性。

3. 权威性

明确救援工作的组织管理体系、组织指挥权限及职责、任务等；上报批准并备案，确保其权威性及合法性。

二、应急救援预案体系的构成

事故应急救援预案是针对可能发生的事故，为迅速、有序地开展应急行动而预先制订的行动方案，应形成体系，针对各级各类可能发生的事故和所有危险源制订专项应急预案和现场应急处置方案，并明确事前、事发、事中、事后各个过程中相关部门和有关人员的职责。

1. 综合应急预案

综合应急预案是从总体上阐述事故的应急方针、政策，应急组织结构及相关应急职责，应急行动、措施和保障等基本要求和程序，是应对各类事故的综合性文件。

2. 专项应急预案

专项应急预案是针对具体的事故类别（如煤矿瓦斯爆炸、危险化学品泄漏等事故）、危险源和应急保障而制订的计划或方案，是综合应急预案的组成部分，应按照综合应急预案的程序和要求组织制订，并作为综合应急预案的附件。专项应急预案应制定明确的救援程序和具体的应急救援措施。

3. 现场处置方案

现场处置方案是针对具体的装置、场所或设施、岗位所制定的应急处置措施。现场处置方案应具体、简单、针对性强。现场处置方案应根据风险评估及危险性控制措施逐一编制，做到事故相关人员应知应会，熟练掌握，并通过应急演练，做到迅速反应、正确处置。

生产规模小、危险因素少的生产经营单位，综合应急预案和专项应急预案可以合并编写。

三、应急救援预案的主要内容

《生产经营单位安全生产事故应急预案编制导则》明确了综合应急预案、专项应急预案及现场处置方案的主要内容。

综合应急预案包括以下11项主要内容：

（1）总则。包括编制目的、编制依据、适用范围、应急预案体系、应急工作原则。

（2）生产经营单位的危险性分析。包括生产经营单位概况、危险源与风险分析。

（3）组织机构及职责。包括应急组织体系、指挥机构及职责。

（4）预防与预警。包括危险源监控、预警行动、信息报告与处置。

（5）应急响应。包括响应分级、响应程序、应急结束。

（6）信息发布。明确事故信息发布的部门，发布原则。事故信息应由事故现场指挥部及时准确向新闻媒体通报事故信息。

（7）后期处置。主要包括污染物处理、事故后果影响消除、生产秩序恢复、善后赔偿、抢险过程和应急救援能力评估及应急预案的修订等内容。

（8）保障措施。包括通信与信息保障、应急队伍保障、应急物资装备保障、经费保障、其他保障。

（9）培训与演练。包括培训及演练的相关计划方案等。

（10）奖惩。明确事故应急救援工作中奖励和处罚的条件和内容。

（11）附则。包括术语和定义、应急预案备案、维护和更新、制订与解释、应急预案实施。

四、应急救援预案的演练

有了应急救援预案，如果响应人员不能充分理解自己的职责与预案实施步骤，如果应急人员没有足够的应急经验与实战能力，那么，预案的实施效果将会大打折扣，达不到预案的制订目的。为了提高应急救援人员的技术水平与整体能力，快速、有序、有效，有计划地开展应急救援培训、演练是非常必要的。

国家安全生产监督管理总局发布的中华人民共和国安全生产行业标准《安全生产应急演练指南》（征求意见稿），对安全生产应急演练的基本程序、内容、组织、实施、监控与评估等方面作出一般性的规定，各级政府及其组成部门、生产经营单位组织开展安全生产应急演练活动时可参照执行。

第七章　生产企业安全管理

学习目标：

1. 熟悉企业安全管理基本原理；
2. 熟悉安全管理的制度；
3. 熟悉安全检查的内容；
4. 了解安全管理主要方法；
5. 了解职业健康安全管理体系。

危险化学品生产企业安全管理是安全工作的重要组成部分，是以安全为目的的进行有关决策、计划、组织和控制方面的活动。危险化学品生产涉及人、机、环境及多学科领域的系统工程，如何应用安全管理来有效地协调生产安全有序进行，是非常重要的。

第一节　安全管理概述

要点掌握：

安全管理有哪些原理？

一、企业管理基本理念

1. 系统原理

（1）系统原理。系统原理是现代管理科学中的一个最基本的原理。它是指人们在从事管理工作时，运用系统的观点、理论和方法对管理活动进行充分的系统分析，以达到管理的优化目标，即从系统论的角度来认识和处理企业管理中出现的问题。

任何管理对象都可以被认为是一个系统，且由若干个子系统组成，同时系统本身又从属于一个更大的系统，并且和外界的其他系统发生各种形式的联系。安全管理系统是企业管理系统中的一个子系统，其构成包括各级专兼职安全管理人员、安全防护设施设备，安全督理与事故信息以及安全管理的规章制度、安全操作规程等。安全贯穿于企业各项基本活动之中，安全管理就是为了防止意外的劳动（人、财、物）耗费，保障企业系统经营目标的实现。

（2）系统分析。系统分析是从系统观点出发，利用科学的分析方法，对所研究的问题进行全面的分析和探索，确定系统目标，列出实现目标的若干可行方案，通过分析对比提出可行性建议，为决策者选择最优方案提供依据。

系统分析的主要内容有：系统界定、系统要素、系统结构、系统联系、系统目标、系统功能和系统变革。对企业安全管理来说，系统安全分析是一项重要的工作，需要明确以下几点：

1）确定所分析的系统，一般要把全企业作为一个系统来对待，从安全的角度对其进行充分的研究，而不能只局限于某个部门、某个环节或某个过程的安全问题。

2）明确哪些要素与安全有关，这些要素构成哪些子系统，这些子系统中存在哪些危险因素，这些危险因素是怎样相互联系和相互影响的，在什么情况下会发生事故等。

3）分清安全管理的层次结构，明确从公司（工厂）、车间到班组的各级安全管理层次及各层的管理职责和权利。

4）对企业安全隐患进行定性、定量的评价，包括对曾经发生过的事故进行统计、分析，以便确定安全工作的管理重点，制定管理的总目标和各层次、各环节的局部目标。

5）落实各级安全管理的职能和任务，选择最优的工作方案，以保证安全管理目标的实现。

（3）运用系统原理的原则

1）动态相关性原则。构成企业管理系统的各个要素是运动和发展的，而且是相互关联，它们之间相互联系又相互制约。该原则是指任何企业管理系统的正常运转，不仅要受到系统本身条件的限制和制约，还要受到其他有关系统的影响和制约，并随着时间、地点以及人们的不同努力程度而发生变化。

2）整分合原则。现代高效率的管理必须在整体规划下明确分工，在分工基础上进行有效的综合，这就是整分合原则。该原则的基本要求是充分发挥各要素的潜力，提高企业的整体功能，即首先要从整体功能和整体目标出发，对管理对象有一个全面的了解和谋划；其次，要在整体规划下实行明确的、必要的分工或分解；最后，在分工或分解的基础上，建立内部横向联系或协作、使系统协调配合、综合平衡地运行。其中，分工或分解是关键，综合或协调是保证。

3）反馈原则。反馈是控制论和系统论的基本概念之一，它是指被控制者对控制机构的反作用。反馈大量存在于各种系统之中，也是管理中的一种普遍现象，是管理系统达到预期目标的主要条件。反馈原则指的是成功的高效的管理，离不开灵敏、准确、迅速的反馈。

4）封闭原则。在任何一个管理系统内部，管理手段、管理过程等必须构成一个连续封闭的回路，才能形成有效的管理活动，这就是封闭原则。该原则的基本精神是企业系统内各种管理机构之间，各种管理制度、方法之间，必须具有相互制约的关系，管理才能有效。

2. 人本原理

（1）人本原理。人本原理，就是在企业管理活动中必须把人的因素放在首位，体现以人为本的指导思想。

（2）实施人本原理的措施

1）重视企业思想教育工作。要重视企业文化的建设，包括安全文化的建设，注重用企业精神激励职工，唤起职工的主人翁意识和安全生产的自觉意识。

2）强化民主管理。依靠企业职工进行民主管理与民主监督是人本原理的主要内容。通过民主管理手段使企业职工参与企业管理，是现代企业管理的重要方面。

3）激励职工行为。人本原理的核心是激励职工行为，通过精神手段和物质手段激励职工的能动性，从而提高职工的工作效率。工伤事故的发生，大多数和职工的不安全行为有关。因此，应该采用恰当的手段激励职工遵章守纪，真正实现从“要我安全”到“我要安全”的转变。

（3）实施人本原理的原则

1）动力原则。推动管理活动的基本力量是人，管理必须有能够激发人的工作能力的动力，这就是动力原则。动力的产生可以来自于物质、精神和信息。动力原则运用得当，就能够使管理活动持续而有效地进行下去；动力原则得不到正确应用，不仅会使管理效能降低，还会起到负面的作用。

2）能级原则。能级的概念来自于物理学，指的是原子中的电子分别具有一定的能量，并按能量大小分布在相应的轨道上绕原子核运转。这些轨道所对应的能量数值是不连续并按大小分级排列的，称为“能级”。现代管理引入这一概念，认为组织中的单位和个人都具有一定的能量，并且可按能量大小的顺序排列，形成现代管理中的能级。能级原则的思想是在管理系统中建立一套合理的能级，即根据各单位和个人能量的大小安排其地位和任务，做到才职相称，才能发挥不同能级的能量，保证结构的稳定性和管理的有效性。

3）激励原则。管理中的激励就是利用某种外部诱因的刺激调动人的积极性和创造性。以科学的手段，激发人的内在潜力，使其充分发挥出积极性、主动性和创造性，这就是激励原则。

3. 弹性原理

（1）弹性原理。企业管理必须保持充分的弹性，即必须有很强的适应性和灵活性，及时适应客观事物各种可能的变化，实行有效的动态管理，被称为企业管理的弹性原理。

管理需要弹性是由于企业系统所处的外部环境、内部条件以及企业管理运动的特殊性所造成的。首先，企业管理所碰到的问题从来都涉及众多有着千丝万缕联系的因素，全面考察也难以周到，只有掌握规律，不断改进管理；其次，企业管理既要抓住主要因素，又不忽略细节，只能留有余地、综合平衡；再次，企业管理面对许多不确定性，因而任一方法、制度都不可能长期有效和适应，必须经常调整；最后，企业管理是行动的科学，必须要有及时、灵活的对策，才能应付自如。

（2）弹性原理应用的要点。弹性原理是一条对企业管理工作普遍适用的基本原理，只要运用得当，企业的管理效果会因此而得到较大的提高。在将弹性原理应用于管理实践时，必须注意以下几点：

1）要正确处理整体弹性与局部弹性的关系。整体包含着局部，局部是对整体而言。因此，处理问题必须在考虑整体弹性的前提下进行。这样才能解决、协调或调整局部弹性问题。

2）要严格分清积极弹性和消极弹性的界限。积极弹性就是在制定目标和计划时留有适当的余地，在处理问题时多设计几套方案等；而消极弹性则过分强调留有余地、保守畏缩。

3）企业管理的弹性是有限制的，不能绝对地、无限地伸缩张弛。弹性原理对于安全管理具有十分重要的意义。安全管理所面临的是错综复杂的环境和条件，尤其是事故致因是很难完全预测和掌握的，因此，安全管理必须尽可能保持好的弹性。一来要不断推进安全管理的科学化、现代化，加强系统安全性分析和危险性评价，尽可能做到对危险因素的识别、消除和控制；二来要采取全方位、多层次的事故防止对策，实行全面、全员、全过程的安全管理，从人、物、环境等方面层层设防。

二、安全管理基本原理

1. 预防原理

（1）预防原理。安全管理工作的指导思想是预防为主，即通过有效的管理和技术手段，防止人的不安全行为和物的不安全状态出现，从而使事故发生的概率降到最低，这就是预防原理。

安全管理以预防为主，其基本出发点源自生产过程中的事故是能够预防的观点。除了自然灾害以外，凡是由于人类自身的活动而造成的危害，总有其产生的因果关系，探索事故的原因，采取有效的对策，原则上讲就能够预防事故的发生。

由于预防是事前的工作，其正确性和有效性十分重要。生产系统一般都是较复杂的系统，事故的发生既有物的方面的原因，又有人的方面的原因，事先很难完全估计。有时，重点预防的问题没有发生，但未被重视的问题却酿成大祸。为了使预防工作真正起作用，一方面要重视经验的积累，对既成事故和大量的未遂事故进行统计分析，从中发现规律，做到有的放矢；另一方面要采用科学的安全分析、评价技术，对生产中人和物的不安全因素及其后果作出准确的判断，从而实施有效的对策，预防事故的发生。

（2）预防原理的原则

1）偶然损失原则。事故所产生的后果（人员伤亡、健康损害、物质损失等），以及后果的大小如何，都是随机的，难以预测的。反复发生的同类事故，并不一定产生相同的后果，这就是事故损失的偶然性。

根据事故损失的偶然性，可得到安全管理上的偶然损失原则，无论事故是否造成了损失，为了防止事故损失的发生，唯一的办法是防止事故再次发生。这个原则强调，在安全管理实践中，一定要重视各类事故，包括无损失事故，只有连无损失事故都控制住，才能真正防止事故损失的发生。

2）因果关系原则。因果关系就是事物之间存在着一事物是另一事物发生的原因这种关系。事故是许多因素互为因果连续发生的最终结果。

事故的因果关系决定了事故发生的必然性，即事故因素及其因果关系的存在决定了事故或迟或早必然要发生。掌握事故的因果关系，砍断事故因素的环链，就消除了事故发生的必然性，就可能防止事故的发生。

3）3E 原则。造成人的不安全行为和物的不安全状态的主要原因可归结为四个方面，即技术的原因、教育的原因、身体和态度的原因、管理的原因。

针对这四个方面的原因，可以采取三种防止对策，即工程技术（Engineering）对策、教育（Education）对策和法制（Enforcement）对策。这三种对策就是 3E 原则。

技术对策是运用工程技术手段消除生产设施设备的不安全因素，改善作业环境条件，完善防护与报警装置，实现生产条件的安全和卫生。

教育对策是提供各种层次的、各种形式和内容的教育和训练，使职工牢固树立“安全第一”的思想，掌握安全生产所必需的知识和技能。

法制对策是利用法律、规程、标准以及规章制度等必要的强制性手段约束人们的行为，从而达到消除不重视安全、违章作业等现象的目的。

在应用 3E 原则时，应该针对人的不安全行为和物的不安全状态的四种原因，综合地、灵活地运用这三种对策，不要片面强调其中某一个对策。具体改进的顺序首先是工程技术措施，然后是教育训练，最后才是法制。

4）本质安全化原则。本质安全化原则来源于本质安全化理论。该原则的含义是指从一开始和从本质上实现了安全化，就可从根本上消除事故发生的可能性，从而达到预防事故发生的目的。

本质安全化是安全管理预防原理的根本体现，也是安全管理的最高境界。本质安全化的含义也不仅局限于设备、设施的本质安全化，而应扩展到诸如新建工程项目，交通运输，新技术、新工艺、新材料的应用，甚至包括人们的日常生活等各个领域。

2. 强制原理

（1）强制原理。采取强制管理的手段控制人的意愿和行动，使个人的活动、行为等受到安全管理要求的约束，从而实现有效的安全管理，这就是强制原理。

安全管理更需要具有强制性，原因有以下三点：

1）事故损失的偶然性。企业不重视安全工作，存在人的不安全行为或物的不安全状态时，由于事故的发生及其造成的损失具有偶然性，并不一定马上会产生灾害性的后果，这样会使人觉得安全工作并不重要，可有可无，从而进一步忽视安全工作，使得不安全行为和不安全状态继续存在，直至发生事故，悔之已晚。

2）人的“冒险”心理。“冒险”是指某些人为了获得某种利益而甘愿冒险受到伤害的风险。持有这种心理的人不恰当地估计了事故潜在的可能性，心存侥幸，在避免风险和获得利益之间做出了错误的选择。这里的“利益”包括省事、省时、享受、逞能、逞强、提高金钱收益等。冒险心理往往会使人产生有意识的不安全行为。

3）事故损失的不可挽回性。这是安全管理需要强制性的根本原因。事故损失一旦发生，往往会造成永久性的损害，尤其是人的生命和健康，更是无法弥补。因此，在安全问题上，经验一般都是间接的，不能允许当事人通过犯错误来积累经验和提高认识。

安全强制性管理的实现，离不开严格合理的法律、法规、标准和各种规章制度，这些法规、制度构成了安全行为的规范。同时，还要有强有力的管理和监督体系，以保证被管理者始终按照行为规范进行活动，一旦其行为超出规范的约束，就要有严厉的惩处措施。

（2）强制原理的原则

1）安全第一原则。安全第一就是要求在进行生产和其他活动的时候把安全工作放在一切工作的首要位置。当生产和其他工作与安全发生矛盾时，要以安全为主，生产和其他工作要服从安全，这就是安全第一的原则。

坚持安全第一的原则，就要建立和健全各级安全生产责任制，从组织上、思想上、制度上切实把安全工作摆在首位，常抓不懈，形成“标准化、制度化、经常化”的安全工作体系。

2）监督原则。为了促使各级生产管理部门严格执行安全法律、法规、标准和规章制度，保护职工的安全与健康，实现安全生产，必须授权专门的部门和人员行使监督、检查和惩罚的职责，以揭露安全工作中的问题，督促问题的解决，追究和惩戒违章失职行为，这就是安全管理的监督原则。

三、安全管理机构

1. 国家安全生产监督管理

国家安全生产监督管理是由国家授权某政府部门对各类具有独立法人资格生产经营单位执行安全法规的情况进行监督和检查，用法律的强制力量推动安全生产方针、政策的正确实施。国家安全生产监督管理具有法律的权威性和特殊的行政法律地位。国家安全生产监督管理活动必须依法行政。依法行政包括三个方面的内容：

（1）安全生产监督管理人员的设置必须符合国家法律规范的要求，安全生产监督管理机构的工作符合国家法律规定的职权权限，不失职，不越权。

（2）国家安全生产监督管理是一种执法检查，主要是监察国家法规、政策执行的情况，预防和纠正违反国家法规、政策的错误和偏差。它不干预生产经营单位内部执行法规、政策的方法、措施和步骤等具体事务，不代替企业日常安全管理和安全检查。

（3）进行安全生产监督管理活动时，必须遵守程序法的有关规定并以实施法的规定作为依据。

安全生产监督管理的对象主要有以下三种：

A. 重点岗位人员的行为。这样的人员有三类，一是企业的厂、矿长（经理），他们的决策和行为对企业的安全生产有着决定性作用；二是现场直接指挥生产的车间主任和生产班组长，他们是实现厂、矿长（经理）安全决策的关键人物，各项安全措施能否落实与他们有直接关系；三是特种作业人员，这些人员的作业可能危及自身安全，也可能危及他人安全。

B. 特种作业场所和有害工序。通过制定各种法规、技术标准，建立各种审批制度。对某些特种作业场所、工艺设备的危害予以控制。对职业危害的作业进行危害程度分级，根据危害程度不同，采取相应措施，不断改善劳动条件。

C. 特殊产品的安全认证。对劳动防护用品的生产实行质量监督检查制度；对容易造成伤害的某些特种设备，实行全面监测、检验、发证；对基本建设和技术改造工程项目进行设计审查和竣工验收，使之符合安全卫生的要求。

2. 行业管理

随着经济体制的改革，企业成为自主经营、自负盈亏的独立法人机构。行业主管部门对企业的管理功能越来越弱化直至消失。但从我国目前具体情况来看，有些行业主管部门作用得到很大削弱，而有些垄断性行业，还不能完全按市场化方式运作，仍然需要由行业管理部门对其进行宏观管理。因此行业管理在某些领域内仍然发挥着重要作用。

3. 企业负责

在市场经济体制中，企业是具有独立法人资质的经济体，企业法人对企业事务负责，也包括对安全生产负责。因此企业法人作为安全生产的第一责任人，对企业安全生产负全责。

企业安全管理要本着管生产必须管安全的原则，做到层层有人管，事事有人抓。根据企业的组织机构和职责分配，可将安全工作进行分级管理和分系统管理。

（1）安全分级管理。分级管理一般分为三个层次，即厂级、车间级、班组级。

厂级安全管理的职能主要是决策和指挥。它包括贯彻执行安全生产的方针、政策、法规，确定企业安全生产的方针和目标，建立安全生产责任制度、安全生产规章制度，建立健全安全组织机构，配备人员，保证安全管理技术措施的人力、物力、财力的投入，推行安全文化建设等。

车间级安全管理的职能主要是进行本部门的日常管理，包括制订本部门的安全生产规划，贯彻执行企业安全生产责任制和规章制度，实施各项事故防治对策，加强日常安全生产巡视检查，搞好安全教育等。

班组级安全管理及其职能是具体执行安全管理的各种事项，包括执行安全生产规章制度，配合车间落实各项事故防治对策，开展作业前、作业中和作业后的安全检查以及作业场所的清理整顿，杜绝违章作业，搞好新职工和复工、调岗人员的安全教育和培训，保证本班组安全意识和安全操作水平的不断提高。

（2）安全分系统管理。安全分系统管理是企业根据自身组织机构构成和业务特点，将企业分为若干安全管理系统，各业务系统的主管领导即为安全管理的负责人，负责本系统安全工作。

（3）安全管理组织机构的协调统一。根据系统工程的原理，系统的优化不但要求系统各要素发挥其功能，而且要素之间的关系要协调、配合。企业安全管理系统之间的协调和配合由企业安全生产委员会负责。安全生产委员会一般由企业最高领导人或主管生产的副主任（副厂长）负责，由各系统各部门主管安全的领导及党、政、工、青、妇等企业的代表共同组成。通过定期或不定期举行会议，讨论和协调各部门在安全生产中的问题，做到企业各系统在安全工作中，统一思想，统一行动，协调一致，并为企业安全生产提供咨询和参谋。

4. 群众监督

安全生产群众监督是指企业职工通过各级工会或职工代表大会等组织，监督和协助各级行政领导，贯彻执行安全生产方针、政策、法规，不断完善劳动条件，做好安全管理工作。安全生产的群众监督不具有国家安全生产监督管理的强制效力，但它是国家安全生产监督管理的有效补充。群众监督可以成为企业自我约束机制的重要促进力量。

第二节 安全管理制度

要点掌握：

安全检查的内容有哪些？

危险化学品生产企业的生产具有较大的危险性，为保证企业的安全生产，应根据国家的法律、法规、标准，结合企业自身的实际情况，建立健全各种安全管理制度。安全管理制度是企业安全生产，保障人身安全与健康以及财产安全的最基础规定。

安全管理制度是长期实践经验和无数事故教训的总结，是用鲜血和生命换来的。如果违反安全管理制度就将导致事故的发生。不同的企业所建立的安全管理制度也不相同，应根据企业的特点，制定出具有操作性强的安全管理制度。

一、安全教育制度

安全教育也叫安全生产教育，是企业为提高职工安全技术水平和防范事故能力而进行的教育培训工作。安全教育是企业安全管理的重要内容，与消除事故隐患、创造良好劳动条件相辅相成，二者缺一不可。

1. 安全教育制度

安全教育制度是我国在安全生产活动中逐渐形成的行之有效的制度。早在1963年国务院发布的《关于加强企业生产中安全工作的几项规定》中就规定：为加强企业生产中安全工作的领导和管理，以保证职工的安全与健康，促进生产，要在企业内部开展安全生产教育，对新工人、特种作业人员及在新岗位、从事新操作方法的工人开展安全教育培训，对职工开展经常性安全教育。1984年，国家安全生产委员会发出的关于开展安全活动的通知指出：加强对职工的安全技术培训、考核工作，对新职工、特殊工种工人进行重点培训，对专业工种工人考核合格后发给合格证，持证上岗。对企业领导干部，要规定有关安全技术方面的应知、应会内容，定期进行考核。1990年及1991年原劳动部先后颁布《厂长、经理职业安全卫生管理资格认证规定》《特种作业人员安全技术培训考核管理规定》及《特种作业人员安全技术培训考核大纲》等法律性文件，对厂长、经理、特种作业人员的培训和考核作了详细规定。1995年原劳动部颁布的《企业职工劳动安全卫生管理规定》，对企业职工及管理人员的安全教育相关事项作了全面详细规定。2002年《中华人民共和国安全生产法》以法律形式明确规定：各级人民政府及其有关部门应当采取多种形式，加强对有关安全生产的法律、法规和安全生产知识的宣传，提高职工的安全生产意识；生产经营单位的主要负责人和安全生产管理人员必须具备与本单位所从事的生产经营活动相应的安全生产知识和管理能力；危险物品的生产、经营、储存单位以及矿山、建筑施工单位的主要负责人和安全生产管理人员，应当由有关主管部门对其安全生产知识和管理能力考核合格后方可任职；生产经营单位应当对从业人员进行安全生产教育和培训，保证从业人员具备必要的安全生产知识，熟悉有关的安全生产规章制度和安全操作规程，掌握本岗位的安全操作技能。未经安全生产教育和培训合格的从业人员，不得上岗作业。2005 年 12 月 28 日国家安全生产监督管理总局局长办公会议审议通过《生产经营单位安全培训规定》，自 2006 年 3 月 1 日起施行，其中第二条规定：工矿商贸生产经营单位的从业人员要进行安全培训，生产经营单位应当按照安全生产法和有关法律、行政法规和本规定，建立健全安全培训工作制度。其培训的从业人员包括主要负责人、安全生产管理人员、特种作业人员和其他从业人员。2010 年 4 月 26 日 国家安全生产监督管理总局局长办公会审议通过《特种作业人员安全技术培训考核管理规定》，自 2010 年 7 月 1 日起施行，对特种作业人员培训、考核、发证、复审、监督管理和罚则作了详细说明。

2. 安全教育的主要内容

安全教育的内容主要包括：安全生产思想教育；安全生产方针政策教育；安全技术知识教育；典型经验和事故教训教育及现代安全管理知识教育。

3. 安全教育类型

(1) 厂长（经理）的安全教育；

(2) 企业安全管理人员安全教育管理；

(3) 企业职能部门、车间负责人、专业工程技术人员的安全教育；

(4) 生产操作岗位从业人员安全教育。

二、安全生产责任制度

安全生产责任制是指从制度上对企业所有人员和所有部门在其各自职责范围内对安全工作应负的责任作出明确的规定，并遵照执行。它是企业岗位责任制的组成部分，是企业中最基本的一项安全制度，是所有安全规章制度的核心。它依据“预防为主”的原理和“管生产必须管安全”的原则，规定了企业各级领导、职能部门、各类技术人员和生产工人在生产劳动中应该担负的安全责任，是安全生产过程中责、权、利的体现。

安全生产责任制是我国多年来安全生产工作实践经验的总结，是一项行之有效的制度。它把安全管理组织体系协调和统一起来，使企业的安全责任纵向到底、横向到边，形成安全责任体系。便于安全生产各项规章制度的贯彻、执行、监督、检查和总结。

安全生产责任制就是对安全职责的具体规定，其范围较广，不同企业安全生产责任制均有所不同，一般分为企业领导的安全职责、总工程师（或总会计师、总经济师）的安全职责、车间主任的安全职责、班（组、工段）长的安全职责、各职能部门的安全职责和安全专（兼）职机构的安全职责。

三、安全检查制度

1. 安全检查

安全检查是根据企业的生产特点，对生产过程中的安全进行经常性、突击性或者专业性的检查。随着生产的发展，现代化进程的加快，新技术、新工艺、新设备不断涌现，也会产生新的不可预知的安全问题。上述问题如果不及时发现，将会对安全生产产生威胁。为此，开展经常性、突击性、专业性的安全检查，不断地、及时地发现生产中的不安全因素，及时予以消除，才能预防事故和职业病的发生，做到“安全第一，预防为主”。实践证明，安全检查是企业安全生产的重要措施，是安全管理的重要内容。

《中华人民共和国安全生产法》第三十八条也明确指出：“生产经营单位的安全生产管理人员应当根据本单位的生产经营特点，对安全生产状况进行经常性检查；对检查中发现的安全问题，应当立即处理；不能处理的，应及时报告本单位有关负责人。检查及处理情况应当记录在案。”

2. 安全检查的类型

从不同角度，安全检查可分为经常性安全检查与安全生产大检查、定期检查与不定期检查、专业性检查与全面检查、上级检查与自行检查和互相检查。

经常性安全检查是企业内部进行的自我安全检查，包括企业安全管理人员进行的日常检查，生产领导人员进行的巡视检查，操作人员对本岗位设备、设施和工具的检查。安全生产大检查一般是由上级主管部门或安全生产监督管理部门对企业的各种安全生产进行的检查。检查人员主要来自有经验的上级领导或本行业或相关行业高级技术人员和管理人员。他们具有丰富的经验，使检查具有调查性、针对性、综合性和权威性。专业性检查是针对特种作业、特种设备、特殊作业场所开展的安全检查，调查了解某个专业性安全问题的技术状况，如电气、焊接、压力容器、危险化学品储罐区、运输等安全技术状况。

3. 安全检查的内容

安全检查的内容根据不同企业、不同检查目的、不同时期各有侧重，概括起来可以分为以下几个方面：

（1）查思想认识。就是检查企业领导在思想上是否真正重视安全工作。检查企业领导对安全工作的认识是否正确，在行动上是否真正关心职工的安全和健康；对国家和上级机关发布的方针、政策、法规是否认真贯彻并执行；企业领导是否向职工宣传党和国家劳动安全卫生的方针、政策。

（2）查现场、查隐患。深入生产现场，检查劳动条件、操作情况、生产设备以及相应的安全设施是否符合安全要求和劳动安全卫生的相关标准；检查生产装置和生产工艺是否存在事故隐患。检查企业安全生产各级组织对安全工作是否有正确认识，是否真正关心职工的安全、健康，是否认真贯彻执行安全方针以及各项劳动保护政策法令；检查职工“安全第一”的思想是否建立。

（3）查管理、查制度。检查企业的安全工作在计划、组织、控制、制度等方面是否按国家法律、法规、标准及上级要求认真执行，是否完成各项要求。

（4）查安全生产教育。检查对企业领导的安全法规教育和安全生产管理的资格教育是否达到要求；检查职工的安全生产思想教育、安全生产知识教育，以及特殊作业的安全技术知识教育是否落实、达标。

（5）查安全生产技术措施。检查各项安全生产技术措施是否落实；安全生产技术措施所需的设备、材料是否已列入物资、技术供应计划中，对于每项措施是否都确定了其实现的期限和其负责人以及企业领导人对安全技术措施计划的编制和贯彻执行的情况。

（6）查安全生产纪律。查生产领导、技术人员、企业职工是否违反了安全生产纪律，企业单位各生产小组是否设有不脱产的安全员，督促工人遵守安全操作规程和各种安全制度，教育工人正确使用个人防护用品以及及时报告生产中的不安全情况；企业单位的职工是否自觉遵守安全生产规章制度，不进行违章作业且能随时制止他人违章作业。

（7）查整改。对被检查单位上一次查出的问题，按当时登记的项目、整改措施和期限进行复查，检查是否进行了整改及整改的效果。如果没有整改或整改不力的，要重新提出要求，限期整改。对隐瞒事故隐患的，应根据不同情况进行查封或拆除。整改工作要采取定整改项目、定完成时间、定整改负责人的“三定”做法，确保彻底解决问题。

4. 危险化学品生产企业的安全检查内容

危险化学品生产企业的安全检查应该从工艺、设备、操作、维修、人员安全、防火、管理及政策等方面进行。

检查的内容可以从工艺的物料性质和设备位置与布置，设备的安全阀、管道和阀门、泵与压缩机、反应器、容器（储槽、罐、塔等），以及操作、维修、人员安全、防火防爆、管理及政策等七个方面进行检查。

四、安全技术措施与事故隐患管理制度

1. 安全技术措施管理制度

安全技术措施计划是企业生产计划的一个组成部分。它是改善企业劳动条件，有效防止事故和职业病，实现安全生产的重要保证制度。多年来，编制劳动保护措施计划已经普遍成为企业有计划地改善劳动条件，搞好安全生产工作的一项行之有效的制度。

2. 事故隐患管理制度

主要包括：事故隐患评估办法、事故隐患治理项目的管理、实施及验收管理和重大危险源管理。

事故隐患评估，分为企业自评和上级主管部门复查评估两个阶段。企业自评应实事求是地按相关的标准，使用可靠的评估方法进行评估，评估后的项目应建立完整、齐全的档案资料，内容包括评估报告、评审意见、技术结论、隐患治理方案和概算等。

上级主管部门对企业上报的事故隐患治理计划进行初步审查，对符合规定的隐患治理项目进行分级，组织有关专家或有资格的安全咨询公司进行复查，提出复查评估报告，并做出事故隐患治理项目年度计划。

事故隐患治理项目由企业安全部门管理负责，并建立隐患评估、治理完成情况和效果考核验收等管理档案。对一时不能整改的事故隐患，企业要采取可靠的安全措施，加强监护。企业主要领导对本单位事故隐患的整改负首要责任，企业技术负责人应对事故隐患整改方案的可行性、合理性负责。

重大危险源管理是依据国家标准 CB l8218—2009《危险化学品重大危险源辨识》，将危险化学品重大危险源分为危险化学品名称的 78 种和其他危险化学品按类别及其临界量划分，根据企业的具体情况，对生产项目进行重大危险源辨识分析。如果符合 GBl8218—2009《危险化学品重大危险源辨识》的标准，就是重大危险源。对重大危险源要按照国家的有关管理要求依法管理。

第三节　安全生产管理方法

要点掌握：

安全管理方法有哪几种？

安全生产管理是一门科学，有其自身的规律和方法，只有正确掌握和使用安全生产管理方法，才能使安全生产管理发挥其积极的作用。

一、安全生产管理的特点

1. 系统观点的特点

现代安全生产管理的对象实质上是一个由人—机—环境构成的复杂的动态系统。企业的生产活动是以“生产系统”为中心的形式存在，是一个人造的、开放式的系统。因此，现代安全生产管理的基本特点之一是系统管理的特点。也就是指运用系统工程的原理、理论和方法去研究和处理生产中的安全卫生问题：安全卫生问题是生产系统中许多相互关联的要素之一，往往牵涉到许多生产环节和部门，错综复杂，相互渗透。多年来，我国从安全管理的实践中总结出许多经验和措施，如“五同时”“三同时”“四不放过”“管生产者必须同时管安全”等原则以及各类生产人员的安全生产责任制等，都体现了安全管理的系统思想。

2. 预防为主的特点

现代安全生产管理对安全生产和劳动保护都强调“安全第一，预防为主”的思想。发生职业危害，主要是由于思想上、行动上和设备缺乏必要的预防措施，特别是现代化生产更应该做好预防和控制工作，要加强对员工安全意识的教育，增强人的防御能力，避免由于人的错误行为而导致事故的发生；要加强对生产中的科学分析与预测工作，及时找出设备和环境的薄弱环节，严格控制，消除隐患；从人和物上消除不安全因素，搞好预防措施，保证安全生产。

3. 科学观的特点

生产是人类改造自然的活动，必须尊重科学，按照自然规律办事。这是多年来安全生产管理实践证明了的一条重要经验。科学管理要有先进的管理方法和技术，应用现代管理中的数理统计与图表方法，结合计算机技术的应用，逐步完善事故分析与统计的科学管理工作。

4. 发展观的特点

人类社会随着生产力的发展在不断前进，安全生产管理也应随着企业管理的发展不断地改进和完善。应当以发展的观点，应用现代多学科领域的知识和专门技术去研究和管理安全生产与劳动保护工作，综合采取管理、技术和教育的对策，不断提高安全生产管理的水平，才能有效地防止和消除事故，保障安全生产。

5. 建立企业安全管理同财产保险和安全咨询相结合的体系

把企业的安全生产与经济利益联系起来，并且有效地利用社会上的高水平的安全技术和知识服务企业，将大大提高企业的安全生产地位和工作水平。

二、现代安全管理的主要方法

随着科学和生产的发展，现代企业越来越复杂化，安全生产管理的方法也在发生变化。以系统安全工程为代表的现代安全生产管理思想正在迅速发展，已成为现代安全管理的主导方向。

1. 系统安全工程

系统安全工程是20世纪60年代迅速发展起来的一门新兴工程学科，它是以系统工程的方法研究、解决生产过程中安全问题的工程技术方法。

安全系统工程是采用系统工程方法，识别、分析、评价系统中的危险性，根据其结果调整工艺、设备、操作、管理、生产周期和投资等因素，使系统可能发生的事故得到控制，并使系统安全性达到最好的状态。安全系统工程的理论和方法是全面安全生产管理的科学基础。

（1）系统安全的思想。系统安全工程是为解决复杂系统的安全问题而开发、研究出来的安全理论、方法体系。系统安全的思想，就是应用系统安全解决安全问题的思想，系统安全的思想是安全生产管理的灵魂。系统安全的思想反映在三个方面：

1）安全是相对的思想。安全中包含着危险的因素，即任何事物都具有一定的危险性。安全要通过对系统的危险性和允许接受的限度相比较而确定，安全是主观认识对客观存在的反映。因此，安全工作就是在主观认识真实地反映客观存在的前提下．在允许的安全限度内，判断系统危险性的程度。这是安全生产管理最基本的要素。

2）安全伴随着系统生命周期的思想。系统的生命周期从系统的构思开始，经过可行性论证、设计、建造、试运转、运转、维修直至系统报废（完成一个生命周期），其各个环节都存在安全的问题。要充分认识系统生命周期中安全的两个方面：

①本质安全。本质安全是系统安全的根本保证，从系统的构思、设计开始就融入系统，对系统有两个基本的要求。一是系统正常运行下本身是安全的，也就是系统在其生命周期中不依赖保护与修正安全设备也能安全运行；二是系统的故障安全，也就是系统在失去电或公用工程时，系统能保持稳定状态。本质安全是系统的理想状态，是安全工作追求的目标。

②工程化安全。工程化安全思想是对本质安全的补充，其主导思想就是应用工程安全保护设备进一步加强系统在其生命周期中的安全性，但是必须确保工程安全设备在系统出现问题时不产生故障。

3）系统中的危险源是事故根源的思想。危险源是可能导致事故潜在的不安全因素。有关危险源的分类方法很多，能量意外释放引发事故理论把危险源分为：可能发生意外释放的各种能量或危险物质和使能量或危险物质的约束、限制措施失效、破坏的原因因素。任何系统都不可避免地存在某些危险源，而这些危险源只有在触发事件的触发下才会产生事故。

（2）系统安全工程的特点

1）能够系统地从计划、设计、制造、运行等全过程中考虑安全技术和安全管理问题，便于找出生产过程中固有的或潜在的危险因素。

2）便于对生产系统的安全性进行定性和定量的分析评价。

3）可对事故进行预测，并求出系统安全的最优方案。

4）有利于实现安全管理系统化，形成教育训练、日常检查、操作维修等完整体系。

5）有利于实现安全技术与安全管理的标准化和科学化。

（3）系统安全工程的工作内容

1）系统安全分析。系统安全分析在系统安全工程中占有十分重要的地位，是以预测和防止事故为前提。为了充分认识系统中存在的危险性，要对系统的功能、操作、环境、可靠性等经济技术指标以及系统潜在危险性进行分析和测定。只有对系统进行了细致、准确地分析，才能在安全评价中得到正确答案。

根据需要可以把分析进行到不同的深度，可以是初步的或详细的，定性的或定量的，每种深度都可以得出相应的答案，以满足不同项目、不同情况的要求。

2）系统安全评价。系统安全分析的目的就是为了进行系统安全评价。通过分析了解系统中潜在危险和薄弱环节之所在、发生事故的概率和可能的严重程度，这些都是评价的依据。

定性分析的结果只能用作定性评价，它能提供系统中危险性的大致情况，只有经过定量的评价才能充分发挥系统安全工程的作用。决策者可以根据评价的结果来选择技术路线。保险公司可以根据企业的不同安全性，规定其保险金额。领导和监察机关可以根据评价结果来督促企业改进安全状况。

3）系统综合。系统综合是指在系统分析与系统安全评价的基础上，采取综合的控制和消除危险的措施。

2. 安全人机工程学

（1）人机工程学。人机工程学也叫人类工效学，它是把人—机器（工具）—环境视为一个系统，协调人—机关系，使人在操作中感到安全和舒适、使系统获得最高的效率。

（2）安全人机工程学。随着人机工程学的发展，出现两大分支。一个分支是从设备角度出发，其着眼点放在提高工作效率上，侧重点也在人机结合面上，但其最终目的是在人体机能允许的条件下，如何提高工作效率，即侧重于设备的组合、操作机构的布置、信息显示装置的设计、作业顺序、操纵次序等方面的研究。强调的是在人体机能允许的条件下，充分发挥设备的效应，达到提高工作效率的目的。另一个分支是将立足点放在安全和健康上，以维护劳动者在劳动过程中安全和健康为目的。主要研究人与机器应保持何种关系，才能保证人的安全和健康。强调的是在保证生产效率的同时，如何保障人的安全、健康、舒适和愉快。主要从劳动者的生理、心理、生物力学等方面去研究机械化、自动化、电气化等生产过程中带来高生产效率的同时所带来的工作伤亡和疾病等不利因素的机理、预防和消除的方法，从而实现更安全、更健康的劳动条件和劳动方式的愿望，确保劳动者能在安全、健康、舒适、愉快乃至享受的环境中从事生产和科学实验活动。

（3）安全人机工程学的研究任务。在任何生产和操作场所，总是包含着人、机器及围绕着人和机器的环境条件，它们共同构成了一个综合体。安全人机工程学的主要任务就是对这一综合体建立合理可行的人机系统，更好地实施人机功能的合理分配，更有效地发挥人的主体作用和机器的效能，使人和机器能有机配合，从而使人机系统达到最佳状态，进而为劳动者创造安全、健康、舒适、愉快的工作环境，最终实现人机系统“安全、健康、高效、经济”的综合效能。

（4）人机系统与人机功能分配。人类在劳动进程中，不断地改造着自然和人类本身，并不可避免地要与劳动工具和劳动对象发生联系，把这种联系广义地称为人机关系。人机关系归纳起来主要有四种形式：即以手动为主的人机关系；机械化的人机关系；半自动化的人机关系；自动化的人机关系。

各种形式的人机关系均要求人机互动，密切协调和配合，达到机宜人和人适机，共同来完成工作任务，以提高工效、减少事故和确保安全。在以人为主体，以机为工具的人机关系中，主要体现为“机宜人”和“人适机”的关系。

3. 安全检查表法

安全检查表（SafetyCheckList，简称 SCL）是安全生产管理工作中的传统的、常用的、最基本的定性分析方法。应用安全检查表进行安全检查，可以较好地发现潜在危险，有效地督促各项安全法规、制度、标准实施。

（1）安全检查表的定义。为了系统地发现工厂、车间、工序或机器、设备、装置以及各种操作管理和组织措施中的不安全因素，事先对检查对象加以剖析，查出不安全因素所在，然后根据理论知识、实践经验、标准、规范和事故情报等进行周密细致的思考，确定检查的项目，以提问的方式，将检查项目按系统顺序编制成表，以便进行检查。这种表就叫做安全检查表。

（2）安全检查表的作用。安全检查表在安全生产管理工作中发挥着巨大的作用。主要有以下几点：

1）对系统进行安全检查和评价；

2）对职工进行安全教育和提示；

3）用于事故分析和调查；

4）为系统设计人员提供清晰明确的安全要求；

5）为系统运行提供安全操作指南；

6）为工程设计和验收提供安全审查的可靠依据；

(3) 安全检查表的优点

1）通过组织有关专家、学者、专业技术人员，经过详细的调查和讨论，能够事先编制，具有全面性，可以做到系统化、完整化，不漏掉任何能够导致危险的关键因素，及时发现和查明各种危险和隐患。

2）安全检查人员能根据检查表预定的目标、要求和检查要点进行检查，克服了盲目性，做到突出重点，避免疏忽、遗漏、走过场，提高检查质量。

3）可以根据已有的规章制度和标准规程等，针对不同的对象和要求编制相应的安全检查表，可以实现安全检查的标准化、规范化。

4）具有广泛性和灵活性。对于各种行业、各种岗位操作、设备、设计、各种工种及各类系统，安全检查表都能广泛地适用。安全检查表使用广泛，灵活多变，可以用于日常的检查，也可以用于定期的检查、事故分析和事故预测等。安全检查表还可以随时进行修改、补充，使之适用于各种场合。

5）依据安全检查表进行检查，是监督各项安全规章制度的实施和纠正违章指挥、违章作业的有效方式。安全检查表能够克服因人而异的检查结果，提高检查水平，同时也是进行安全教育的一种有效手段，提高人员的安全意识和安全水平。

6）具有直观性，它是一种定性的检查方法，采用表格的形式及问答的方式，并对提问项目进行了系统归类，简明易懂。不同层次的人员，都可以掌握和使用安全检查表。

7）可以作为安全检查人员或现场作业人员履行职责的凭据，有利于分清责任，落实安全生产责任制。

8）使用安全检查表有利于安全管理工作的连续改进，实现对安全工作的连续记录。安全检查表可以随着科学技术的发展和标准、规范的变化而随时加以修改和完善。同时，企业也可根据自己的记录，发现问题，提出改进措施。安全检查表的连续记录，可以使新老安全措施顺利交接，保证企业安全管理工作的一致性。

（4）安全检查表的种类。安全检查表的应用范围十分广泛，如对工程项目的设计、机械制造、生产作业环境、日常操作、人的行为、各种设备设施的运行与使用、组织管理等各个方面。安全检查的目的和对象不同，检查的重点亦不同，因而需要编制不同类型的安全检查表。根据用途的不同，安全检查表可以分为以下几种：

1）设计审查用安全检查表。事故的分析研究表明，由于设计不良而形成的不安全因素所造成的事故约占事故总数的25%。如果在设计时能够设法将不安全因素除掉，则可取得事半功倍的效果。

2）厂级安全检查表。是全厂进行安全检查、安全分析与评价、危险源辨识时采用的一种检查表。安全技术部门、防火部门进行日常巡回检查时，也可使用这种安全检查表。厂级安全检查表的内容主要集中在火灾、交通、保安、人身伤亡等事故方面，具体包括厂区内各个产品的工艺和装置的安全性、要害部位、主要安全装置与设施、危险物品的运输储存与使用，有毒有害物质的治理、作业环境、消防通道与设施、操作管理及规章制度的落实、应急措施等。

3）车间用安全检查表。是供车间进行定期安全检查、安全分析与评价时用的一种检查表，其内容主要集中在防止人身、设备、机械加工等事故方面，具体包括工艺流程的安全性、车间的设备布置、制品与物件存放、安全通道、进出口、通风与照明、噪声与振动、安全标志、尘毒及有害气体浓度、消防设施与措施、应急措施、操作管理、岗位责任制实施等。

4）工段及岗位用安全检查表。经常用于某一工段或岗位的日常安全检查，工人自查、互查或安全教育，主要集中在防止人身及误操作引起的事故方面，其主要内容包括工段或岗位的设备、环境、操作人员等方面的不安全因素。

5）专业性安全检查表。由专业机构或职能部门编制和使用。主要用于对重点设备与设施、要害部位、特殊工种、专业操作人员进行定期或季节性的安全检查。

6）事故分析预测用安全检查表。是借鉴同类事故的经验教训，根据对事故的分析、研究，结合有关规程和标准等编制。

(5）安全检查表的编制。安全检查表的内容既要系统全面，又要简单明了、切实可行。一般来说，安全检查表的基本内容涉及人、机、环境、管理四个方面，并且必须包括：总体要求、生产工艺、工艺设备、操作管理、人机工程和防灾措施等六个方面的基本内容。

安全检查表可以根据生产系统、车间、工段编写，也可以按专题编写。安全检查表可以通过事故树分析，查出基本原因事件，作为安全检查表的基本检查项目。安全检查表要在实践检验中不断修改，使之更加完善。

第四节　职业健康安全管理体系

要点掌握：

实施职业安全健康管理体系应分为几个步骤?

一、职业安全健康管理体系在全球范围的推行

据统计全球已有 30 多个国家制定了职业健康安全管理体系标准。典型的如澳大利亚、英国等国家，它们都有比较完整的标准系列、正规的培训机构和初步完善的国家认证制度。在美国，很多企业都引进了职业健康安全管理体系，许多企业的职业健康管理体系运行之后，能够很好地提升自身运作功能，因而为越来越多的企业所理解和接受。

国际劳工组织（ILO）也在开展职业安全健康管理体系标准化工作，在1999年4月第15届世界职业安全健康大会上，ILO负责人指出，ILO将像贯彻ISO 9000和ISO 14000一样，研究进行企业职业健康管理的评价，并于2001年发布了《职业安全健康管理体系原则》。

我国十分重视职业健康安全管理体系标准化问题。2001年12月，中国国家标准化委员会正式颁布了国家标准GB/T 28001—2001《职业健康安全管理体系规范》。这表明中国的职业健康安全管理在与世界接轨方面迈出了重要的一步，我国职业健康安全管理体系标准化全面、正规地展开。

二、职业安全健康管理体系的步骤

由于不同组织间的基础和组织特性的差异，建立职业安全卫生管理体系的过程不会完全相同。但总体而言，组织建立职业安全卫生管理体系应采取以下几个步骤：

1. 领导决策

组织建立职业安全卫生管理体系需要领导的决策，特别是最高管理者的决策。只有在最高管理者认识到建立职业安全卫生管理体系必要性的基础上，组织才能顺利开展工作。

2. 成立工作组

工作组的主要任务是负责建立职业安全卫生管理体系。

3. 人员培训

工作组在开展工作之前，小组成员应接受职业安全卫生管理体系标准及相关知识的培训。同时，组织体系运行需要的内审员，也要进行相应的培训。

4. 初始状态评审

初始状态评审是建立职业安全卫生管理体系的基础。组织应为此建立一个评审组，评审组可由组织的成员组成，也可外请咨询人员或者将两者结合。评审组应对组织过去和现在的职业安全卫生信息、状态进行收集、调查与分析，识别和获取现有的适用于组织的职业安全卫生法律、法规和其他要求，进行危险辨识和风险评价。

5. 体系策划与设计

体系策划阶段主要是依据初始状态评审的结论，制定职业安全卫生方针，制订组织的职业安全卫生目标、指标和相应的职业安全卫生管理方案，确定组织机构和职责，筹划各种运行程序等。

6. 职业安全卫生管理体系文件编制

职业安全卫生管理体系安全文件化管理需要编制体系文件。编制体系文件是组织实施职业安全卫生管理体系标准，建立与保持职业安全卫生管理体系并保证其有效运行的重要基础工作，也是组织达到预定的职业安全卫生目标、评价与改进体系，实现持续改进和风险控制必不可少的依据和见证。

7. 体系试运行

体系试运行与正式运行无本质区别，都是按所建立的职业安全卫生管理体系手册、程序文件及作业规程等文件的要求，整体协调地运行。

8. 内部审核

体系经过一段时间的试运行，组织应当具备了检验职业安全卫生管理体系是否符合职业安全卫生管理体系标准要求的条件，应开展内部审核。

9. 管理评审

管理评审是职业安全卫生管理体系整体运行的重要组成部分。管理者代表就收集各方面的信息供最高管理者评审。最高管理者对试运行阶段的体系整体状态做出全面的评判，对体系的适用性、充分性和有效性作出评价。依据管理评审的结论，可以对是否需要调整、修改体系作出决定，也可以作出是否实施第三方认证的决定。

三、职业健康安全管理体系文件化

GB/T 28001—2001《职业健康安全管理体系规范》共五大块 17 个要素。企业可依据职业安全健康管理体系规范要求，制定一套系统的安全管理标准（体系文件）。按照体系文件的层次分类，职业安全健康管理体系的文件可分为管理手册、程序文件、作业文件三个层次。小型企业可以简化体系文件的层次。

1. 管理手册

管理手册是组织根据职业安全健康管理体系标准及本组织职业安全健康方针、目标全面地描述本组织职业安全健康管理体系的文件，主要供组织内的中高层管理人员和提供给客户使用，集中表述本组织的职业安全健康保证能力。

2. 程序文件

程序文件是组织根据本组织职业健康管理手册的要求，为达到既定的职业安全健康方针、目标所需要的程序和对策，描述实施职业安全健康管理体系要素涉及的各个职能部门活动的文件，供各职能部门使用。程序文件处于职业安全健康管理体系文件结构的第二层，因此，职业安全健康程序文件起到了承上启下的作用，对上它是管理手册的展开和具体化，使得管理手册中原则性和纲领性的要求得到展开和落实，对下应引出相应的支持性文件，包括作业指导书和记录表格等。

3. 作业文件

作业文件是围绕管理手册和程序文件的要求，描述具体的工作岗位和工作现场如何完成某项工作任务的具体做法，是一个详细的操作性文件，主要供个人或小组使用。作业文件包括表格、报告、作业指导书（操作规程）、记录等。

四、职业健康安全体系的运行

建立了系统的安全管理文件之后，可按下面方式执行。

1. 制定目标，并将执行标准计划的任务层层分解。将年度计划落实到部门与具体的行动上。

2. 明确每个岗位的责、权、利（即建立安全生产责任制），识别关键绩效，并提出一整套绩效标准。

3. 通过制度化的质询会议或定期的内部审核方式，在事实和数据基础上将各个层次的行动过程纳入企业目标管理系统。

4. 通过业绩考核方案，将业绩与薪酬挂钩，并奖励业绩好的员工，惩处或淘汰未达目标的员工。

第八章　职业危害及其预防

学习目标：

1. 了解职业卫生基础知识；
2. 熟悉职业危害及预防常识；
3. 熟悉灼伤、工业粉尘、噪声和辐射防护知识；
4. 熟悉防暑降温知识。

从200年前的产业革命至今，无论是工业发达国家还是发展中国家，无一例外地发生过不同程度的工伤事故和职业病，近年来，ILO（国际劳工组织）统计数据表明全球发生各类事故125亿人次，死亡110万人，平均每秒有4人受到伤害，每100个死者中有7人死于职业事故，欧盟每年有8 000人死于事故和职业病，发展中国家每年有21万人死于职业事故，1.5亿工人遭受职业伤害，各种事故和职业病造成的经济损失，相当于世界各国国民生产总值的5%。我国职业危害状况十分令人担忧，改革开放30多年来，我国的国民经济发展速度举世瞩目，但与此同时由于经济发展的不平衡，高新技术和传统工业带来的职业危害及其后果也日益凸显，已经成为制约我国国民经济和社会文明进一步发展的因素之一。全国50多万个厂矿存在不同程度的职业危害，实际接触职业病危害的劳动者2 500万人以上，到1998年，全国累积尘肺患者542 041人，累积死亡127 147人。新中国成立以来，我国政府对职工的健康非常重视，先后在职业卫生和职业病防治方面颁布了一系列的法律法规文件。因此，了解和掌握危险化学品的各种危害及预防知识，对危险化学品从业人员来说，具有十分重要的意义。

第一节　职业卫生基础知识

要点掌握：

1. 什么叫做职业卫生？

2. 职业病有哪些特点？

一、职业卫生

1. 职业卫生

职业卫生又称劳动卫生，是劳动保护的重要组成部分，也是预防医学中的一个专门学科。它是研究劳动条件对劳动者（及环境居民）健康的影响以及对职业危害因素进行识别、评价、控制和消除，以保护劳动者的健康为目的的一门学科。

2. 职业卫生的研究对象

（1）研究和识别劳动生产过程中对劳动者及环境居民的健康产生不良影响的各种因素（职业危害因素），为改善劳动条件提出措施及卫生要求。

（2）研究和确定职业病及与职业有关疾病的病因，提出诊断标准和防治对策。

（3）研究和制定职业卫生法律、法规及标准，并付诸实施。

3. 职业卫生的基本任务

改善生产职业活动中的劳动环境，控制和消除有害因素对人体的危害，防止职业病的发生，以达到保护劳动者身体健康，提高劳动生产效率，促进生产发展的目的。

二、职业病范围

1. 概念

《中华人民共和国职业病防治法》中规定，职业病是指企业、事业单位和个体经济组织（统称用人单位）的劳动者在职业活动中，因接触粉尘、放射性物质和其他有毒、有害物质等因素而引起的疾病。

2. 职业病的分类

目前，我国法定的职业病是由国务院卫生行政部门会同国务院劳动保障行政部门规定、调整公布的，共十大类，115 种。

尘肺 13 种：如矽肺、煤工尘肺、石棉肺、水泥工尘肺、电焊工尘肺等；

职业性放射性疾病 11 种：如外照射急性、亚急性、慢性放射病，放射性皮肤病；

职业中毒 56 种：如铅、苯、汞、锰、有机磷农药中毒等；

物理因素所致职业病 5 种：如中暑、高原病等；

生物因素所致职业病 3 种：如布氏杆菌病、森林脑炎等；

职业性皮肤病 8 种：如接触性皮炎、光敏性皮炎、电光性皮炎等；

职业性眼病 3 种：如职业性白内障、电光性眼炎等；

职业性耳鼻喉口腔疾病 3 种：如噪声聋、铬鼻病等；

职业性肿瘤 8 种：如苯所致的白血病、石棉所致的肺癌、间皮瘤等；

其他职业病 5 种：如职业性哮喘、棉尘病、煤矿井下工人滑囊炎等。

3. 职业病的特点

职业病是由于职业有害因素作用于人体的强度和时间超过一定限度，人体不能代偿而造成的功能性或器质性病理改变，从而出现相应的临床征象，影响劳动力质量。职业病具有五个特点：

（1）病因明确。职业病都有明确的致病因素即职业有害因素，消除该有害因素后，便可以完全控制职业病的发生。

（2）发病具有接触反应关系，大多数病因是可以通过监测手段衡量的，接触和效应指标之间有明确的剂量—反应关系。

（3）发病具有聚集性。在不同的接触人群中，常有不同的发病群体。

（4）可以预防。如能早诊断，合理处理，预后较好。

（5）大多数职业病目前尚缺乏特效治疗手段，因此保护职业人群的预防措施显得格外重要。

三、职业病的预防

在新建、扩建、改建厂房，或采用新工艺、使用新原料前，应认真考虑预防职业病的问题，认真做好卫生设计工作，对已投产的厂房应从以下措施着手。

1. 生产技术

大搞技术革新、工艺改造。这是预防职业病的重要途径，从根本上改善劳动条件，控制和消除某些职业性毒害；开展废气、废水和废渣的综合利用，变“三废”为“三宝”，不仅可回收化工原料，而且还会大大减少毒物的危害。

2. 技术措施

增加通风排气设备，对少数高毒物质，必须采取严格密闭，隔离式操作，以避免或减少直接接触。

3. 预防措施

建立劳动卫生职业病防治网。由各级领导负责，有关方面大力协作，建立一个专业防治机构以及劳动保护专职人员组成的防护网，开展职业病的防治工作。建立空气中毒物浓度测定制度。定期测定，以提供改进预防措施的依据。建立工作前体检、定期体检制度。定期体检目的在于早期发现毒物对人体的影响，早期诊断，早期治疗。

4. 合理使用个人防护用品

使用个人防护用品是预防职业中毒的一种辅助措施，个人防护用品包括：防护服、口罩、面具、袖套、眼镜等。

四、职业卫生的三级预防原则

职业卫生属于预防医学的范畴，其工作应遵循预防医学的三级预防原则。

1. 一级预防

不接触职业危害因素的损害，采取措施改进生产工艺、生产过程及治理作业环境的职业危害因素，使劳动条件达到国家标准，创造对劳动者的健康没有危害的生产劳动环境。

2. 二级预防

在一级预防达不到要求，职业危害因素已经开始损及劳动者健康的情况下，应尽早地发现职业危害作业点及职业病病症，对接触职业危害因素的职工进行定期身体检查，以便及早发现问题和病情，迅速采取补救措施。

3. 三级预防

对已患职业病者，正确诊断，及时处理，及时调离有害作业岗位，积极给予综合治疗和康复治疗，防止恶化和并发症，以恢复健康。

五、职业病患者的确认和待遇

真实案例

某鞋厂于1989年投产，有职工132人。创办时未经职业病危害项目审查，即利用一间45 m^2 库房作为绷楦工段场地。房间无通风设备，工人无任何防护措施。30名工人在此场地每天工作12 h左右，使用纯苯溶剂的氯丁胶为黏合剂，工龄最长为14个月，至1991年3月鞋厂工人发生再生障碍性贫血12例，其中死亡1例。

事故原因系使用纯苯氯丁胶，无任何防毒设施和个人防护措施，造成苯中毒引起再生障碍性贫血。

职业病的诊断与职业病病人保障应按国家颁发的《职业病防

治法》（2002 年 5 月 1 日起施行）及其有关规定执行。凡被确诊患有职业病的职工，职业病诊断机构应发给《职业病诊断证明书》，享受国家规定的工伤保险待遇或职业病待遇。

职工被确诊患有职业病后其所在单位应根据职业病诊断机构的意见，安排其医治或疗养。在医治或疗养后被确认不宜继续从事原有害作业或工作的，应在确认之日起两个月内将其调离原工作岗位，另行安排工作。

从事有害作业的职工，其所在单位必须为其建立健康档案。变动工作单位时，事先须经当地职业病防治机构进行健康检查，检查材料装入其健康档案。

各级工会组织有权监督检查患职业病的职工有关待遇的处理情况，对于不按国家规定处理，损害职工合法权益的单位，应出面进行交涉，直至代表职工本人向法院起诉。

第二节 职业中毒及防护

要点掌握：

1. 毒物进入人体有哪些途径？
2. 职业中毒如何预防？

在生产劳动过程中，由于接触生产性毒物所引起的中毒称为职业中毒。

一、职业中毒与防毒

1. 职业中毒的类型

（1）急性中毒。急性中毒是由于在短时间内有大量毒物进入人体后突然发生的病变。具有发病急、快和病情重的特点。急性中毒可能在当班或下班几个小时内，最多 1～2 d 内发生，多数为生产事故或工人违反安全操作规程所引起的。如一氧化碳中毒。所具有的危害主要有：

1）对呼吸系统的危害。刺激性气体、有害蒸汽、烟雾和粉尘等毒物，吸入后会引起窒息、呼吸道炎症和肺水肿等病症。

2）对神经系统的危害。如四乙基铅、有机汞化合物、苯二硫化碳、环氧乙烷、甲醇及有机磷农药等，作用于人体会引起中毒性脑病、中毒性周围神经炎和神经衰弱症候。出现头晕、头痛；乏力、恶心、呕吐、嗜睡、视力模糊、幻视、视觉障碍、复视，出现植物神经失调以及不同程度的意识障碍、昏迷、抽搐等，甚至出现神经分裂、狂躁、忧郁等症。

真实案例

某化工厂氟利昂工段，在检查气柜进气管泄漏时，当班班长中毒窒息，倒在柜内。由于缺乏救护知识，进柜救护的10人相继中毒窒息，结果2人死亡，8人中毒。

3）对血液系统的危害。如苯、硝基苯、苯肼等，作用于人体可导致白细胞数量变化、高血红蛋白和溶血性贫血。

4）对泌尿系统的危害。如汞、四氯化碳等，作用于人体可引起急性肾小球坏死，造成肾损坏。

5）对循环系统的危害。如锑、砷、有机汞农药、汽油、苯等，均可引起心律失常等心脏病症。

6）对消化系统的危害。如经口的汞、砷、铅等中毒，均会引起严重恶心、呕吐、腹痛、腹泻等症；硝基苯、三硝基甲苯等会引起中毒性肝炎。

7）对皮肤的危害。如二硫化碳、苯、硝基苯、萘等，会刺激皮肤，造成皮炎、湿疹、痤疮、毛囊炎、溃疡、皮肤干裂、瘙痒等症。

8）对眼睛的危害。化学物质接触眼部或飞溅人眼部，可造成色素沉着、过敏反应、刺激炎症、腐蚀灼伤等。

（2）慢性中毒。慢性中毒是指长时间内有低浓度毒物不断进入人体，逐渐引起的病变。慢性中毒的毒物作用于人体的速度缓慢，要经过较长的时间才会发生病变或出现症状，或长期接触少量毒物，毒物在人体内积累到一定程度引起病变或出现症状，如慢性铅、汞、锰等中毒。慢性中毒一般潜伏期比较长，发病缓慢，因此容易被忽视。由于慢性中毒病理变化缓慢，往往在短期内很难治愈。因此防治慢性中毒和防止急性中毒一样，是化工生产劳动保护职业中毒管理十分重要的内容。

慢性中毒依不同的毒物，毒性不同，造成的危害也不同。常见的慢性中毒引起的病症有中毒性脑脊髓损坏、神经衰弱、精神障碍、贫血、中毒性肝炎、肾衰、支气管炎、心血管病变，癌症、畸形、基因突变等。

（3）亚急性中毒。亚急性中毒介于急性与慢性中毒之间，病变较急性的时间长，发病症状较急性缓和的中毒。如二硫化碳、汞中毒等。

（4）亚临床型职业中毒。是指工业毒物在人体内蓄积至一定量，对机体产生了一定损害，但在临床表现上尚无明显症状和阳性体征，则称为亚临床型职业中毒。它是职业中毒发病的前期，在此期间若能及时发现，与毒物脱离接触，并进行适当疗养和治疗，可以不发病而很快恢复正常。

2. 职业中毒特点

职业中毒有明确的工业毒物职业接触史，包括接触毒物的工种、工龄，以及接触毒物的种类和方式等，都是有案可及的。职业中毒具有群发性的特点，即同车间同工种的工人接触某种工业毒物，若有人发生中毒，则可能会有多人发生中毒。职业中毒症状有特异性，即毒物会有选择地作用于某系统或某器官，出现典型的系统症状。

慢性职业中毒发病慢，从开始接触毒物到发病要持续很长一段时间，而且症状是逐渐加重。急性职业中毒发病快，接触毒物后即有一定刺激症状，随即症状消失，经过并无明显症状的潜伏期，突然发生严重症状。多数职业中毒只要能早期诊断，及时恰当治疗，都可以做到预后良好。

3. 职业中毒诊断依据

职业中毒诊断主要有职业史、劳动卫生调查、体格检查三方面的详细资料作为依据。

（1）职业史。职业史是职业中毒诊断的主要依据。职业史包括现在工种和既往工种，各工种起止年、月和专业工龄，接触毒物的种类、方式和接触剂量等。

（2）劳动卫生调查。劳动卫生调查包括工艺过程、生产方式、劳动环境、防毒措施、劳动组织等多方面的内容。对于工艺过程，包括其中的原料、中间体、产品以及其他毒物。对于生产方式，是敞开式还是封闭式；是连续生产还是间歇生产；是直接操作还是间接操作；以及机械化自动化程度。对于劳动环境，包括空气中毒物的平均、最低和最高浓度；以及符合最高允许浓度标准的合格率。对于防毒措施，包括防毒、排风、净化等。对于劳动组织，包括作业时间、倒班制度、轮休制度等。同时还要调查同车间、同工种职业中毒的发病情况；个人防护用品的种类和使用情况；以及个人卫生习惯等。

（3）体格检查。包括症状、体征和实验室检查。症状是患者本人自我感觉到的不适感。体征是医生通过望、闻、触、叩等物理检查能看到或感觉到的异常变化。实验室检查也是职业中毒诊断中不可缺少的手段。如测定尿汞、尿铅含量对汞中毒、铅中毒的诊断；测定全血胆碱酯酶活性对有机磷中毒的诊断；测定变性血红蛋白和变性珠蛋白小体，对苯的氨基硝基化合物中毒的诊断；通过X光片检查骨骼变化，对氟、磷中毒的诊断等。

4. 职业中毒的预防

生产性毒物的种类繁多，影响面大；职业中毒数约占职业病总数的1/5，我国在职业中毒防治方面已取得巨大成就和宝贵的经验。

预防职业中毒必须采取综合措施，分清主次，着重从根本上解决，而又不放松辅助性措施。防毒措施的具体办法多种多样，总体可以归纳为六个方面：组织措施、技术措施、个体防护措施、提高机体抵抗力、安全卫生管理、环境监测与健康监护。预防为主、防治结合应是开展防毒工作的基本原则。

(1) 组织措施

1) 严格执行有关法规、标准和规定。这些法律制度，集中反映了对防治急性职业中毒的要求，各部门和企业应严格遵照执行。

2) 加强安全卫生管理，将预防急性职业中毒列入企业系统管理内容，各个环节都不应疏忽预防工作。其主要措施包括：建立安全操作规程并且加以严格实施，建立检修、清理安全作业程序，严格执行监控和监护制度，建立健全化学品安全管理制度。

3) 卫生宣教普及防毒知识，使人人懂得预防方法，自觉遵守防毒的规章制度和执行安全操作规程。在有关人员中开展防毒知识的宣传。同时，关心工人健康，培养其良好的卫生习惯，对预防中毒能起到较好效果。

4) 建立群众性组织，开展群众性的防治工作。车间内可建立安全员和班组卫生员，并经常培训，内容包括防毒常识，安全操作制度，保养和使用防护用品，以及急性中毒时的自救、互救知识。此外也应配置必需的急救设备，如冲洗皮肤和黏膜用的水龙头或用水、敷料器材、解毒药物、应急救援用的呼吸保护器等。

(2) 防毒技术措施。防毒技术措施包括预防措施和净化回收措施两部分。预防措施是指尽量减少与工业毒物直接接触的措施；净化回收措施是指由于受生产条件的限制，仍然存在有毒物质散逸的情况下，可采用通风排毒的方法将有毒物质收集起来，再用各种净化法消除其危害。

1）预防措施

①以无毒低毒的物料代替有毒高毒的物料。在化工生产中使用原料及各种辅助材料时，尽量以无毒低毒物料代替有毒高毒物料，尤其是以无毒物料代替有毒物料，是从根本上解决工业毒物对人体造成危害的最佳措施。例如采用无苯稀料（用抽余油代替苯及其同系物作为油漆的稀释剂）、无铅油漆（在防锈底漆中，用氧化铁红 Fe_3O_3 代替铅丹 Pb_3O_4）、无汞仪表（用热电偶温度计代替水银温度计）等措施。

②改革工艺。改革工艺即在选择新工艺或改造旧工艺时，应尽量选用生产过程中不产生（或少产生）有毒物质或将这些有毒物质消灭在生产过程中的工艺路线。在选择工艺路线时，应把有毒无毒作为权衡选择的主要条件，同时要把此工艺路线中所需的防毒费用纳入技术经济指标中去。改革工艺大多是通过改动设备，改变作业方法，或改变生产工序等，以达到不用（或少用）、不产生或（少产生）有毒物质的目的。

③生产过程的密闭。防止有毒物质从生产过程散发、外逸，关键在于生产过程的密闭程度。生产过程的密闭包括设备本身的密闭及投料、出料，物料的输送、粉碎、包装等过程的密闭。如生产条件允许，应尽可能地使密闭的设备内保持负压，以提高设备的密闭效果。

④隔离操作。隔离操作就是把工人操作的地点与生产设备隔离。可以把生产设备放在隔离室内，采用排风装置使隔离室内保持负压状态；也可以把工人的操作地点放在隔离室内，采用向隔离室内输送新鲜空气的方法使隔离室内处于正压状态。前者多用于防毒，后者多用于防暑降温。当工人远离生产设备时，就要使用仪表控制生产或采用自行调节，以达到隔离的目的。如生产过程是间歇的，也可以将产生有毒物质的操作时间安排在工人人数最少时进行，即所谓的“时间隔离”。

2）净化回收措施。生产中采用一系列防毒技术预防措施后，仍然会有有毒物质散逸，如受生产条件限制使得设备无法完全密闭，或采用低毒代替高毒而并不是无毒等，此时必须对作业环境进行治理，以达到国家卫生标准。治理措施就是将作业环境中的有毒物质收集起来，然后采取净化回收的措施。

①通风排毒。对于逸出的有毒气体、蒸汽或气溶胶，要采用通风排毒的方法收集或稀释。将通风技术应用于防毒，以排风为主。在排风量不大时可以依靠门窗渗透来补偿，排风量较大时则需考虑车间进风的条件。

通风排毒可分为局部排风和全面通风换气两种。局部排风是把有毒物质从发生源直接抽出去，然后净化回收；全面通风换气则是用新鲜空气将作业场所中的有毒气体稀释到符合国家卫生标准。前者处理风量小，处理气体中有毒物质浓度高，较为经济有效，也便于净化回收；后者所需风量大，无法集中，故不能净化回收。因此，采用通风排毒措施时应尽可能地采用局部排风的方法。

局部排风系统由排风罩、风道、风机、净化装置等组成。涉及局部排风系统时，首要的问题是选择排风罩的形式、尺寸以及所需控制的风速，从而确定排风量。

全面通风换气适用于低毒物质、有毒气体散发源过于分散且散发量不大的情况，或虽有局部排风装置但仍有散逸的情况。全面通风换气可作为局部排风的辅助措施。采用全面通风换气措施时，应根据车间的气流条件，使新鲜气流先经过工作地点，再经过污染地点。数种溶剂蒸汽或刺激性气体同时散发于空气中时，全面通风换气量应按各种物质分别稀释至最高容许浓度所需的空气量的总和计算；其他有害物质同时散发于空气中时，所需风量按需用风量最大的有害物质计算。

全面通风量可按换气次数进行估算，换气次数即每小时的通风量与通风房间的容积之比。不同生产过程的换气次数可通过相关的设计手册确定。

对于可能突然释放高浓度有毒物质或燃烧爆炸物质的场所，应设置事故通风装置，以满足临时性大风量送风的要求。考虑事故排风系统的排风口的位置时，要把安全作为重要因素。事故通风量同样可以通过相应的事故通风的换气次数来确定。

②净化回收。局部排风系统中的有害物质浓度较高，往往高出容许排放浓度的几倍甚至更多，必须对其进行净化处理，净化后的气体才能排入大气中。对于浓度较高具有回收价值的有害物质进行回收并综合利用、化害为利。具体的净化方法在此不再赘述。

3）建筑布局卫生。不同生产工序的布局，不仅要满足生产的需要，而且要考虑卫生上的要求。有毒物逸散的作业，应设在单独的房间内；可能发生剧毒物质泄漏的生产设备应隔离。使用容易积存或被吸附的毒物（如汞）或能发生有毒粉尘飞扬的工房，其内部装饰应符合卫生要求，例如地面、墙壁要光滑、无缝隙。

（3）个体防护措施。搞好个体防护与个人卫生，对于预防职业中毒虽不是根本性措施，但在许多情况下也起着重要的作用。

1）防护服装。除普通工作服外，对某些作业工人尚需供应特殊质地或样式的防护服。接触剧毒或经皮进入能力强的化学物质人员，应发放劳动保护内衣；接触局部作用强或经皮中毒危险性大的物质人员，要供给相应质地的防护手套：对毒物溅入眼内有灼伤危险的作业，应给予防护眼镜。

2）防护面具。包括防毒口罩与防毒面具。有毒物质呈粉尘、烟、雾形态时，可使用机械过滤式防毒口罩；如呈气体、蒸汽形态，则必须使用化学过滤式防毒口罩或防毒面具，而且不同型号防毒面具装填的滤料不同，一定的滤料只对一定类别的毒物有效，必须合理选用。在毒物浓度过高或氧气含量过低的特殊情况下，则要采用隔离式防护面具。

3）个人卫生设施。应设置盥洗设备、淋浴室及存衣室、配备个人专用更衣箱。接触经皮吸收及局部作用危险性大的毒物工作场所，要有皮肤洗消和冲洗眼的设施。

（4）提高机体抵抗力。合理实施有毒作业保健待遇制度，因地制宜地开展体育活动，注意安排夜班工人的休息睡眠，组织青年进行有益身心的活动，以及做好季节性多发病的预防等，对提高机体抵抗力都有重要意义。

（5）安全卫生管理。生产设备的维修和管理，特别是化工生产中防止跑、冒、滴、漏，对于预防职业中毒具有重要意义。各种防毒措施必须辅以必要的规章制度才能取得应有效果。特殊有毒作业应考虑调整劳动制度与劳动组织。此外，尚需做好劳动卫生知识的宣传教育，提高作业人员对防毒工作的认识和自觉性。

（6）环境监测与健康监护。要定期监测作业场所空气中毒物浓度。特别要经常性监测可以掌握毒物的发生源及其分布、危害水平等。必要时，可以在危险岗位放置监测警报装置。

实施就业前健康检查，排除有职业禁忌证者参加接触毒物的作业，尤其是接触有害物质的作业工人在就业前应做一次全面体检。检查的目的一是掌握工人接触毒物前的健康状态，为以后动态观察进行比较，二是发现不适于接触有关毒物的工人。同时坚持定期健康检查，早期发现工人健康受损情况并及时处理。

二、防毒教育

1. 有毒作业环境管理

有毒作业环境管理的目的是为了控制甚至消除作业环境中的有毒物质，使作业环境中有毒物质的浓度符合国家卫生标准，从而减少甚至消除对劳动者的危害。有毒作业环境的管理主要包括以下几个方面内容：

（1）组织管理措施

1）健全组织机构。企业应有分管安全的领导，并设有专职或兼职人员当好领导的助手，一个企业应该有健全的经营理念。要发展生产，必须排除妨碍生产的各种有害因素。这样不但保证了劳动者及周围居民的健康，也可提高劳动生产率。

2）调查了解企业当前的职业毒害的现状，制订不断改善劳动条件的不同时期的规划，并予实施。调查了解企业的职业毒害现状是开展防毒工作的基础，只有在对现状正确认识的基础上，才能制定正确的规划，并予正确实施。

3）建立健全有关防毒的规章制度，如有关防毒的操作规程、宣传教育制度、设备定期检查保养制度、作业环境定期监测制度、毒物的储运与废弃制度等。企业的规章制度是企业生产中统一意志的集中体现，是进行科学管理必不可少的手段，做好防毒工作更是如此。防毒操作规程是指操作规程中的一些特殊规定，对防毒工作有直接意义。如工人进入容器或低坑等的监护制度，是防止急性中毒事故发生的重要措施；下班前清扫岗位制度，则是消除“二次尘毒源”危害的重要环节。“二次尘毒源”是指有毒物质以粉尘、蒸汽等形式从生产或储运过程中逸出，散落在车间、厂区后，再次成为有毒物质的来源。易挥发物料和粉料物料，“二次尘毒源”的危害就更为突出。

真实案例

某化肥厂2名检修工在中温变换炉内焊接管子，空分车间开机送氮，由于进入变换炉的氮气总阀未关严，氮气漏入炉内，造成2名检修工窒息死亡。

4）对职工进行防毒的宣传教育，使职工清楚有毒物质对人体的危害，更要了解预防预施，从而使职工主动地遵守安全操作规程，加强个人防护。必须指出，建立健全有关防毒的规章制度及对职工进行防毒的宣传教育是《中华人民共和国劳动法》对企业提出的基本要求。

（2）定期进行作业环境监测。车间空气中有毒物质的监测工作是搞好防毒工作的重要环节。通过测定可以了解生产现场受污染的程度，污染的范围及动态变化情况，是评价劳动条件、采取防毒措施的依据；通过测定有毒物质浓度的变化，可以判明防毒措施实施的效果；通过对作业环境的测定，可以为职业病的诊断提供依据，为制定和修改有关法规积累资料。

(3) 严格执行“三同时”方针。《中华人民共和国劳动法》第六章第五十三条明确规定了“劳动安全卫生设施必须符合国家规定的标准。新建、改建、扩建工程的劳动安全卫生必须与主体工程同时设计、同时施工、同时投入生产和使用”。将“三同时”写进《劳动法》充分说明其重要性。个别新、老企业正是因为没有认真执行“三同时”方针，才导致新污染源不断产生，形成职业中毒得不到有效控制的局面。

(4) 及时识别作业场所出现的新有毒物质。随着生产的不断发展，新技术、新工艺、新材料、新设备、新产品等的不断出现和使用，明确其毒害机理、毒害作用，以及寻找有效的防毒措施具有非常重要的意义。对于一些新的工艺和新的化学物质，应请有关部门协助进行卫生学的调查，以搞清是否存在致毒物质。

2. 有毒作业管理

有毒作业管理是针对劳动者个人进行的管理，使之免受或少受有毒物质的危害。在化工生产中，劳动者个人的操作方法不当，技术不熟练，身体过负荷，或作业性质等，都是构成毒物散逸甚至造成急性中毒的原因。

对有毒作业进行管理的方法是对劳动者进行个别的指导，使之学会正确的作业方法。在操作中必须按生产要求严格控制工艺参数的数值，改变不适当的操作姿势和动作，以消除操作过程中可能出现的差错。

通过改进作业方法、作业用具及工作状态等防止劳动者在生产中身体过负荷而损害健康。有毒作业管理还应教会和训练劳动者正确使用个人防护用品。

3. 健康管理

健康管理是针对劳动者本身的差异进行的管理，主要包括以下内容。

（1）对劳动者进行个人卫生指导。如指导劳动者不在作业场所吃饭、饮水、吸烟等，坚持饭前漱口，班后淋浴，工作服清洗制度等。这对于防止有毒物质侵染人体，特别是防止有毒物质从口腔、消化道进入人体，有重要的意义。

（2）由卫生部门定期对从事有毒作业的劳动者做健康检查。特别要针对有毒物质的种类及可能受损的器官、系统进行健康检查，以便能对职业中毒患者早期发现、早期治疗。

（3）对新员工入厂进行体格检查。由于人体对有毒物质的适应性和耐受性不同，因此就业健康检查时，发现有禁忌证的，不要分配到相应的有毒作业岗位。

（4）对于有可能发生急性中毒的企业，其企业医务人员应掌握中毒急救的知识，并准备好相应的医药器材。

（5）对从事有毒作业的人员，应按国家有关规定，按期发放保健费及保健食品。

三、个体防护措施

根据有毒物质进入人体的三条途径：呼吸道、皮肤、消化道，相应的采取各种有效措施保护劳动者个人。

1. 呼吸防护

正确使用呼吸防护器是防止有毒物质从呼吸道进入人体引起职业中毒的重要措施之一。需要指出的是，这种防护只是一种辅助性的保护措施，而根本的解决办法在于改善劳动条件，降低作业场所有毒物质的浓度。

用于防毒的呼吸器材，大致可分为过滤式防毒呼吸器和隔离式防毒呼吸器两类。

（1）过滤式防毒呼吸器。过滤式防毒呼吸器主要有过滤式防毒面具和过滤式防毒口罩，其主要部件是一个面具或口罩，一个滤毒罐。它们的净化过程是先将吸入空气中的有害粉尘等物阻止在滤网外，过滤后的有毒气体在经滤毒罐时进行化学或物理吸附（吸收）。滤毒罐中的吸附（收）剂可分为以下几类：活性炭、化学吸收剂、催化剂等。由于罐内装填的活性吸附（收）剂是使用不同方法处理的，所以不同滤毒罐的防护范围是不同的，因此，防毒面具和防毒口罩均应选择使用。

过滤式防毒面具是由面罩、吸气软管和滤毒罐组成的。使用时要注意以下几点：

1）面罩按头形大小可分为五个型号，佩戴时要选择合适的型号，并检查面具及塑胶软管是否老化，气密性是否良好。

2）使用前要检查滤毒罐的型号是否适用，滤毒罐的有效期一般为两年，所以使用前要检查是否已失效。滤毒罐的进、出气口平时应盖严，以免受潮或与岗位低浓度有毒气体作用而失效。

3）有毒气体含量超过1%或者空气中含氧量低于18%时，不能使用。

目前过滤式防毒面具以其滤毒罐内装填的吸附（收）剂类型、作用、预防对象进行系列性的生产，并统一编成8个型号，只要罐号相同，其作用与预防对象亦相同。不同型号的罐制成不同颜色，以便区别使用。

过滤式防毒口罩的工作原理与防毒面具相似，采用的吸附（收）剂也基本相同，只是结构形式与大小等方面有些差异，使用范围有所不同。由于滤毒盒容量小，一般用于防御低浓度的有害物质。使用防毒口罩时需要注意以下几点：

①注意防毒口罩的型号应与预防的毒物相一致。

②注意有毒物质的浓度与氧的浓度。

③注意使用时间。

（2）隔离式呼吸器。所谓隔离式是指供气系统和现场空气相隔绝，因此可以在有毒物质浓度较高的环境中使用。隔离式呼吸器主要有各种氧气呼吸器和各种蛇管式防毒面具。

氧气呼吸器因供氧方式不同，可分为AHG型氧气呼吸器和隔绝式生氧器。前者由氧气瓶中的氧气供人呼吸（气瓶容量有 2 h、3 h、4 h 之分，相应的型号为 AHG—2、AHG—3、AHG—4）；而后者是依靠人呼出的 CO_2 和 H_2O 与面具中的生氧剂发生化学反应，产生的氧气供人呼吸。前者安全，可用于检修设备或处理事故，但较为笨重；后者由于不携带高压气瓶，因而可以在高温场所或火灾现场使用。

1）AHG—2 型氧气呼吸器。AHG—2 型氧气呼吸器的工作原理是：人体从肺部呼出的气体经面罩、呼吸软管、呼气阀进入清净罐，呼出气体中的 CO_2 被吸收剂吸收，然后进入气囊。另外由氧气瓶储存的高压氧气经高压导管、减压器也进入气囊，互相混合，重新组成适合于呼吸的含氧气体。当吸气时，适当量的含氧气体由气囊经吸气阀、吸气软管、面罩而被吸入人体肺部完成了呼吸循环。由于呼气阀和吸气阀都是单向阀，因此整个气囊的方向是一致的。

AHG—2 型氧气呼吸器使用及保管时的注意事项如下：

①使用氧气呼吸器的人员必须事先经过训练，能正确使用。

②使用前氧气压力必须在 7.85 MPa 以上。戴面罩前要先打开氧气瓶，使用中要注意检查氧气压力，当氧气压力降到 2.9 MPa时，应离开禁区，停止使用。

③使用时避免与油类、火源接触，防止撞击，以免引起呼吸器燃烧、爆炸。如闻到有酸味，说明清净罐吸收剂已经失效，应立即退出毒区，予以更换。

④在危险区作业时，必须有两人以上进行配合监护，以免发生危险。有情况应以信号或手势进行联系，严禁在毒区内摘下面罩讲话。

⑤使用后的呼吸器，必须尽快恢复到备用状态。若压力不足，应补充氧气。若吸收剂失效应及时更换。对其他异常情况，应仔细检查消除缺陷。

⑥必须保持呼吸器的清洁，放置在不受灰尘污染的地方，严

禁油污污染，防止和避免日光直接照射。

2）HSG—79 型生氧器。HSG—79 型生氧器生氧罐内装有特制的生氧药剂超氧化物（Na_2O_2 或 K_2O_2），快速供氧盒内装有快速启动药，以确保防护性能。

生氧器工作原理：生氧器是在与大气隔离的情况下进行工作的，人体呼出的二氧化碳和水分经导管进入生氧罐，与化学生氧剂发生化学反应产生氧气，储存于气囊中，使人呼出的气体达到净化再生。当人吸气时，气体由气囊经散热器、导气管、面罩进入人体肺部，完成整个呼吸循环。

HSG—79 型生氧器使用时的注意事项：

①使用前将面罩、导气管、生氧罐等部件连接起来，并装入启动药盒和玻璃瓶，然后检查气密性，确认良好时，存放在清洁、干燥、没有阳光直接照射的地方备用。

②备用期间应定期检查气密性、启动药盒和生氧罐内药物的情况，如表面有泡沫时就不能使用。但平时不得任意打开生氧罐，以免药物受潮变质。

③使用时，打开面罩堵气塞，戴好面罩，面罩上部要紧贴鼻梁，下部应在下颚。如镜片上有雾水出现，说明面罩与面部贴合不够紧密，需调整重戴。

④戴好面罩后，立即用手按快速供氧盒供氧，即可进行工作。

⑤使用完毕，生氧罐因反应聚热而烫手，换取要小心。使用后的生氧罐、快速供氧盒以及玻璃瓶，需重新装新药或更换后才能第二次使用。

蛇管式防毒面具是利用长管将较远地点的新鲜空气导入以供人呼吸，这种面具又分为卧吸式和送风式两种。前者是依靠使用人员自己吸入清洁空气，因此要求保证面具的气密性好，软管不能过长，不能发生吸气受阻现象，实际中使用很少。后者是将过滤后的压缩空气经减压再送入工作面盔，使面盔内气体保持正压状态，以供人呼吸。送风面盔常用于目前无法采取其他防毒措施的地方，如工人到油罐或反应釜中工作而又无法通风时。

选择一种合适的呼吸防护器材将取决于下面所述的因素：

①由污染物浓度所提供的足够的警告（通常是靠闻其味或视觉觉察）；

②有害物质的特性，即是否为颗粒物、有害气体、蒸汽或缺氧，以及这些因素的综合；

③污染物的浓度；

④危害的剧烈程度，例如，万一呼吸器失效，是否会造成严重伤害；

⑤在有害的大气中，穿戴者大概停留的时间；

⑥已经受到污染的空气和可供呼吸的洁净空气源的相对位置；

⑦接近工作场所的途径和工作环境的性质；

⑧对穿戴者活动能力和机动能力的要求；

⑨呼吸（滤毒器）是作为正常性使用，还是作为紧急状况下或救援目的使用。

2. 皮肤防护

皮肤防护主要依靠个人防护用品，如工作服、工作帽、工作鞋、手套、口罩、眼镜等，这些防护用品可以避免有毒物质与人体皮肤的接触。对于外露的皮肤，则需涂上皮肤防护剂。

由于工种不同，所以个人防护用品的性能也因工种的不同而有所区别。操作者应按工种要求穿用工作服等防护用品，对于裸露的皮肤，也应视其所接触的不同物质，采用相应的皮肤防护剂。

皮肤被有毒物质污染后，应立即清洗。许多污染物是不易被普通肥皂洗掉的，而应按不同的污染物分别采用不同的清洗剂。但最好不用汽油、煤油作清洗剂。处理和处置腐蚀性化学品、致敏性化学品和当全身性有毒物质有可能渗透皮肤时，需要对皮肤进行适当防护。当选择化学防护服和其他防护用品时，应注意下面几点：

（1）化学品或迟或早会渗透过防护层，它的发生可能在防护服表面不会留下任何看得见的痕迹。

（2）一种防护材料可能对一种化学品起到很好的防护作用，但对其他化学品的防护较差。没有哪一种防护材料对化学品能够起到绝对的防护作用。

（3）在较高温度下化学品穿透防护层的时间会缩短。而且某些材料比其他材料对温度的变化更加敏感。

（4）总的说来，厚的防护衣物对防止化学品渗透的效果比较好。

皮肤防护剂主要有以下几种：

（1）防护药膏。在穿戴防护衣物可能不合适或不舒服的地方，例如靠近旋转的机械设备的地方可使用防护药膏，防护药膏只应该用于相对不活泼或低毒性化学品的防护。在工作时间内，应经常性地在清洁干燥的手上使用这些防护药膏。

使用前，对防护药膏的有效性应进行评估；使用后，亦要作定期性的评价。

当接触有毒或有害物质时，不应该用防护药膏代替手套。

（2）润湿膏。润湿膏应该提供给接触能对皮肤产生温和刺激的化学品的工人使用。软膏应在每个工作日开始和结束时使用。当工作中存在有毒或有害物质时，不应该用软膏去代替手套。

其他防护用品还有手套、防护靴和防护衣物。

使用有危害性的化学品，像酸、碱和全身性毒物可能使皮肤受伤害时，应该使用手套。应该选择和测试适用于特定种类化学品的手套。选择和测试的依据是防护手套的抗渗透性和长期接触化学品之后是否还能保持相应的强度。对于处理和搬运腐蚀性化学品，过敏性和全身性毒物来说，使用橡胶或聚氯乙烯（PVC）制作的手套是良好的。对处理烃类化学品来说，使用腈类物制作的手套是良好的。它们同样耐酸、耐切割和耐磨损。对接触油类化学品来说，使用氯丁橡胶制作的手套是良好的。

防护靴是防护酸、碱、热和熔融的金属。

对于有机溶剂、油类物和润滑脂的防护来说，使用氯丁橡胶或者涂有尼龙或涤纶的聚氨基甲酸乙酯制作的大衣、罩衫和围裙是良好的。

对抗大多数油类物和酸的防护来说，使用涂有尼龙或涤纶的聚氯乙烯（PVC）制作的夹克衫、裤子和围裙是良好的，它们同样耐磨和耐撕。

3. 消化道防护

防止有毒物质从消化道进入人体，最主要的是搞好个人卫生，其主要内容前面已涉及，此处不再赘述。

第三节　灼伤及防护

要点掌握：

化学灼伤有哪些预防措施？

一、灼伤及其分类

灼伤是工业生产、战争和日常生活常见的损伤，一般是指高温（火焰、沸水、蒸汽、热油、灼热金属）、化学物质（强酸、强碱）、电流（高压电）及放射线（X射线、γ射线）等引起的局部组织损伤，并进一步导致病理和生理改变的过程。按发生原因的不同分为化学灼伤、热力灼伤、复合性灼伤、辐射灼伤和电灼伤。

1. 化学灼伤

凡由于化学物质直接接触皮肤所造成的损伤，均属于化学灼伤。导致化学灼伤的物质形态有固体（如氢氧化钠、氢氧化钾、硫酸酐等)、液体（如硫酸、硝酸、高氯酸、过氧化氢等）和气体（如氟化氢、氮氧化合物等)。化学物质与皮肤或黏膜接触后产生化学反应并具有渗透性，对细胞组织产生吸水、溶解组织蛋白质和皂化脂肪组织的作用，从而破坏细胞组织的生理机能而使皮肤组织致伤。

2. 热力灼伤

由于接触炙热物体、火焰、高温表面、过热蒸汽等所造成的损伤称为热力灼伤。此外，在化工生产中还会发生由于液化气体、干冰等接触皮肤后迅速蒸发或升华，同时吸收大量热量，以致引起皮肤表面冻伤。冻伤为冷冻灼伤，也归属于热力灼伤。

3. 复合性灼伤

由化学灼伤和热力灼伤同时造成的伤害，或化学灼伤兼有中毒反应等都属于复合性灼伤。比如固体磷落在皮肤上引起的灼伤，由于磷的燃烧造成热力灼伤，而磷燃烧后生成磷酸会造成化学灼伤，同时当磷通过灼伤部位侵入血液和肝脏时，会引起全身磷中毒，该灼伤即为复合灼伤。其他如硫化氢、苯及其化合物等都有接触后造成灼伤并同时发生中毒的情况。

4. 辐射灼伤

通常是由于皮肤过度暴露于太阳的紫外线照射所致（晒伤)，但也可因长期或强烈暴露于其他紫外辐射源（如晒黑床）或X射线源及其他辐射源所致的灼伤称为辐射灼伤。

5. 电灼伤

电灼伤，又称电弧烧伤，是电流通过人体对人体造成的伤害。多由电流的热效应引起，但与一般的水、火烫伤性质不同。主要是局部的热、光效应，轻者只见皮肤灼伤，重者面积大并可深达肌肉、骨骼。电流入口处较出口处严重，组织出现黑色碳化。

二、化学灼伤的现场急救

化学灼伤的症状与病情和热力灼伤大致相同。但对化学灼伤的中毒反应特性应给予特别的重视。在化工生产中，经常发生由于化学物料的泄漏、外喷、溅落引起接触性外伤，主要原因有：由于管道、设备及容器的腐蚀、开裂和泄漏引起化学物质外喷或流泻；由火灾爆炸事故而形成的次生伤害；没有安全操作规程或操作规程不完善；违章操作；没有穿戴必需的个人防护用具或穿戴不完全；操作人员误操作或疏忽大意，如在未解除压力之前开启设备。

由于化学物质的腐蚀作用，发生化学灼伤后，如不及时将其除掉，就会继续腐蚀下去，从而加剧灼伤的严重程度。某些化学物质，如氢氟酸的灼伤初期无明显的疼痛，往往不受重视而贻误处理时机，加剧了灼伤程度。及时进行现场急救和处理，是减少伤害、避免严重后果的重要环节。

1. 化学灼伤现场急救的基本方法

化学灼伤程度同化学物质的物理、化学性质有关。酸性物质引起的灼伤，其腐蚀作用只在当时发生，经急救处理，伤势往往不再加重。碱性物质引起的灼伤会逐渐向周围和深部组织蔓延。因此现场急救应首先判明化学致伤物质的种类、侵害途径、致伤面积及深度，然后采取有效的急救措施。某些化学致伤，可以从被致伤皮肤的颜色加以判断，如苛性钠和石炭酸的致伤表现为白色，硝酸致伤表现为黄色，氯磺酸致伤表现为灰白色，硫酸致伤表现为黑色，磷致伤局部皮肤呈现特殊气味，有时在暗处可看到磷光。

化学致伤的程度也同化学物质与人体组织接触时间的长短有密切关系，接触时间越长所造成的致伤就会越严重。因此，当化学物质接触人体组织时，应迅速脱去衣服，立即用大量清水冲洗创面，不应延误，冲洗时间不得小于 15 min，以利于将渗入毛孔或黏膜内的物质清洗出去。清洗时要遍及各受害部位，尤其要注意眼、耳、鼻、口腔等处。对眼睛的冲洗一般用生理盐水或用清洁的自来水，冲洗时水流不宜正对角膜方向，不要揉搓眼睛，也可将面部浸入在清洁的水盆里，用手把上下眼皮撑开，用力睁大两眼，头部在水中左右摆动。其他部位的灼伤，先用大量水冲洗，然后用中和剂洗涤或湿敷，用中和剂时间不宜过长，并且必须再用清水冲洗掉，然后视病情予以适当处理。完成冲洗后，应根据受伤情况及时就医，由医生进行适当处理。小面积化学灼伤创面经冲洗后，如确实致伤物已消除，可根据灼伤部位及灼伤深度采取包扎疗法或暴露疗法。中、大面积化学灼伤，经现场抢救处理后应送往医院处理。

2. 常见化学灼伤的急救处理方法

在发生化学灼伤事故时，需要及时迅速地移离现场，脱去被化学物污染的衣服、手套、鞋袜等，并立即用大量流动清水彻底冲洗。冲洗时间一般要求 20～30 min。碱性物质灼伤后冲洗时间应延长。应特别注意眼及其他特殊部位如头面、手等的冲洗。灼伤创面经水冲洗处理后，必要时可进行合理中和治疗。下面将常见化学灼伤的急救处理方法列出，供大家参考。常见的化学灼伤急救处理方法见表 8—1。

表 8—1　　常见化学灼伤的紧急处理方法

灼伤物质名称	急救处理方法
碱类：氢氧化钠、氢氧化钾、氨、碳酸钠、碳酸钾、氧化钙等	立即用大量水冲洗，然后用 2%乙酸溶液洗涤中和，也可用 2%以上的硼酸水湿敷。氧化钙灼伤时，可用植物油洗涤
酸类：硫酸、盐酸、硝酸、乙酸、高氯酸、磷酸、甲酸、草酸、苦味酸等	立即用大量水冲洗，再用 5%碳酸氢钠水溶液洗涤中和，然后用净水冲洗

续表

灼伤物质名称	急救处理方法
碱金属、氰化物、氢氰酸	用大量的水冲洗后，0.1%高锰酸钾溶液冲洗后，再用5%硫化铵溶液冲洗
溴	用水冲洗后，再用10%硫化硫酸钠溶液洗涤，然后涂碳酸氢钠糊剂或用1体积（25%）＋1体积松节油＋10体积乙醇（95%）的混合液处理
铬酸	先用大量的水冲洗，然后用5%硫化硫酸钠溶液或1%硫酸钠溶液洗涤
氢氟酸	立即用大量水冲洗，直至伤口表面发红，再用5%碳酸氢钠溶液洗涤，再涂以甘油与氧化镁(2∶1)悬浮剂，或调上如意金黄散，然后用消毒纱布包扎
磷	如有磷颗粒附着在皮肤上，应将局部浸入水中，用刷子清除，不可将创面暴露在空气中或用油脂涂抹，再用1%～2%硫酸铜溶液冲洗数分钟，然后以5%碳酸氢钠溶液洗去残留的硫酸铜，最后用生理盐水湿敷，用绷带扎好
苯	用大量清水冲洗，再用肥皂水彻底清洗
苯酚	用大量水冲洗，或用4体积乙醇（7%）与1体积氯化铁［1/3（mol/L）］混合液洗涤，再用5%碳酸氢钠溶液湿敷
氯化锌	用大量清水冲洗，再用2%～5%碳酸氢钠（小苏打）溶液洗涤，然后涂上油膏及磺胺粉
硝酸银	用大量清水冲洗，再用肥皂水彻底清洗
氨水	溅入眼睛，立即用大量清水冲洗，再用肥皂水彻底清洗
三氯化砷	用大量水冲洗，再用2.5%氯化铵溶液湿敷，然后涂上2%二巯基丙醇软膏
焦油、沥青（热灼伤）	以棉花蘸乙醚或二甲苯，消除粘在皮肤上的焦油或沥青，然后涂上羊毛脂

三、化学灼伤的预防措施

化学灼伤常常是伴随生产中的事故或由于设备发生腐蚀、开裂、泄漏等造成的，与安全管理、操作、工艺和设备等因素有密切关系。因此，为避免发生化学灼伤，必须采取综合性管理和技术措施，防患于未然。

制定完善的安全操作规程。对生产中所使用的原料、中间体和成品的物理化学性质，它们与人体接触时可造成的伤害作用及处理方法都应明确说明并作出规定，使所有作业人员都了解和掌握并严格执行。

设置可靠的预防设施。在使用危险物品的作用场所，必须采取有效的技术措施和设施，这些措施和设施主要包括以下几个方面：

1. 采取有效的防腐措施

为防止设备管道由于受到介质腐蚀而发生泄漏，加强对设备管道的防腐处理，是预防灼伤的重要措施之一。在化工生产中，由于强腐蚀介质的作用及生产过程中高温、高压、高流速等条件对机器设备会造成腐蚀，加强防腐，杜绝“跑、冒、滴、漏”也是预防灼伤的重要措施。

2. 改革工艺和设备结构

在使用具有化学灼伤危险物质的生产场所，在设计时就应预先考虑防止物料外喷或飞溅的合理工艺流程、设备布局、材质选择及必要的控制、输导和防护装置。

（1）物料输送实现机械化、管道化；

（2）储槽、储罐等容器采用安全溢流装置；

（3）改革危险物质的使用和处理方法，如用蒸汽溶解氢氧化钠代替机械粉碎，用片状物代替块状物；

（4）保持工作场所与通道有足够的活动余量；

（5）使用液面控制装置或仪表，实行自动控制；

（6）装设各种形式的安全联锁装置，如保证未卸压前不能打开设备的联锁装置等。

3. 加强安全性预测检查

如使用超声波测厚仪、磁粉与超声探伤仪、X射线仪等定期对设备进行检查，或采用将设备开启进行检查的方法，以便及时发现并正确判断设备的损伤部位与损坏程度，及时消除隐患。

4. 加强设备管道日常检查和管理

加强对设备管道的检查管理，尤其是设备管道接口处的检查和管理。

5. 加强安全防护措施

储槽敞开部分应高于地面1 m以上，若低于1 m时，应在其周围设置护栏并加盖，防止操作人员不小心跌入；禁止将危险液体盛入非专用和没有标志的容器内；搬运酸、碱槽时，要两人抬，不得单人背运等。

6. 加强个人防护

在处理有灼伤危险的物质时，必须穿戴工作服和防护用具，如护目镜、面罩或面具、手套、毛巾、工作帽等。

从事故的发生原因分析，80%～90%是由于操作人员违章和误操作引起的，通过对违章人员调查和事故案例的分析表明，违章时的心理状态更是罪魁祸首。一般违章者的心态主要有以下6种：

（1）习以为常，麻痹侥幸心理。由于把自己的工作习惯当作经验，并不感到会有危险，不重视规章制度和规范。有这种心理活动时，违章人的头脑是清醒的，但是他们没有注意到客观条件的复杂性，结果发生事故。

（2）情绪干扰心理。如人逢喜事精神爽，高兴、满意、愉快，使人观察敏锐，反应迅速，动作灵活，操作准确（但也不排除乐极生悲）。相反，在操作人员心情不舒畅进行工作时，由于精神不集中或忘了按照程序进行作业，常会导致事故发生。

(3) 好胜逞强、冒险蛮干心理。这种人经验不足，能力不大却过于自信，喜欢逞强，冒险蛮干。例如，为了抢时间、保工期，或遇到影响生产的关键问题又亟待解决时，容易冒险蛮干不计后果。

(4) 心情紧张、判断失误心理。操作人员由于某些原因心理紧张，对外界情况尚未正确反应，就急急忙忙地操作而发生事故。

(5) 逆反、对抗心理。对领导和同事的教育和提醒感到厌烦，无视规章制度，把情绪带到工作中。

(6) 技术不熟、盲目乐观心理。由于缺乏安全知识，技术不熟、经验不足而轻率地做出错误的判断。特别是只看到作业条件好的一面，而忽视了客观条件的复杂、多变、有潜在危险的一面。思想上掉以轻心，盲目乐观，事故临头时，手忙脚乱，措手不及。

由此不难看出生产者的不良心理是日常生产中的大敌，更是我们最为需要关注和认真对待的重要问题。针对以上的生产者的不良心理活动，一般可以采取以下的对策：一是深入广泛地开展安全第一的思想教育，大力宣传安全生产工作方针、政策，提高认识，加强主人翁责任感。严格执行操作规程，坚持岗前教育，提高职工防止违章作业的自觉性。二是安全管理科学化，实现目标管理和网络化管理，将目标管理层层分解。三是定期开展安全生产检查，对发现的隐患及时进行整改。四是坚持安全教育培训，并使之制度化。

第四节　工业粉尘危害及防护

要点掌握：

防工业粉尘有哪些措施？

空气污染物中存在着许多粒状的污染物，数量大、成分复杂，它本身可以是有毒物质或是其他污染物的运载体，其主要来源于煤及其他燃料的不完全燃烧而排出的煤烟、工业生产过程中产生的粉尘、建筑和交通扬尘、风的扬尘等，以及气态污染物经过物理化学反应形成的盐类颗粒物。这部分粒状的污染物对人体的伤害是非常巨大的，而其中仅由工业粉尘引起的尘肺患者到1998年，全国已累积有542 041人，其中累积死亡127 147人。由此对于这部分粒状的污染物的研究和整治非常重要，以下对工业粉尘进行初步介绍。

一、工业粉尘及危害

1. 工业粉尘来源及分类

(1) 工业粉尘的来源。工业粉尘是指生产过程中使用、产生的，能较长时间悬浮于作业环境中的固体微粒。在工业生产过程中，工业粉尘的主要来源有：矿藏的开采、固体机械粉碎、研磨、切割等过程；固体不完全燃烧产生的烟尘；固体颗粒搬运、混合；粉状产品包装、运输；物质加热产生的蒸汽在空气中的凝结或氧化等。

(2) 工业粉尘的理化性质。粉尘的理化性质是指粉尘本身固有的各种物理、化学性质。粉尘具有的与防尘技术关系密切的特性有：密度、分散度、湿润性、黏附性、燃爆性、荷（带）电性、溶解度、形状和硬度等。其中粉尘的化学组成决定其对机体的作用性质和危害程度。

1）粉尘的分散度。粉尘是由粒径不同的尘粒组成，粉尘的分散度是指不同粒径的粉尘所占的重量百分比。粉尘中微细颗粒占的百分比大，表示分散度高，粗颗粒占的百分比大，表示分散度低，分散度高的粉尘不易被除尘器捕集。粉尘的分散度与粉尘在空气中的悬浮性有直接关系。粉尘颗粒越小，在空气中的沉降速度越慢，悬浮时间越长，被人体吸入的机会越多。粉尘的分散度还与粉尘在呼吸道中的阻留部位有密切关系。直径 10 μm 左右的大颗粒粉尘，绝大部分被上部呼吸道所阻留；而直径 0.5 μm以下的粉尘颗粒，又因弥散作用而使阻留率再度升高。

2）粉尘的密度。指单位体积内粉尘的质量，单位：mg/m^3，有堆积密度和真密度之分。自然堆积状态下单位体积粉尘的质量，称为粉尘堆积密度（或称容积密度）。密实状态下单位体积粉尘的质量，称为粉尘真密度（或称尘粒密度）。

3）粉尘的黏附性。粉尘之间或粉尘与固体表面（如器壁、管壁等）之间的黏附性质称为粉尘黏附性，粉尘的粒径越小，黏附性越强。粉尘相互间的凝并与粉尘在固体表面上的堆积都与粉尘的黏附性相关，前者会使尘粒增大，在各种除尘器中都有助于粉尘的捕集；后者易使粉尘设备或管道发生故障和堵塞。粉尘的含水率、形状、分散度等对它的黏附性均有影响。

4）粉尘的荷电性。高分散度的粉尘常带有电荷，电荷由粉碎过程和流动中相互摩擦而产生，或由吸附空气中的离子获得。荷电的粉尘颗粒易被阻留肺内，并影响细胞吞噬速度。

5）粉尘的湿润性。粉尘粒子被水（或其他液体）湿润的难易程度称为粉尘湿润性。有的粉尘（如锅炉飞灰、石英砂等）容易被水湿润，与水接触后会发生凝并、增重，有利于粉尘从气流中分离，这种粉尘称为亲水性粉尘。有的粉尘（如炭黑、石墨等）很难被水湿润，这种粉尘称为憎水性粉尘。粉尘的湿润性是选择除尘器的主要依据之一。例如，用湿式除尘器处理憎水性粉尘，除尘效率不高。如果在水中加入某些湿润剂（如皂角素），可减少固液之间的表面张力，提高粉尘的湿润性，从而达到提高除尘效率的目的。粉尘是否容易被水湿润，对除尘器的效能有很大影响。

6）粉尘的燃爆性。高分散度、高浓度的可氧化的粉尘，遇到明火、火花或放电时，可发生爆炸，有些粉尘（如镁粉、碳化钙粉）与水接触后会引起自燃或爆炸，有些粉尘在空气中达到一定浓度时，若存在着能量足够的火源，也会引起爆炸。爆炸危险性粉尘（如泥煤、松香、铝粉、亚麻等）在空气中的浓度只有在达到某一范围内才会发生爆炸，这个爆炸范围的最低浓度叫做爆炸下限，最高浓度叫做爆炸上限。粉尘的粒径越小，比表面积越大，粉尘和空气的湿度越小，爆炸危险性越大。对于有爆炸危险的粉尘，在进行通风除尘系统设计时必须给予充分注意，采取必要的防爆措施。例如，对使用袋式除尘器的通风除尘系统可采取控制除尘器入口含尘浓度，在系统中加入惰性气体（仅用于爆炸危险性很大的粉尘）或不燃性粉料。在袋式除尘器前设置预除尘器和冷却管，消除滤袋静电等措施来防止粉尘爆炸。防爆门（膜）虽然不能防止爆炸，但可控制爆炸范围和减少爆炸次数，万一发生爆炸时能及时地泄压，可防止或减轻设备的破坏程度，降低事故造成的损失。

7）粉尘的溶解度。具有化学毒性的粉尘（如铅、锰及其化合物等），随溶解度的增加，对人体的危害增强。无毒粉尘则相反，随溶解度的增加，对人体的危害减弱。致纤维化作用的粉尘（如矽尘、石棉尘等），虽然在体内溶解度很低，但可引起尘肺。

8）粉尘的形状和硬度。粉尘颗粒的形状和硬度与粉尘的沉降速度有一定的关系，粉尘越大、越接近于球形，沉降速度越快。边缘锐利、呈锯齿状坚硬的大颗粒粉尘（如铁尘等），易引起上呼吸道黏膜和眼睛的局部刺激和损伤。长而柔软的纤维状粉尘（如棉尘等），易沉降黏附于呼吸道黏膜，可引起慢性炎症。

（3）工业粉尘的分类。工业粉尘分类见表8—2。

表 8—2　　　　　　　　工业粉尘分类表

属性	类别	举例
无机性	矿物性	石英、金属矿石（金、铜、钨等）、煤、滑石、石棉等粉尘
	金属性	冶炼或加工中形成的金属及其氧化物如铝、铁、钡等粉尘
	人工性	水泥、炭黑、玻璃纤维等粉尘
有机性	植物性	棉、麻、谷物、蔗渣、烟草、茶叶等粉尘
	动物性	动物的皮、毛、骨、角等粉尘
	人工性	有机染料、塑料、合成纤维及合成橡胶等粉尘
混合性		各种粉尘的混合存在

工业粉尘按粉尘粒度可分为：①尘埃：粒径大于 10 μm，在静止空气中可加速下降；②尘雾：粒径在 0.1～10 μm 之间，在静止空气中下降缓慢；③尘烟：粒径小于 0.1 μm，在空气中自由运动，在静止空气中几乎完全不降落。

2. 工业粉尘进入人体的途径

人体对进入呼吸道的粉尘具有防御机能，能通过各种途径将大部分尘粒清除掉。其作用大体分为三种：滤尘机能、传送机能和吞噬机能。这三种机能互有联系，不能截然分开。

尘粒进入呼吸道时，首先由于上呼吸道的生理解剖结构、气流方向的改变和黏液分泌，使大于 10 μm 的尘粒在鼻腔和上呼吸道沉积下来而被清除掉。据研究，鼻腔滤尘效能约为吸气中粉尘总量的 30%～50%。由于粉尘对上呼吸道黏膜的作用，使鼻腔黏膜机能亢进，毛细血管扩张，分泌大量黏液，借以直接阻留更多的粉尘。这是机体的一种保护性反应，但在病理学上已属于肥大性鼻炎。此后黏膜细胞由于营养供应不足而萎缩，逐渐形成萎缩性鼻炎，则滤尘机能显著下降。由于类似的变化，还可引起咽炎、喉炎、气管炎及支气管炎等。

在下呼吸道，由于支气管的逐级分支、气流速度减慢和方向改变，可使尘粒沉积黏着在支气管及其分支管壁上。这部分尘粒大小直径约在 2～10 μm。其中大多数尘粒通过黏膜上皮的纤毛运动伴随黏液往外移动而被传送出去，并通过咳嗽排出体外。

进入肺泡内的粉尘，一部分随呼气排出；另一部分被吞噬细胞吞噬后，通过肺泡上皮表面的一层液体的张力，被移送到具有纤毛上皮的呼吸性细支气管的黏膜表面，并由此传送出去；还有一部分粉尘被吞噬细胞吞噬后，通过肺泡间隙进入淋巴管，流入肺门。直径小于 3μm 的尘粒，大多数是通过吞噬作用而被清除的。

由此可见，人体通过各种清除机能，可将进入肺脏的绝大多数尘粒排出体外，而进入和残留在肺门淋巴结内的粉尘，只是吸入粉尘的一小部分。虽然人体有良好的防御机能，但在一定条件下，如果防尘措施不好，长期吸入浓度较高的粉尘，则仍可产生不良影响。

3. 工业粉尘的危害

粉尘对人体的危害，根据其理化性质、进入人体的量的不同，可引起不同的病变。如呼吸性系统疾病、局部作用、中毒作用等。

（1）尘肺。尘肺是我国危害最严重的职业病，是长期吸入较高浓度的粉尘沉积在肺内后引起的，是以肺组织纤维化病变为主的全身性疾病。我国规定的职业病名单中列出了 12 种法定尘肺：矽肺、煤工尘肺、石墨尘肺、炭黑尘肺、石棉肺、滑石肺、水泥肺、云母肺、陶工尘肺、铝尘肺、电焊混合尘肺、铸工尘肺。其中患病率最高的是矽肺和煤工尘肺。尘肺发病缓慢，一般是接触几年后才发病。一旦患上尘肺，即使脱离粉尘环境，病情仍可继续发展，严重影响身体健康，影响劳动能力。尘肺是难以治愈的，如矽肺和石棉肺，一旦得病，轻则慢性致残，重则死亡。自 20 世纪 50 年代我国建立职业病报告制度以来，仅全国县以上全民和大集体所有制企业已累计报告尘肺病人58万多例，其中死亡14万多例，现有尘肺病人44万多例，每年新增尘肺病例约1万例。

（2）呼吸系统损害。粉尘进入呼吸道后，可引起黏膜刺激。石棉尘、二氧化硅粉尘可引起上呼吸道炎症，棉尘、麻尘等植物性粉尘可引起呼吸道阻塞性疾病。茶、枯草、皮毛等粉尘可引起过敏性体质人员发生支气管哮喘。霉变枯草可致“农民肺”，甘蔗渣可致“蔗渣肺”。

（3）中毒。吸入铅、砷、锰、农药、化肥、助剂等有毒粉尘，能经呼吸道溶解吸收，引起全身中毒。

（4）皮肤、眼部病变。长期接触粉尘可使皮肤及眼受到损害，如沥青尘可致光感性皮炎，金属性粉尘可致角膜损伤，导致角膜感觉迟钝和角膜混浊。

（5）致癌。石棉粉尘、镍及其氧化物粉尘、铬、砷等金属性粉尘可导致肺癌，放射性粉尘进入人体也会引起癌变。

粉尘对人体健康的危害程度与其理化性质有关，诸如化学成分、分散度、形状、密度、溶解度、荷电性、吸附性等。粉尘中游离二氧化硅含量越高，对肺脏致纤维化作用越强。分散度越高，即微小粒子越多，越容易进入肺部的深处。重量、形状和密度决定了粉尘在空气中的沉降速度，沉降速度小的粉尘可长期浮游于空气中，增加了吸入的可能性。粉尘的形状还可能影响其致肺纤维化作用。溶解性越小，机械刺激作用越大。荷电粉尘更易被吸附于体内，荷电量的大小可能影响巨噬细胞吞噬粉尘的速度。空气中的有毒有害物质吸附于粉尘表面，会增强其危害作用。

为保证广大职工身体健康，国家对生产环境粉尘浓度含量做了严格限制，制定了相应的标准《工业企业设计卫生标准》（GBZ1—2002）等。

二、防粉尘措施

防止粉尘危害仍是当前劳动卫生工作的重要任务。新中国成立以来，为了防止粉尘危害、保护工人健康，我国政府颁布了一系列政策、法令、条例。1956 年国务院颁布了《关于防止厂矿企业中的矽尘危害的决定》，规定含 10％以上游离二氧化硅粉尘最高容许浓度为 2 mg/m^3。1958 年卫生部、劳动部等联合公布了《工厂防止矽尘危害技术措施办法》《矿山防止矽尘危害技术措施暂行办法》。近年又颁布了《中华人民共和国尘肺防治条例》（简称条例）和经过修订的《粉尘作业工人医疗预防措施实施办法》等，使尘肺防治工作已逐步纳入法制轨道。多年来，各级厂矿企业和卫生防疫机构在防尘工作上，结合国情已经做了不少工作，总结出“革、水、密、风、护、管、教、查”八字经验，取得了很大成就。革，即工艺改革和技术革新；水，是湿式作业；密，即密闭尘源；风，是通风除尘；护，即个人防护；管，是建立规章制度，维护管理；教，是宣传教育；查，是定期检查评比、总结，定期健康检查。此外，还制定、修订乃至增定了粉尘卫生标准，为卫生监督管理工作提供了科学依据。这样，使得不少厂矿作业场所粉尘浓度逐年下降，尘肺发病率降低，发病工龄和死亡年龄均有延长。但我国工农业发展速度增长很快，新的厂矿尤其是乡、镇工业厂矿增长迅猛，接尘作业工人日渐增多，而其中一些厂矿企业防尘措施尚不完善，从而造成环境污染严重，尘肺发病例数日渐增多，粉尘危害仍然十分严重，必须高度重视。

1. 预防与控制技术

防尘对策需要对工艺、工艺设备、物料、操作条件、劳动卫生防护设施、个人防护用品等技术措施进行优化组合，采取综合对策。综合措施包括技术措施、组织措施和管理措施。技术措施是关键，是控制、消除粉尘污染源的根本措施，组织措施和管理措施是技术措施的保障。防尘综合措施主要包括：宣传教育、技术革新、湿法防护、密闭尘源、通风除尘、个体防护、维护管理、监督检查等。

（1）工艺选用。工艺和物料选用不产生或少产生粉尘的工艺，采用无危害或危害小的物料，是消除、减弱粉尘危害的根本途径。例如，用湿法生产工艺代替干法生产工艺。

（2）限制、抑制扬尘和粉尘扩散

1）采用密闭管道输送、密闭自动（机械）称量、密闭设备加工，防止粉尘外逸；不能完全密闭的尘源，在不妨碍操作条件下，尽可能采用半封闭罩、隔离室等设施来隔绝、减少粉尘与工作场所空气的接触，将粉尘限制在局部范围内，减弱粉尘的存在。

2）通过降低物料落差、适当降低溜槽倾斜度、隔绝气流、减少诱导空气量和设置空间（通道）等方法，抑制由于正压造成的扬尘。

3）对亲水性、弱黏性的物料和粉尘应尽量采用增湿、喷雾、喷蒸汽等措施，可有效地减少物料在装卸、运转、破碎、筛分、混合和清扫过程中粉尘的产生和扩散；厂房喷雾有助于室内漂尘的凝聚和降落。

4）为消除二次尘源、防止二次扬尘，应在设计中合理布置、尽量减少积尘平面，地面、墙壁应平整光滑、墙角呈圆角，便于清扫；使用副压清扫装置来消除逸散、沉积在地面、墙壁、构件和设备上的粉尘；对炭黑等污染大的粉尘作业及大量散发沉积粉尘的工作场所，则应采用防水地面、墙壁、顶棚、构件和水冲洗的方法，清理积尘。严禁用吹扫方式清尘。

5）对污染大的粉状辅料宜用小包装运输，连同包装袋一并加料和加工，限制粉尘扩散。

（3）通风除尘建筑设计。通风除尘建筑设计时要考虑工艺特点及排尘的需要，利用风压、热压差、合理组织气流，充分发挥自然通风改善作业环境的作用，当自然通风不能满足要求时，应设置全面或局部机械通风排尘装置。通风除尘设施是尘源控制与隔离的重要手段。工业通风的分类：按通风系统的工作动力分类有自然通风、机械通风。自然通风分为热压和风压自然通风；机械通风分为机械排风、机械送风。自然界的风力能为通风提供动力，当有风吹向车间时，在迎风面形成正压，而背风面形成负压，产生压差，外界空气从迎风面进入车间，将污浊空气从背风面门窗压出，达到通风目的。热压自然通风是依靠室内外空气的密度不同，车间外密度大的空气压入车间内密度小的空气，形成压差，造成空气流动，达到通风目的。按组织车间内的换气原则——全面通风、局部通风、混合通风。机械通风是利用通风机产生的压力，使进入车间的新鲜空气与车间内被污染的空气沿风道，主支网路流动，沿程的流体阻力由风机克服，机械通风能根据不同的要求，提供动力，能对空气进行加热、冷却、加湿，净化处理，并将相应设备用风道连接起来，组成一个机械通风系统。全面通风是车间内全面进行通风换气，以便稀释车间内的空气，达到职业卫生标准。全面通风适合于尘源不固定场所，实际起到稀释作用。全面通风换气中需要注意的两个问题：全面通风换气量、全面通风换气次数的计算。

1）全面机械通风除尘。全面机械通风是对整个厂房进行的通风换气，是把清洁空气不断地送入车间，将车间空气中的粉尘浓度稀释并将污染的空气排到室外，使室内空气中的有害物质浓度达到国家卫生标准。

2）局部机械通风除尘。局部机械通风是对厂房内的尘源进行通风除尘，使局部作业环境得到改善，是目前工业生产中控制粉尘扩散、消除粉尘危害的最有效的一种办法。局部机械通风是通过各种吸尘罩实现的，吸尘罩是局部机械通风的关键部件。

对局部吸尘罩的要求：形式适宜、位置正确、风量适中、强度足够、检修方便。

3）局部吸尘罩的种类。密闭吸尘罩：局部密闭罩适用于产尘点固定、气流速度不大的连续产尘点。观察操作方便。如胶带运输机。整体密闭罩罩子容积大，中小修可在罩内进行，适用于气流分散或局部气流速度较大的产尘设备如振动筛。旁侧吸尘罩：当生产条件不适宜用密闭吸尘罩时，可选用旁侧吸尘罩。旁侧吸尘罩设计时要考虑罩口吸气速度、尘源与罩口的距离。旁侧吸尘罩应用广泛，如喷漆、焊接、翻砂。接受式吸尘罩：特点是接受罩迎着粉尘散发的方向并尽量靠近尘源，适用于砂轮机、抛光机、磨床等设备的防尘。下部吸尘罩：优点，不占据空间、不妨碍操作、工人体位舒适；缺点，需敷设地下风道、粉尘易堵塞、设计存在困难。

2. 常用的除尘设备

除尘器的形式很多，基本上可以分成干式、湿式两大类。主要利用重力、惯性力、离心力、热力、扩散黏附力和电力等。除尘器是将粉尘从含尘气流中分离出来的净化设备。除尘器的主要参数可分为技术参数（除尘风量、除尘效率、阻力）、经济参数（设备费、运行费、使用寿命、占地面积、空间体积）。

（1）重力沉降室。通过粉尘本身的重力使尘粒从气流中分离出来。重力沉降室仅适用于 50 μm 以上的粉尘。由于其除尘效率低、占地面积大。现在很少使用。常作为高浓度含尘气体系统中的一级除尘。

（2）旋风除尘器。旋风除尘器是利用气流旋转过程中作用在粉尘尘粒上的惯性离心力，使尘粒从气流中分离。从结构上，旋风分离器分为回流式、旁路式、平旋式、直流式和旋流式五种。旋风除尘器结构简单、体积小、维护方便、制造方便，在工业上应用很广，主要用于 10～20 μm 粉尘，用做多级除尘器的第一级除尘器。常作为高浓度含尘气体系统中的一级除尘。

（3）湿式除尘器。湿式除尘器又称洗涤器，是通过含尘气体与液滴或液膜的接触使尘粒从气流中分离。优点：结构简单、投资少、占地面积小、除尘效率高、能同时对有害气体进行净化。工业上常用的有喷淋塔（主要用于处理浓度高的含尘气体）、水浴除尘器（用于亲水性和较粗的粉尘处理）、文丘里除尘器（用于清除微细粉尘效率很高）等，适宜处理有爆炸危险性或同时含有多种有害物的气体。缺点：有用物料不能干法回收，泥浆处理困难。

（4）过滤除尘器。过滤除尘器是含尘空气通过织物的过滤层或通过由填充材料构成的过滤层，当含尘空气通过过滤层时，粉尘尘粒会阻留下来。织物过滤层通常作成袋形，也称布袋除尘器。常用的袋滤器是高频振动式，填充材料主要是合成纤维、金属丝、丝网等。袋式除尘器除尘效率高、应用广泛。不适于处理高温高湿含尘气体。

（5）电除尘器。电除尘器是利用高压电场产生的静电力，使尘粒从空气中分离。电除尘是一种高效干式除尘器，阻力低，可处理高温、高湿气体，适用于大型工程，但造价高。根据收尘极的型式，电除尘器分为管式和板式两种。

（6）除尘管道主要作用。输送含尘气体，连接除尘器、吸尘罩及风机。企业应充分考虑管道阻力平衡、管道材质、管道内气体流速、粉尘性质和含尘气体的性质是否相近，以利于回收利用。风机是克服系统阻力，输送含尘气体的机械设备，主要有离心式、轴流式、横流式。风机选择主要考虑有用效率、转速、噪声。

3. 强化管理

我国职工的安全和健康是受《宪法》和其他有关法律如《劳动法》《矿山安全法》《尘肺病防治条例》等保障的。自 1950 年制定了《工厂卫生暂行条例（草案）》，1954 年在北京召开第一届全国工业卫生会议以后，国家相继制定了若干法规、条例、规范。这些法律、法规、条例、规范的制定和实施为保护劳动者的安全和健康，促进生产的发展起到了积极作用。当前针对我国严峻的职业病形势，根据国际的经验，结合我国安全卫生工作的实际情况，制定出台了一系列职业卫生工作或职业安全卫生工作的法律，如《职业病防治法》《劳动安全卫生法》，尤其是在加入WTO之后，已逐步完善了我国的安全卫生法律体系。同时随着生产的发展，新工艺、新流程的开发，以及多年的实践经验，很多标准、规范已得到了修改、补充、完善，标准、规范的整体构架也在进一步建构、健全、完善，使其更适于目前职业卫生工作发展的需要。在健全法律、法规、标准、规范的同时，必须保证法律、法规、强制性标准、规范的约束力，做到有法可依、有法必依、执法必严。

化工企业应按照《工业企业设计卫生标准》(GBZ1—2002)的有关要求，建立职业卫生管理机构，配备必要的人员和装备。贯彻国家法律、法规、标准、规范和有关部门的规定，根据企业的具体情况，制定相应的规章制度。

建立教育培训体系，通过教育培训使各类人员充分认识生产中的各类职业危害因素，掌握必须的气体防护、自救互救、应急处理等技术。

建立监测机构，通过监测准确反映各危害因素的实际情况，为预防、治理、防护提供科学依据。完善健全防尘操作规程、检测制度等。

从事尘毒作业的职工，就业前应进行体格检查，有禁忌证的不得从事相应作业。就业后，按规定发放保健，定期体检。建立个人健康监护档案。做好防尘教育、定期检测、加强防尘设施维护检修，对从业人员定期体检等管理工作。

4. 做好个体防护

由于工艺、技术的原因，通风除尘设施无法达到卫生标准要求时，操作工人必须佩戴防尘口罩等个人防护用品。

在事故状态、抢修设备作业时，做好个体防护是避免发生大量吸入粉尘的有效方法。值得注意的是，当必须采取个体防护手段时，也就表明外部危险性处于不可控状态，一旦个体防护措施失效，就可能导致机体损害。

呼吸防护用品可分为过滤式和隔离式两大类。前者包括防尘口罩等；后者包括送风式头盔、自吸式面罩、空气呼吸器、氧气呼吸器等。

皮肤防护用品包括防护手套、防护眼镜、防护鞋、防护服、防护油膏等。

防护用品的选择要根据现场情况（如粉尘的性质、浓度、氧气含量）及其防护特性确定。

第五节　噪声污染及防护

要点掌握：

噪声污染控制的措施有哪些？

噪声污染早已成为人类环境的一大公害。国外早就出现了“噪声病”一词，世界卫生组织最近进行的全世界噪声污染调查认为，噪声污染已经成为影响人们身体健康和生活质量的严重问题。

在日常的生产生活中，噪声可谓无孔不入。世界卫生组织研究表明，当室内的持续噪声污染超过 30 dB 时，人的正常睡眠就会受到干扰，而持续生活在 70 dB 以上的噪声环境中，人的听力及身体健康都会受到影响。在工业中，噪声会妨碍通信，干扰警报信号的接收，进而会诱发各类工业事故。人长期暴露在声频范围广泛的噪声中，会损伤听觉神经，甚至造成职业性失聪。为能更好地生活、工作，了解噪声的形成、危害与防治是非常必要的。

一、噪声及其危害

噪声是指人们在生产和生活中一切令人不快或不需要的声音。噪声除了令人烦躁外，还会降低工作效率，特别是需要注意力高度集中的工作，噪声的破坏作用会更大。

1. 噪声的特性

环境噪声是感觉公害。其特性是具有局限性、分散性、暂时性、无污染物存在、无能量积累、传播不远、不能集中治理等。噪声虽然不能长时间存留在环境之中，但一旦发生，就能感觉到它的存在，会给我们的身心健康带来威胁。噪声会随着声源消失而立即消失，其影响也会随之消除，不会持久，也不会积累。

人的听觉最敏感的声频在 2 000～5 000 Hz，能听到的声频范围大约在 20～20 000 Hz。低于 20 Hz 的声音称为次声，高于 20 000 Hz 的声音称为超声。次声和超声人的听觉都感觉不到。通常噪声都是由无数声频的声音组成的。

2. 噪声源及其分类

产生噪声的声源很多。按产生机理可以分为机械噪声、空气动力性噪声和电磁性噪声三类；按污染源种类可以分为工厂噪声、交通噪声、施工噪声、社会生活噪声和自然噪声五类；按噪声源随时间变化可分为稳态噪声和非稳态噪声两类。

化工企业的噪声源主要有以下五类：

（1）机泵噪声。机泵噪声包括电动机本身的电磁振动发出的电磁性噪声、电机尾部风扇的空气动力性噪声及机械噪声，一般有 83～105 dB。

（2）压缩机噪声。压缩机噪声包括主机的气体动力噪声和辅机的机械噪声，一般有 84～102 dB。

（3）加热炉噪声。加热炉噪声主要是燃气喷嘴喷射燃气时与周围空气摩擦产生的噪声、燃料在炉膛内燃烧产生的压力波激发周围气体产生的噪声，一般有 101～106 dB。

（4）风机噪声。风机噪声包括风扇转动产生的空气动力噪声、机械传动噪声、电动机噪声。一般有 82～101 dB。

（5）排气防空噪声。排气防空噪声主要是由带压气体高速冲击排气管产生的气体动力噪声及突然降压引起周围气体扰动发出的噪声，最高可达 150 dB。

3. 噪声的危害

噪声对人的危害是多方面的。而产生噪声的作业，几乎遍及各个工业部门。噪声已成为污染环境的严重公害之一。化学工业的某些生产过程，如固体的输送、粉碎和研磨，气体的压缩与传送，气体的喷射及机械的运转等都能产生相当强烈的噪声。当噪声超过一定值时，对人会造成明显的听觉损伤，并对神经、心脏、消化系统等产生不良影响，而且妨害听力、干扰语言，成为引发意外事故的隐患。容易受到关注的是对听力的损害，引起耳部不适，如耳鸣、耳痛和听力下降。若在 80 dB 以上的噪声环境中生活，造成耳聋者可达 50%。除此之外，噪声还可损伤心血管、神经系统等。长期在噪声中，特别是夜间噪声中生活的冠心病患者，心肌梗塞的发病率会增加。噪声还可导致女性生理机能紊乱、月经失调、流产率增加等。噪声的心理效应多反映在噪声影响人的休息、睡眠和工作，从而使人感到烦躁、萎靡不振，影响工作效率。对于正处于生长发育阶段的婴幼儿来说，噪声危害尤其明显。经常处在嘈杂环境中的婴儿不仅听力受到损伤，智力发展也会受到影响。

（1）听力损失。长年累月在强噪声下工作，日积月累，内耳器官发生器质性病变，从而导致噪声性耳聋。在强噪声环境下数分钟，当脱离噪声后，会造成听觉疲劳，失去听觉，导致暂时性耳聋，经过一段时间休息，听力恢复。在 170 dB 以上高强度噪声（如爆炸、爆破时产生的噪声）冲击下，强大的声压和冲击波作用于耳鼓膜，使鼓膜内外形成很大的压差，致使耳鼓膜破裂出血，双耳完全失去听力，称为爆震性耳聋。

（2）神经衰弱。噪声最广泛的危害就是作用于人的中枢神经系统，造成基本生理机能失调。表现为头晕、恶心、失眠、心悸、脑涨、头痛、耳鸣、多梦、全身疲乏无力等症状，这些症状就是医学上所说的神经衰弱症或神经官能症。

（3）肠胃疾病。噪声作用于人的中枢神经系统，还会引起肠旨机能阻滞，消化液分泌异常，胃酸减少，造成消化不良、食欲不振、恶心呕吐，容易导致胃溃疡等症。

（4）心脏异常。噪声作用于人的心血系统，会使交感神经紧张，心跳过速，心律不齐，血压增高、血管痉挛等，可能导致冠心病和动脉硬化。

（5）危害胎儿。极强噪声会影响胎儿发育，可能造成胎儿畸形，妨碍儿童智力发展。

（6）危及生命。强噪声还能直接造成人和动物的死亡。

（7）降低劳动生产率。在噪声刺激下，工作人员的注意力不易集中，大脑思维和语言传递等都会受到干扰，工作时容易出现差错。

为了明确噪声管理，国家卫生部和劳动部门专门制定了《工业企业噪声卫生标准》，规定了相关标准。工矿企业生产车间和作业地点的噪声标准为 85 dB，不得超过 90 dB。对接触噪声不超过 8 h 的工种，88 dB 左右噪声，接触时间不得超过 4 h；91 dB左右噪声，接触时间不得超过 2 h；94 dB 左右噪声，接触时间不得超过 1 h。

二、噪声污染控制预防措施

噪声是由噪声源产生的，并通过一定的传播途径，被接受者接受，才能形成危害或干扰。其中最根本的办法就是从声源上控制用无声或低噪声的工艺和设备代替高噪声的工艺和设备，可以从根本上解决生产中的噪声问题。但由于技术或经济上的原因，直接从声源上控制噪声往往是不可能的。因此，控制噪声的基本措施是消除或降低声源噪声、隔离噪声及接受者的个人防护。

1. 噪声源的控制

工业噪声一般是由机械振动或空气扰动产生的。应该采用新工艺、新设备、新技术、新材料及密闭化措施，从声源上根治噪声，使噪声降低到对人无害的水平。

（1）选用低噪声设备和改进生产工艺。如用压力机代替锻造机，用焊接代替铆接，用电弧气刨代替风铲等。

（2）提高机械设备的加工精度和装配技术，校准中心，维持好动态平衡，注意维护保养，并采取阻尼减振措施等。

（3）对于高压、高速管道辐射的噪声，应降低压差和流速，改进气流喷嘴形式，降低噪声。

（4）控制声源的指向性。对环境污染面大的强噪声源，要合理地选择和布置传播方向。对车间内小口径高速排气管道，应引至室外，让高速气流向上空排放。

2. 噪声传播途径控制

噪声隔离是在噪声源和接受者之间进行屏蔽、吸收或疏导，阻止噪声的传播。在新建、改建或扩建企业时，应充分考虑有效地防止噪声，采取合理布局，及采用屏障、吸声等措施。

（1）合理布局。应该把强噪声车间和作业场所与职工生活区分开；把工厂内部的强噪声设备与一般生产设备分开。也可把相同类型的噪声源，如空压机、真空泵等集中在一个机房内，既可以缩小噪声污染面积，也便于集中密闭化处理。

（2）利用地形、地物设置天然屏障。利用地形如山冈、土坡等，地物如树木、草丛及已有的建筑物等，阻断或屏蔽一部分噪声的传播。种植有一定密度和宽度的树丛和草坪，导致噪声的衰减。

（3）噪声吸收。这一过程主要有吸声、消声等方式。其中吸声多用于室内噪声和混响的控制。其原理是使用多孔、透气的材料，布置在房间的内表面，或悬挂在室内空间，房间内的反射声就会被吸收掉，室内噪声就会降低，混响就会消除。这种控制方法叫做吸声。比如会议礼堂、电影院、大教室等都有吸声装置。

常用的吸声材料有无机纤维材料（如玻璃丝、玻璃棉、岩棉）、泡沫塑料（如脲醛泡沫塑料、聚氨酯泡沫塑料）、有机纤维材料（如工业毛毡、棉絮、木屑、稻草板）、建筑材料（泡沫微孔砖、泡沫混凝土）四类。

吸声材料对于高频噪声有很好的吸收效果，但对于低频噪声不是很有效。对于低频噪声可以采用共振吸声的方法进行控制。原理是设置一个薄板或穿孔板（通常可以用金属板、薄木板），背后留有一定厚度的空气层，当外来声波碰到薄板时，就会引起一系列的振动，薄板振动时会将一部分声波转变为热能，这样就消耗了声能，起到了降低噪声强度的效果。当外来声波的频率与薄板振动的频率发生共振时，吸收效果最显著。常用的共振吸声结构有穿孔板共振结构、薄板共振结构、复合吸声结构。

消声是消除空气动力性噪声的方法。将消声器（一种阻止或减弱噪声传播而允许气流通过的装置）安装在空气动力设备的气流通道上，就可以降低这种设备的噪声。

消声器的结构形式有很多，按消声原理可分为阻性消声器、抗性消声器、阻抗复合消声器、微穿孔板消声器和变频消声器五类。

1）阻性消声器。阻性消声器利用吸声材料消声。将吸声材料固定在气流流动的管道内壁，或者按一定方式在管道内排列组合，就构成了阻性消声器。当声波进入阻性消声器，一部分声能就会被吸声材料吸收，起到了消声的目的。对于管径比较大的空气动力设备，可以把消声器做成蜂窝式、片式、折板式和声流（波浪式）等。阻性消声器对低频噪声消声效果较差。

2）抗性消声器。抗性消声器不用吸声材料。而利用管道内声学特性突变的界面，把部分声波向声源反射回去，起到声波过滤用，只有一部分声波从管道中传播出来，达到消声目的。如采用扩张室形式，设置弯头形式，管内设置屏障或穿孔片等形式，都可以起到消声作用。抗性消声器对高频噪声消声较差。

3）阻抗复合消声器。阻抗复合消声器将阻性消声器和抗性消声器的特点综合在一起，是既有吸声材料又有扩张室等滤波形式的消声器。这种消声器消除噪声效果很好，应用也最广泛。

4）微穿孔板消声器。微穿孔板消声器利用微穿孔板吸声结构制成。通过在管道中设置不同的穿孔率和板后不同的腔深相组合的微穿孔板，可以在较宽的声频范围内获得较好的消声效果。

5）变频消声器。排气放空噪声是化工生产中常见的噪声源，消除这种噪声可以采用变频的方法达到消声目的。根据喷注噪声的声频与排出口径成反比的理论，将排出口径变小，当口径小到一定程度（一般在 mm 级），喷注噪声的频率将增大到人的听觉不敏感的范围。根据这一原理，用许多小孔代替一个大的排出口，既可以保证气体排出量，又达到了消声的目的。因此，变频消声器又称小孔喷注型消声器。

（4）隔声。隔声是指在噪声传播途径中设置一定的隔声材料或结构，减少声能的传递，从而达到降低噪声的目的，是控制噪声很有效的措施。把声源封闭在有限的空间内，使其与周围环境隔绝，如采用隔声间、隔声罩等。隔声结构一般采用密实、重质的材料，如砖墙、钢板、混凝土、木板等。对隔声壁要防止共振，尤其是机罩、金属壁、玻璃窗等轻质结构，具有较高的固有振动频率，在声波作用下往往发生共振，必要时可在轻质结构上涂一层损耗系数大的阻尼材料。采用多层壁形式，如在两层单层壁中间留一个空气层或充填吸声材料，其隔声效果会更好。

（5）隔振与阻尼减振。在机械设备下面铺设具有一定弹性的软材料，如橡胶板、软木、毛毡、纤维板等，将设备振动时产生的部分能量转变成热能耗散掉，降低了振动的传递，起到了隔振的作用。或在机械设备上安装设计合理的减振器，可减弱振动的传递。隔振与阻尼减振通常用于机器噪声的控制。减振器主要有橡胶减振器、弹簧减振器、空气减振器等三类。

3. 噪声个人的防护

对某一具体的噪声问题而言，采用何种方法来解决，要看实际情况而定。一般来说，在经济条件和技术上可行的情况下，应鼓励优先考虑采取工程措施，从声源或传播路径上来降低生产场所的噪声。但是，尚有许多场所，从经济或技术上考虑，目前还不可能采用声源降噪或声传播路径降噪的措施，这些场所应及时采用个人防护措施来控制噪声的危害。再如有些车间的机械设备或管道很多、很复杂，而受噪声影响的操作工人却较少，这种情况下，暂考虑使用个人防护的办法来解决噪声问题要经济得多。常用的个人防护用品有耳塞、耳罩、耳棉、隔声帽等。其中耳塞的隔声值可达 20～30 dB。

市面上的防音防护具种类繁多，按照其基本功能可分为耳罩、耳塞与特殊防音防护具三大种类。而这三种护具各有各的遮音性、方便性及实用性，故在使用时应视需要的不同来加以选择。由于防音防护具被经常使用，因此应定期维护与保养防音防护具，以避免防音性能的降低、避免皮肤过敏及其他耳朵疾病等现象是必要的。维护与保养的信息必须要定期传递给所有将来需要佩戴防音防护具的人员。定期接受听力检查，可早期预防听力损害。

另外，还有些地方虽然在声源上或声传播路径上采取了一定的降噪措施，但噪声级仍未能降到 85 dB（A）至 90 dB（A）以下，其所遗留的问题更多地需借助护耳器来补充解决。

在控制职业噪声危害方面，护耳器目前在世界范围内仍然发挥着重要的作用，使用面很广。即使在业余活动的场合，只要有强噪声存在。护耳器也可派上用场。使用护耳器是一种既简便又经济的办法。国外有关噪声的法规标准一般都明文规定：在噪声达到或超过 90 dB（A）的场合，工人必须使用护耳器；任何人（包括工厂的上司、来厂参观的贵宾）只要进入该场所，也都必须佩戴护耳器；对噪声较敏感的工人，即使在 85 dB（A）至 90 dB（A)的环境下工作，也必须使用护耳器。

护耳器主要包括耳塞与耳罩。目前在国外较为流行使用的是一种慢回弹泡沫塑料耳塞。这种耳塞具有隔声值高、佩戴舒适简便等优点。

护耳器的使用在我国远未受到应有的重视。许许多多的地方早就应当使用护耳器，但至今仍没有采用。因此，应当提高对使用护耳器意义的认识。

4. 卫生保健措施

定期对接触噪声的工人进行健康检查，特别是听力的检查，发现听力损伤应及时采取有效的防护措施。进行就业前体检，取得听力的基础资料，并对患有明显听觉器官、心血管及神经系统器质性疾病者，禁止其参加强噪声的工作。

合理安排工间休息并尽可能暂离噪声车间。经常检测作业场所噪声情况，监督检查预防措施执行情况及效果。

第六节　辐射危害及防护

要点掌握：

电离辐射如何防护？

随着现代科技的高速发展，一种看不见、摸不着的污染源日益受到人们的关注，这就是电磁辐射。今天，越来越多的电子、电气设备的投入使用使得各种频率的不同能量的电磁波充斥着地球的每一个角落乃至更加广阔的宇宙空间。对于人体这一良导体，电磁波不可避免地会构成一定程度的危害。同时随着各类辐射源日益增多，危害相应增大，因此，必须正确了解各类辐射源的特性，加强防护，以免作业人员受到辐射的伤害。

以粒子或者以波的形式进行的能量传递、传播及吸收活动，称为辐射。辐射包括电离辐射和非电离辐射两类。能够引起物质电离的辐射称为电离辐射。电离辐射的种类很多，常见的有电磁辐射（包括X射线和γ射线），带电粒子射线（包括β射线，β^+射线，电子束，α射线，质子射线，氘核射线，重离子束，介子束等），以及不带电粒子射线（中子）。非电离辐射系指紫外线、可见光、红外线、激光和射频辐射而言。它们都属于电磁辐射谱中的特定波段。表8—3给出了几种辐射形式产生的原因以及对人的危害。

表8—3　　辐射产生的原因以及对人的危害

辐射类型	来源	危害
无线电波及微波	通信、烹饪	烧伤人体暴露部分
红外	任何热源	烧伤皮肤、患白内障
可见光辐射	可见光、激光束	烧伤、组织破坏
紫外线	焊接、某些激光、弧光	烧伤、皮肤癌、臭氧
X—射线及其他离子辐射	离子辐射流、X光机	烧伤、皮炎、癌、体细胞伤害

一、电离辐射的卫生防护

1. 电离辐射的种类及来源

电磁辐射是由振荡的电磁波产生的。在电磁振荡的发射过程中，电磁波在自由空间以一定的速度向四周传播，这种以电磁波传递能量的过程或现象称为电磁波辐射，简称电磁辐射。

（1）电磁辐射以其产生方式可分为自然和人工两种。自然产生的电磁辐射主要来自地球的热辐射、太阳的辐射、宇宙射线和雷电等。自然产生的电磁辐射和人工产生的辐射相比很小，一般可以忽略不计。

（2）人工产生的电磁辐射，一是为传递信息而发射的，如无线广播通信和电视发送、微波发射等；二是工业、医学等利用电磁辐能加热时泄漏的，如高频变压器、高频熔炼、大功率电路、微波加热、微波理疗、荧光灯、雷达定位、无线导航等。

在工业活动中，所出现的电离辐射有α、β、γ射线及X光射线。α射线及β射线是从放射性材料发射出高能高速粒子流。放射性材料是不稳定的，总是在改变自己的原子排列，从而发射出稳定的缓慢衰减的能量。

1）α 粒子是具有两个正电荷（质子）的氦原子，所以它们相对较大而且容易吸引电子。它们在密度较高的材料中，行程较短，从而只能穿透皮肤。然而，当吸入或吞入可以发射 α 粒子的物质时，就会把 α 粒子源引进到靠近容易受损的组织地方，从而造成重要器官的伤害。

2）β 粒子是快速运动的电子，比 α 粒子的质量小，但穿透的距离长，这样就会对人体造成伤害。它们具有相当大的穿透力，但电离能力较弱。

3）γ 射线具有很强的穿透能力，它在原子核蜕变释放能量时产生。当 γ 射线穿过一个正常的原子时，有时会使原子失去一个电子，从而使原子带上正电荷成为正离子，它与释放出来的电子，统称为一个离子对。γ 射线的作用与 X 射线非常相似。

4）X 射线通常是在受控条件下，高速电子流撞击特定目标使带电粒子突然加速或减速而产生的。用来加速电子达到产生 X 射线的电压，至少在 1.5 万伏。当设备的电压小于这个数值时，就不可能产生 X 射线。因此，当存在着高于上述数值的电压时，就有可能出现这种形式的辐射危害。X 射线及 γ 射线具有高的能量和穿透能力，能穿过相当厚的材料。在低密度物质（如空气）中，它们穿透的距离很长。

工业生产中，电离辐射源最常见的是 X 光机和用于无损测试（NDT）中同位素。实验室工作及通信中，也会存在这种辐射源。

随着科学技术的发展，射频技术已经得到了广泛的应用。电磁辐射已经开始渗透到我们生活的各个角落。作为一种新的污染，电磁辐射已经给人类的生活造成了现实和可预见的危害。

2. 电磁辐射的危害

（1）引燃引爆。极高频辐射场可使导弹系统控制失灵，造成导弹起爆提前或滞后；高频电磁的振荡可使金属器件之间相互碰撞打火，引起爆炸物品、易燃物品燃烧爆炸。

（2）干扰信号。电磁辐射可直接影响电子设备、仪器仪表的正常工作，造成信息失真、控制失灵，并可能酿成大的事故。如在飞机上随意拨打移动电话可能干扰飞机正常飞行，甚至造成坠机事故；在医院随意拨打移动电话可能干扰医院的脑电图、心电图等检查，造成信息失真，可能直接影响病人的治疗、抢救。

（3）危害人体健康。通过多年以来的案例对比，电磁辐射可对人体产生不良影响，其影响程度与电磁辐射强度、影响程度与电磁辐射强度、辐射接触时间等有直接关系。长期接受电磁辐射对人体的危害主要有：

1）造成中枢神经系统及植物神经系统机能障碍与失调、出现头晕、头痛、乏力、睡眠障碍、记忆力减退等症；

2）影响人的生殖系统，如可能造成男性精子质量降低，女性月经紊乱，孕妇发生自然流产和胎儿畸形等；

3）影响人的循环系统，如出现心悸，心律不齐，心动过缓，心搏血量减少，白细胞减少，免疫力下降；

4）对人的视觉有不良影响，会引起视力下降，导致白内障等；

5）可能导致儿童智力下降甚至残缺；

6）可能诱发癌症并加速人体癌细胞增殖；

7）可能造成儿童血液、淋巴液和细胞原生质发生变化，导致儿童患上白血病。

3. 电磁辐射的预防

（1）电磁辐射预防的基本原则

1）减少泄漏。各类高频与微波设备的机箱挡板及防护装置对防止电磁波泄漏都是有效的，工作期间应按要求装备妥当，不要随意拆除或敞开。在调试大功率高频及微波设备时，应在系统终端安接功率吸收器或等效天线，防止能量向空间泄漏。

2）合理布局。在居民密集生活区、生活点不宜设置高频与微波设备，不要建微波发射天线；在各类辐射源附近应尽量卸除不必要的金属体，避免电磁感应成为二次辐射源。

3）采取有效预防措施。对不同类型的辐射源应根据具体情况分别采取不同的预防措施，如屏蔽、隔离、吸收等。

4）加强个人防护。岗位在大功率设备附近的操作人员，应注意穿戴专门配备的防护服、防护眼罩等防护用品。

（2）电磁辐射预防的方法

1）屏蔽法。屏蔽原理是利用金属板或金属网等良性导体或导电性能良好的非金属组成屏蔽体，并与地连接，使辐射的电磁能所引发的屏蔽体电磁感应通过地线传入地下。屏蔽法的实施有两种：一是将辐射源加以屏蔽，称为主动或有源场屏蔽，特点是辐射源与屏蔽体之间的距离小，可用于强度较大的辐射源；二是将指定范围内的人员或设备加以屏蔽，使其不受电磁辐射干扰和危害，称为被动或无源场屏蔽，特点是与辐射源距离远，屏蔽可以不接地线。一般常用的屏蔽材料有铜和铝，也可以用铁。屏蔽体的形式有罩式、屏风式、隔离墙式等多种，可根据实际情况选择。

2）接地法。将辐射源屏蔽部分或屏蔽体通过感应产生的射频电流由接地极导入地下，以免成为二次辐射源。接地极埋入地下的方式有板式、棒式、网格式等多种，通常采用前两种。具体做法是将具有一定厚度、面积约为 1 m^2 的铜板埋于地下 1.5～2 m深的土壤中，将接地线的一端固定在屏蔽体上，另一端与钢板焊牢。或将 3～5 根长约 2 m、直径 5～10 cm 的金属棒，以每根间距 3～5 m 砸入地下 2 m 深的土壤中，金属棒顶端与屏蔽体连接。

3）吸收法。吸收法是指选用适宜的具有吸收电磁辐射能的材料，将泄漏的能量吸收并转化为热能。石墨、铁氧体、活性炭等都是较好的辐射吸收材料。

（3）电磁辐射防护管理。国务院发布的《放射性同位素与射线装置放射防护条例》是目前我国放射卫生防护管理的重要行政法规。其中规定，从事放射工作的单位需获得许可，进行登记，并划定放射性工作场所。要定期进行放射卫生防护监测，包括个人剂量监测、工作场所监测、环境监测和电离辐射源监测。做好放射工作人员的健康监护，包括就业前健康检查和就业后的定期健康检查，并建立健康档案。积极开展放射卫生防护知识的宣传教育，特别是在乡镇工业格外重要。

二、非电离辐射的卫生防护

1. 非电离辐射的种类、来源及危害

一般来讲，非电离辐射不会造成物质的电离。这种类型的辐射包括了在电磁波谱段中，从紫外到无线电波段的电磁波以及激光。

（1）紫外辐射。主要来自阳光，另外诸如焊接设备等也会产生紫外辐射。由于大气臭氧层的存在，大气中的大部分紫外光都被挡住了。强烈的紫外光会造成人体烧伤及眼睛失明。紫外光的热力学及光化学作用会产生烧伤、皮肤增厚乃至皮肤癌。电弧及紫外灯被眼结膜吸收后会产生一种光化学作用，从而导致“电弧眼”和白内障。

（2）红外辐射。红外辐射很容易转变成热，其暴露效应是烧伤及体内液体的损失，眼睛也会受到伤害。在激光辐射时，视网膜也有可能会受到损坏。总而言之，当红外辐射以集中光束的形式出现时，它对人体主要是产生热伤害的作用。

（3）射频辐射。这是由无线电设备及微波设备发射的。人体是通过血液循环来减少其暴露部分的温度的。这种由血液循环来降低射频辐射的温度效应的机制对有些器官不起作用，因此，这样器官暴露在诸如红外辐射的环境中就有危险。例如，眼睛在这种地方，它所吸收的辐射能量因为没有血液循环、出汗蒸发、传热等机制，积聚热量不可能被降低或传走。辐射对金属感应而产生的热，也会造成烧伤。

（4）激光。激光能烧伤生物组织，尤其对视网膜的灼伤为多见。因为激光束能通过眼自身的屈光系统在视网膜上聚焦成一个非常小的光斑，使光能高度集中而导致灼伤。眼睛受激光照射后，可突然有眩光感，出现视力模糊，或眼前出现固定黑影，甚至丧失视觉。激光对视网膜的损伤是无痛的，易被忽视。激光对眼的意外损伤，除个别人发生永久性视力丧失外，多数经治疗后均有不同程度的恢复。激光对皮肤的危害仅次于眼睛，大功率激光器在较大距离即可灼伤皮肤。皮肤损伤的表现为多种形式，从红斑到水泡以致焦化、溃疡、结疤。

2. 非电离辐射的预防

非电离辐射对人体的危害程度，除取决于量子能量水平外，束（流）的强度（功率密度）、辐射能在组织中的吸收程度、单一波长（单色）或宽频谱；相干光或非相干光、光束或场源是扩散的或是点源等因素，都可影响其对机体作用的强弱。

（1）高频电磁场与微波的预防

1）高频电磁场的防护。对高频加热设备来说，高频电磁场源有高额振荡管、振荡回路（电容器组和电感线圈）、高频馈线、高频感应线圈或工作电容极板。

①场源的屏蔽。屏蔽就是用金属材料包围场源，以吸收和反射场能，使操作地点电磁场强度减低。屏蔽材料吸收的场能可转为感应电流经接地装置引入地下。

②远距离操作。如操作岗位距场源较远就不一定都要求屏蔽，但在其周围要有明显标志。对一时难以屏蔽的场源，可采用自动或半自动的远距离操作。

③合理的车间布局。高频加热车间要求较一般车间宽敞。各高频机之间需要有一定的距离。安装高频机时，应使场源尽可能远离操作岗位和休息地点。馈线不宜过长，特别是一机多用时，更应充分考虑到场源与作业点的合理布局。

2）微波的防护。在工厂装机调试过程中，微波辐射源为磁控管、速调管、调制管，偶有敞开的波导管和发射天线。在使用时，发射天线为主要辐射源，其次是波导管连接处的泄漏，微波加热设备的缝隙，物料出入口可有微波漏出。

①微波辐射能吸收。调试微波机时，需安装功率吸收天线（如等效天线）吸收微波能量，使其不向空间发射。需要在屏蔽小室内调试微波机时，小室内四周上下各面均应敷设微波吸收材料。

②合理配置工作位置。根据微波发射有方向性的特点，工作点应置于辐射强度最小的部位，尽量避免在辐射束的正前方进行工作。

③个体防护用品。一时难以采取其他有效防护措施，短时间作业可穿戴防微波专用的防护衣帽和防护眼镜。

（2）红外辐射的预防。严禁裸眼观看强光源。生产操作中应戴绿色玻片防护镜，镜片中需含有氧化亚铁或其他可有效滤过红外线的成分。必要时穿戴防护手套和面罩，以防止皮肤灼伤。

（3）紫外辐射的预防。采用自动或半自动焊接可增大与辐射源的距离。做好安全卫生知识教育，合理使用防护用品，电焊工与助手操作时密切配合有重要意义。电焊工及其辅助工必须佩戴专用的防护面罩、防护眼镜以及适宜的防护手套，不得有裸露皮肤。焊工操作时应使用可移动屏障围住操作区，以免其他工种工人受到紫外线照射。电焊产生的有害气体和烟尘，宜采用局部排风等措施加以排除。

（4）激光的预防

1）安全教育与安全制度。参加激光作业的人员需接受激光危害及其安全防护的教育。作业场所应制定安全操作规程，操作区与危险地带要有醒目的警告标志。对激光进行光学调试时，要先切断电源。工作人员就业前后应做健康检查，并应以眼为重点。

2）防护设施。操作室围护结构用吸光材料制成，色调宜稍暗。工作区照明宜充足。室内不得设置和安放能较强反射、折射光束的设备、用具和物件。激光束防光罩应用耐热、防燃、不透光材料制成，它的开启应与光束制动闸、光束放大系统裁断器相连。

3）个体防护用品。穿着颜色略深的防燃工作服可减少反光。防护眼镜使用前必须经专业人员选择、鉴定，并需定期测试其效率。

第七节　防暑降温

要点掌握：

防暑降温有哪些措施？

伴随着地球环境的恶化，全球温室效应越来越强烈，特别是夏季，持续高温天气已经给人们的生产和生活带来了严重的影响，人们渐渐意识到，高温已经成为灾害，必须立刻采取相应的防范措施应对。

一、中暑与现场救治

1. 中暑及其分类

当外界温度很高或热辐射很强时，会引起人体体温调节功能紊乱，使体温升高。此时人体会排出大量的汗液，致使水盐代谢发生紊乱，血液浓缩，尿量减少，心脏、肾脏负担加重，消化机能减退，耗氧量增大，能量消耗增多，基础代谢增高，这种情况称为中暑。

中暑是炎热夏季常见的急性热病之一，轻的病人可出现头昏、头痛、恶心、口渴、大汗、心慌及面色潮红，体温可升高到38℃以上，甚至有血压下降、脉搏增快等虚脱表现。重者表现为高热（体温超过41℃）、无汗、言语及神志不清、手足抽搐及意识障碍等症状，严重时出现休克、心力衰竭、肺水肿、脑水肿等危症，严重中暑者需及时进行抢救，否则可能出现生命危险。

中暑的原因有很多，如在高温作业的车间工作，若再加上通风条件差，则极易发生中暑；农业及露天作业时，受阳光直接照射，再加上大地受阳光的暴晒，温度升高，使人的脑膜充血，大脑皮层缺血或空气中湿度的增加诱发中暑；夏季在公共场所，人群拥挤，产热集中，散热困难也极易中暑。

中暑，在我国法定职业病中规定有热射病、日射病及热痉挛三种。

（1）热射病。在高温环境下作业，由于大量出汗，盐分流失，体内组织与血液中氯离子减少，造成水盐代谢紊乱，引起肌肉疼痛及痉挛。一般在闷热的室内易发生，初感头痛、头晕、口渴，然后体温迅速升高，脉快、面红甚至昏迷。患者体温上升或轻微上升，属于重症中暑。

（2）日射病。在烈日下活动或停留时间过长，由于日光直接暴晒所致，或者在高温环境而引起的急性病症，表现为体温调节发生障碍，体内热量蓄积。轻者有虚弱表现，重者高温虚脱，严重者会出现意识不清、狂躁不安、昏睡或昏迷，并有癫痫性痉挛，大量出汗，尿量减少，头部温度有时增高到39℃以上，体温可高达41℃以上。

（3）热痉挛。在烈日和高热辐射环境下露天作业，由于在高温环境中人体大量出汗，丢失大量盐分，使血钠过低，引起腿部，甚至四肢及全身肌肉痉挛，严重者会出现惊厥、昏迷及呼吸系统、循环系统衰竭。

一般情况下：常按临床表现分为先兆中暑、轻症中暑和重症中暑三种类型。

先兆中暑是在高温作业场所劳动过程中，作业人员有轻微头晕、头疼、眼花、耳鸣、心悸、脉搏频数、恶心、四肢无力、注意力不集中、动作不协调等症状，体温正常或略有升高，但尚能勉强坚持工作。

轻症中暑是作业人员具有前述中暑症状而一度被迫停止工作，但经短时休息，症状消失，并能恢复工作。

重症中暑是作业人员具有前述中暑症状被迫停止工作，并在该工作日未能恢复工作或在工作中出现突然晕厥及热痉挛。

在实际生活中还有“阴暑”这一现象，“阴暑”是夏日过于避热贪凉引起，即所谓“静而得之者为阴暑”。由于夏季暑热湿盛，人们毛孔开张、腠理疏松，人们在睡眠、午休和纳凉之时，若过于避热趋凉，如夜间露宿室外，或坐卧于阴寒潮湿之地，或在树荫下、水亭中、阳台上乘凉时间过长，或运动劳作后立即用冷水浇头冲身，或立即快速饮进大量冷开水或冰镇饮料，或睡眠时被电扇强风对吹，均可导致风、寒、湿邪侵袭机体而引发“阴暑”。出现身热头痛、无汗恶寒、关节酸痛、腹痛腹泻等症。

夏季一般在诸如冶金工业的炼铁、炼钢、铸造、轧钢岗位，机械制造业的铸工、锻工、热处理等岗位，陶瓷、玻璃、造纸、印染、制糖、砖瓦等行业的主要车间，化工企业的合成、氧化及烈日下进行操作的岗位等场所进行作业，都很容易发生中暑。

在高温环境下，作用于人体的热源热量传递般有对流、辐射、传导三种方式。一般情况下人体不会直接与热源接触，传导的作用比较小。

2. 现场抢救

高温中暑常发人群为：高温作业工人、夏天露天作业工人、夏季旅游者、家庭中的老年人、长期卧床不起的病人、产妇和婴儿。若有人员中暑，其救护办法为：

（1）立即将病人移到通风、阴凉、干燥的地方，如走廊、树荫下。

（2）让病人仰卧，解开衣扣，脱去或松开衣服。如衣服被汗水湿透，应更换干衣服，同时开电扇或空调，以尽快散热。

(3) 尽快冷却体温，降至38℃以下。具体做法有用凉湿毛巾冷敷头部、腋下以及腹股沟等处；用温水或酒精擦拭全身；冷水浸浴15～30 min。

(4) 意识清醒的病人或经过降温清醒的病人可饮服绿豆汤、淡盐水等解暑。

(5) 可服用人丹和藿香正气水等。另外，对于重症中暑病人，要立即拨打急救电话，求助医务人员紧急救治。

二、防暑降温措施

要做好防暑降温工作，必须采用综合性措施，主要措施包括：

1. 组织措施

(1) 加强领导，是做好防暑降温的保障。企业领导要对防暑降温工作做到有布置、有检查、有指导，并协调好各职能部门的工作，安全生产监督管理、劳动、卫生行政执法部门应依据国家卫生标准及《防暑降温措施执行办法》对企业防暑降温工作进行监督检查；企业卫生和安全技术人员在入暑前做好计划和具体落实措施，及早做好设备的保养和维修以及降温设备的安装和添置工作。

(2) 加强宣传教育。教育职工遵守高温作业安全规程和卫生保健制度。制定合理的作息制度。应尽量缩短高温下的作业时间，采取小换班、增加工作休息次数，延长午休时间等方法。休息地点应远离热源，备有清凉饮料、风扇、洗澡设备等。有条件的企业可在休息室安装空调或采取其他的防暑降温措施。

2. 技术措施

(1) 改革工艺过程。合理设计或改革生产工艺过程，改进生产设备和操作方法，尽量实现机械化、自动化、仪表控制，消除高温和热辐射对人的危害。工艺流程设计时，应尽可能将热源置于室外；采用热压为主的自然通风时，尽量将热源布置于天窗下面；采用穿堂风的通风厂房，应将热源布置在主导风向的下风侧，使室外空气进入车间时，先通过操作者工作点，后经过热源。

（2）隔热。以水隔热效果最好，能最大限度地吸收辐射热。利用石棉、玻璃纤维等导热系数小的材料包敷热源也有较好的效果。

（3）通风。利用自然通风或机械通风的方法，交换车间内外的空气。

3. 保健措施

（1）供给含盐饮料。向高温作业人员提供足量合乎卫生要求的含盐饮料，以补充人体所需的水分和盐分。

（2）发放保健食品。高温环境下作业，能量消耗增加，应增加蛋白质、热量、维生素等的摄入，以减轻疲劳，提高工作效率。

（3）加强个人防护。高温作业的工作服应结实、耐热、宽大，活动方便，应按不同作业需要，及时供给工作帽、防护眼镜、隔热面罩、隔热靴等。

（4）医疗预防。对高温作业人员应进行就业前和入暑前体检，凡患有心血管系统疾病、高血压、溃疡病、肺气肿、肝病、肾病等疾病的人员不宜从事高温作业。

4. 避免心理中暑

持续高温、闷热的天气，不但使很多的人出现了生理上的中暑，而且“心理中暑”的人也越来越多。人的情绪和气候有着密切关系，尤其是夏天，当气温超过 35℃、日照超过 12 h、湿度高于 80％的时候，气候条件对人体情绪调节中枢的影响就明显增强。高温下心烦意乱是正常现象，据了解，在正常人群中约有 10％的人会在夏季莫名其妙地出现情绪和行为异常，往往会引发诸如骂人、吵架，莫名其妙地发泄烦躁的情绪，严重影响着日常工作、学习和生活。高温引发的种种“心理中暑”问题，已经越来越引起人们的重视。

为了避免“心理中暑”，可以采取自我调节的方式：一是要宣泄，宣泄不是找人吵架，而是找人说出心中的烦恼，要和外界多交流、要和家人多聊天，从而减负。二是多活动，参加一些自己喜欢的体育运动，把心里的火发散出去。三是要使心情愉悦，寄情于山水之间，宁静的自然情景可以更好地调节情绪。

三、防暑技术控制措施

1. 隔热

隔热是消除热辐射的主要方法，指在热源与人体之间设置阻挡热辐射的隔热层，消除热辐射直接作用于人体的措施。隔热措施可以分为两种情况：一是对室内热源进行隔离；二是对室外热源进行隔离。

（1）对室内热源隔离。将热绝缘性能良好或反射热辐射能力强的材料，设置在热源表面、热源周围或人体表面（如隔热工作服），阻挡和削弱热辐射对人体的作用。采取隔离措施还可以降低热对流。

常用的隔热材料有石棉制品（如石棉水泥板、锯末石棉板）、沥青制品（如沥青纤维板、沥青稻草板）、石膏制品（如填充石膏、泡沫石膏板）、填充料（如硅藻土、陶土、多孔黏土）、木材制品（如实木板、高密刨花板、锯末、胶合板）、玻璃制品（如玻璃板、玻璃丝、泡沫玻璃）、矿物制品（如油制毛毡、矿渣砖）、高分子材料制品（如泡沫塑料板、合成纤维板）以及稻草、棉花等。有的也用水幕作为隔离。

人体隔热的有效措施是穿戴专门的隔热工作服。

（2）对室外热源隔离。削弱室外热源对室内的影响，主要的措施是增强建筑物外围结构的隔热性能。屋顶可以采用双层结构，中间可以通风；也可以采用屋顶淋水。窗户可以设置遮阳设施，减少直射阳光。

2. 通风

通风是消除热对流的主要方法。通风有自然通风和强制通风两种。

（1）自然通风。自然通风是不使用机械设备，借助于热压或风压让空气流动，使室内外空气进行交换的通风方式。采用自然通风，可以大大减少设备投资，是防暑降温首选的方法。

（2）强制通风。强制通风是借助于机械作用促使空气流动，将空气或冷气直接吹向操作者的通风方式。最常见的是风扇和空调。对于自然通风不好的且比较小的操作空间，采用强制通风很有效果。

3. 绿化和清凉饮料

（1）绿化。在建筑物周围绿化，可以降低周围空气的热反射强度，遮蔽太阳直射，形成阴凉环境，达到防暑降温的目的。

（2）清凉饮料。在高温下的作业人员，出汗量大，失水、失盐，很容易中暑。配制符合卫生要求、凉爽可口的含盐饮料，提供给高温作业人员，也是预防中暑的一个重要措施。

饮水是最常见，也是最简便的补充水分方式，但不恰当的饮水不但不能使高温作业者补充已丢失的水分，反而会损害健康，甚至诱发中暑。高温作业工人恰当的饮水应遵循三条原则：a. 补足补够原则。一般来说，要比平常每天多饮水 3～5 L，食盐 20 g；b. 饮水方式以少量多饮为宜，暴饮会加重心、肾和胃肠道负担，又促使大量排汗；c. 饮水和补盐同时进行，不能单纯补充水分，以含盐饮料为佳。含盐饮料种类很多，既可自制，也可直接购买成品。

参考文献

1. 中国认证人员与培训机构国家许可委员会编．职业健康安全专业基础．北京：中国计量出版社，2003

2. 余华文主编．企业员工安全生产知识必读．第一版．合肥：中国科学技术大学出版社出版，2006

3. 张荣主编．危险化学品安全技术．北京：化学工业出版社，2005

4. 邵辉、王凯全编著．危险化学品生产安全．北京：中国石化出版社，2005

5. 卞耀武、李适时、黄淑和、闪淳昌主编．中华人民共和国安全生产法读本．北京：煤炭工业出版社，2002

6. 张娜主编．安全生产基础知识．北京：中华工商联合出版社，2007

7. 北京英达管理培训中心、北京世纪德铭科技发展有限公司．企业员工安全意识普及教材．北京：中国计量出版社，2005

8. 张麦秋、李平辉主编．化工生产安全技术．北京：化学工业出版社，2009

9. 张荣主编．危险化学品企业新工人三级安全教育读本．北京：中国劳动社会保障出版社，2008

10. 国家安全生产监督管理局和安全科学技术研究所组织编写．危险化学品生产单位安全培训教程．北京：化学工业出版社，2004

11. 周国泰、吕海燕、张海峰．危险化学品安全技术全书．北京：化学工业出版社，1997

12. 王德学主编．危险化学品安全管理条例释义．北京：化

学工业出版社，2002

13. 国家安全生产监督管理局．国内外危险化学品重特大典型事故案例分析，2002

14. 危险化学品重特大事故案例精选．北京：中国劳动社会保障出版社，2007

15. “绿十字”安全生产教育培训丛书编写组．危险化学品安全知识．北京：中国劳动社会保障出版社，2008

16. 化学品安全技术说明书内容和行目顺序（GB16483—2008）

17. 常用化学危险品储存通则（GB15603—1995）

18. 易燃易爆商品储藏养护技术条件（GB17914—1999）

19. 腐蚀性商品储藏养护技术条件（GB17915—1999）

20. 毒害性商品储藏养护技术条件（GB17916—1999）

21. 危险化学品重大危险源辨识（GB18218—2009）

22. 化学品安全标签编写规定（GB15258—2009）

23. 张海峰主编．危险化学品安全技术全书．北京：化学工业出版社，2008

24. 朱兆华、徐丙根、王中坚主编．典型事故技术评析．北京：化学工业出版社，2007

25. 邬燕云主编．安全生产主要法律法规知识培训教材．北京：企业管理出版社，2006

26. 国家安全监管总局监管三司、中国化学品安全协会．国内外危险化学品典型事故案例分析．北京：中国劳动社会保障出版社，2009

27. 李荫中．危险化学品企业员工安全知识必读．北京：中国石化出版社，2007

28. 卢莎、申屠江平主编．安全生产法规实务．北京：化学工业出版社，2008

29. 张荣主编．职业安全教育．北京：化学工业出版社，2009